採用最新植物分類系統APG IV

台灣
原生植物

Illustrated Flora of Taiwan

全圖鑑

第四卷 大戟科——薔薇科

呂福原 ◎ 總審定　　胡哲明 ◎ 審定　　鐘詩文 ◎ 著

貓頭鷹

台灣原生植物全圖鑑第四卷：
大戟科——薔薇科

作　　　者	鐘詩文
總 審 定	呂福原
內文審定	胡哲明
系列主編	陳穎青
責任編輯	李季鴻
特約編輯	胡嘉穎
協力編輯	林哲緯、趙建棣
專業校訂	趙建棣
校　　　對	黃瓊慧
版面構成	張曉君
封面設計	林敏煌
插畫繪製	林哲緯
影像協力	吳佳蓉、郭舒喬、許盈茹、廖于婷、蔡良聰、謝佳倫
特別感謝	古訓銘、楊智凱
總 編 輯	謝宜英
行銷業務	鄭詠文、陳昱甄

出 版 者　貓頭鷹出版

發 行 人　涂玉雲

發　　　行　英屬蓋曼群島商家庭傳媒股份有限公司城邦分公司

　　　　　　104台北市民生東路二段141號11樓

劃撥帳號：19863813；戶名：書蟲股份有限公司

城邦讀書花園：www.cite.com.tw／購書服務信箱：service@readingclub.com.tw

購書服務專線：02-2500-7718（週一至週五09:30-12:30；13:30-18:00）

24小時傳真專線：02-25001990～1

香港發行所　城邦（香港）出版集團　電話：852-28778606／傳真：852-25789337

馬新發行所　城邦（馬新）出版集團　電話：603-90563833／傳真：603-90576622

印 製 廠　中原造像股份有限公司

初　　　版　2017 年11月／二刷2022年5月

定　　　價　新台幣 2500 元／港幣 833 元

ISBN　978-986-262-337-4

貓頭鷹

讀者意見信箱　owl@cph.com.tw

投稿信箱　owl.book@gmail.com

貓頭鷹臉書　facebook.com/owlpublishing/

【大量採購，請洽專線】（02）2500-1919

本書採用品質穩定的紙張與無毒環保油墨印刷，以利讀者閱讀與典藏。

國家圖書館出版品預行編目(CIP)資料

台灣原生植物全圖鑑. 第四卷, 大戟科-薔薇科 / 鐘詩文著. -- 初版. -- 臺北市：貓頭鷹出版：家庭傳媒城邦分公司發行, 2017.11

416面 ; 21.6 x 27.6公分

ISBN 978-986-262-337-4（精裝）

1.植物圖鑑 2.台灣

375.233　　　　　　　　　106019148

目次

如何使用本書

本書為《台灣原生植物全圖鑑》第四卷，使用最新APG IV分類法，依照親緣關係，由大戟科至薔薇科為止，收錄植物共17科606種。科總論部分詳細介紹各科特色、亞科識別特徵，並以不同物種照片，清楚呈現該科辨識重點。個論部分，以清晰的去背圖與豐富的文字圖說，詳細記錄植物的科名、屬名、拉丁學名、中文別名、生態環境、物種特徵等細節。以下介紹本書內頁呈現方式：

❶ 科名與科描述，介紹該科共同特色。
❷ 以特寫圖片呈現該科的識別重點。

❶ 大戟科 EUPHORBIACEAE

草本、灌木或喬木，常有乳汁。單葉或複葉，互生，稀對生，常具托葉。花單性，多雌雄異株，有或無花被；萼與花瓣常明顯；花盤常存，具一環形或分離之腺體；雄花具雄蕊1～10枚，花藥2室（藥常兩型）；雌花子房上位，多3室，花柱3，分離或基部合生，柱頭3或6。蒴果或核果。

❷ 特徵

雌花，子房上位，多3室；花柱3，分離或基部合生。（蓖麻）

本科植物常具腺體（白苞猩猩草）

③ 屬名與屬描述，介紹該屬共同特色。

④ 本種植物在分類學上的科名。

⑤ 本種植物的中文名稱與別名。

⑥ 本種植物在分類學上的屬名。

⑦ 本種植物的拉丁學名。

⑧ 物種介紹，包括本種植物的詳細形態說明與分布地點。

⑨ 本種植物的生態與特寫圖片，清晰呈現細部重點與植物的生長環境。

⑩ 清晰的去背圖片，以拉線圖說的方式說明本種植物的細部特色，有助於辨識。

---

④ 豆科・235

③ 老荊藤屬 MILLETTIA

攀 緣性灌木或喬木。奇數羽狀複葉。腋生總狀花序或頂生圓錐花序；花萼鐘形，五裂，上方 2 枚合生，最底部 1 枚最長；花冠蝶形，紫紅色；二體雄蕊，9+1，或偶單體雄蕊。

⑤ 台灣魚藤(蕗藤)

屬名 老荊藤屬 **⑥**

學名 *Milletia pachycarpa* Benth. **⑦**

⑧ 攀緣性灌木，被疏毛。小葉 9 ～ 13 枚，倒披針形，長 10 ～ 15 公分，寬 4 ～ 8 公分，先端漸尖，背面被絨毛，有小托葉。總狀花序腋生，被短柔毛。莢果球形，直徑 5 ～ 8 公分，木質，具小瘤，成熟時不開裂。

產於印度、東南亞及中國；台灣分布於北部及東部之中海拔灌木林中。

花冠蝶形，紫紅色。

⑩

⑨

果實

攀緣性灌木。小葉 9 ～ 13 枚，倒披針形。

小葉魚藤 特有種

屬名 老荊藤屬

學名 *Milletia pulchra* Kurz. var. *microphylla* Dunn

小喬木或大灌木，枝條被灰色絨毛。小葉 13 ～ 19 枚，頂小葉橢圓狀披針形，長 2 ～ 6 分，寬 1 ～ 3 公分，先端銳尖至圓，上表面無毛，下表面疏被短柔毛。總狀花序腋生，花紫紅色，旗瓣卵形，光滑無毛。莢果長橢圓形，長 4 ～ 8 公分，成熟時開裂。

特有變種，分布於恆春半島低山林緣。

花紫紅色，旗瓣卵形，光滑無毛。

特有變種。分布於恆春半島低山林緣。羽狀複葉，總狀花序腋生

莢果長橢圓形，長 4 ～ 8 公分。

推薦序

台灣地處歐亞大陸與太平洋間，北回歸線橫跨本島中部，加以海拔高度變化甚大，植被自然分化成熱帶、亞熱帶、溫帶及寒帶等區域，小小的一個島上，孕育了多達4,000餘種的維管束植物，是地球上重要的生物資科庫。

　　台灣的植物愛好者眾，民眾從圖鑑入門，識別植物，乃是最直接途徑；坊間雖已有各類植物圖鑑，但無論種類之搜集或編排之系統性，均尚有缺憾。有鑑於此，鐘詩文君，十年來披星戴月，奔走於全島原野與森林，親自觀察、記錄、拍攝所有植物的影像，並賦予正確的學名，已達4,000餘種，且加以詳細描述撰寫，真可謂工程浩大，毅力驚人。

　　這套台灣原生植物的科普圖鑑，每個物種除描述其最易識別的特徵外，並佐以清晰的照片，既適合初學者，也是專業研究人員不可或缺的參考書；作者更特別貼心的為讀者標出每一物種與相似種的差異，讓初學者更易入門。本書為了完整性及完備性，作者拍攝了每一種植物的葉及花部特徵，並鑑之分類文獻及標本，以力求每一物種學名之正確性。更加難得的是，本圖鑑有許多台灣文獻上從未被記錄的稀有植物影像，對專業研究人員來說也是極珍貴的參考資料。

　　在我們生活的周遭，甚或田野、海邊、山區，到處都有植物，認識觀察它們，進而欣賞它們，透過植物自然美，你會發現認識植物也是個身心安頓的良方。好的植物圖鑑，可以讓你容易進入植物的世界，《台灣原生植物全圖鑑》完整呈現台灣原生的各種植物，內容詳實，影像拍攝精美，栩栩如生，躍然紙上，故是一套值得您永遠珍藏擁有的圖鑑。

國立中興大學森林學系

教授　歐辰雄

作者序

在小學二年級之前，南投中寮的小山村，就是我孩提時代的縮影。那時，我常常在山上悠晃，小西氏石櫟的種子，是林子內隨手可得的玩具，無患子則撿拾作為吹泡泡及洗衣服之用，當然了，不虞匱乏的朴樹子，便權充竹管槍的子彈，消磨在與玩伴的戰爭中；已經忘記最初從哪聽聞，那時，我已嫻熟於採摘魚藤，搗碎其根部後放置水中毒魚，不時帶回家中給母親料理。

　　稍長，舉家移居台中太平，彼時，房屋周遭仍圍繞著荒野，從小自由慣了的我，成天閒逛戲耍，有時或會採擷荒草中的龍葵及刺波（懸鉤子台語）生食；而由住家望出，巷外濃蔭的苦苓樹，盛花期籠罩著霧紫的景象，啟蒙了我的園藝想像，那時，我已喜愛種植花草，常一得閒，便四處搜括玫瑰或大理花；而有了腳踏車之後，整個後山就形同我的祕密花園，流連忘返……。一一回憶起我的童年，竟是如此縈繞著植物，密不可分；接續其後，半大不小的國中時代，少年的我仍到處探尋山林谷壑的神祕，並志讀森林系，心想着日後隱於山中，鎮日與草木為伍；這段時期，奠定了我往後安身立命的依歸。

　　及長，一如當初的理想，進入森林系，在其中，我僅僅念通了一門學科——樹木學，這門課，也是我記憶中唯一沒有蹺課的科目；課堂前後經歷了恩師呂福原及歐辰雄老師的授課，讓我初窺植物分類學的精奧與妙趣，也自許以其為志業。歐老師讓我在大三時，自由往來研究室；在這之前，我對所有的植物充滿了興趣，已開始滿山遍野的植物行旅，但那時，如何鑑定名稱相當困難，坊間的圖鑑甚少，若有，介紹的植物種類也不多，心中時常充滿了許多未解的疑問，於是我開始頻繁的，直接敲歐老師的門請教；敲了那扇門，慢慢的，等於也敲開了屬於我自己的門，在研究室，我不僅可請教植物相關問題，也開始隨著老師及學長們於台灣各山林調查採集，最長的我們曾走過十天的馬博橫斷、九天的八通關古道，而大小鬼湖、瑞穗林道、拉拉山、玫瑰西魔山、玉里、中橫、雪山及惠蓀，也都有我們的足跡，這段求學期間的山林調查，豐富了我植物分類的根基。

　　接著，在邱文良老師的引薦下，我進入了林試所植物分類研究室，在這兒，除了最喜愛的學術研究外，經管植物標本館也是我的工作項目之一，經常需要至台灣各地蒐集標本。在年輕時，我是學校的田徑隊，主攻中長跑，在堪夠的體力支持下，我常自己或二、三人就往高山去，一去往往就是五、六天，例如玉山群峰、雪山群峰、武陵四秀、大霸尖山、南湖中央尖、合歡山、秀姑巒山、馬博拉斯山、北插天山、加里山、清水山、塔關山、關山、屏風山、奇萊、能高越嶺、能高安東軍等高山，可說走遍台灣的野地。長久下來，讓我對台灣的植物有了比較全面性的認知，腦中隱然形成一幅具體的植物地圖。

　　2006年，我出版了《台灣野生蘭》一書，《菊科圖鑑》亦即將完稿，累積了許多的植物影像及田野資料，這時，我想，我應該可以做一個大夢，那就是完成一部台灣所有植物的大圖鑑。人

生，總要試試做一件大事！由此，就開始了我的探尋植物計畫。起先，我列出沒有拍過照片的植物名單，一一的將它們從台灣的土地上找出來，留下影像及生態記錄。為了出版計畫，台灣植物的熱點之中，蘭嶼，我登島近廿次；清水山去了六次；而浸水營及恆春半島就像自己家的後院一般，往還不絕。

我的這個夢想，出版《台灣原生植物全圖鑑》，想來是個吃力也未必討好的工作，因為完成這件事的難度太高了。

第一，台灣有4,000餘種植物，如何將它們全數鑑定出正確的學名，就是一件極為困難的事情。十年來，我為了植物的正名，花了許多時間爬梳各類書籍、論文及期刊，對分類地位混沌的物種，也慎重的觀察模式標本，以求其最合宜的學名，這工作的確不容易，也相當耗費時力。

第二，要完成如斯巨著，必得撰述大量文字，就如同每種都要為它們一一立傳般，4,000餘種植物之描述，稍加統計，約64萬餘字，那樣的工作量，想來的確有點駭人。

第三，全圖鑑，當然就是所有植物都要有生態影像，並具備其最基本的葉、花、果及識別特徵，這是此巨著最大的挑戰。姑且不論常見之種類，台灣島上存有許多自發表後，百年或數十年間未曾再被記錄的、逸失的夢幻物種，它們具體生長在何處？活體的樣貌如何？如同偵探般，植物學家也需要細細推敲線索，如此，上窮碧落下黃泉，老林深山披荊斬棘，披星戴月的早出晚歸，才有可能竟其功啊！

多年前蘇鴻傑老師曾跟我說過：「一個優秀的分類學家，要有在某個地點找到特定植物的能力及熱忱」；也曾說：「找蘭花是要鑽林子，是要走人沒有走過的路」。老師的話我記住了；也是這樣的信念，使得至今，我的熱忱依然強烈，也繼續的走著沒人走過的路。

鐘詩文

作者簡介

中興大學森林學博士，現任職於林業試驗所，專長為台灣植物系統分類學與蘭科分子親緣學，長期從事台灣之植物調查，熟稔台灣各種植物，十年來從未間斷的來回山林及原野，冀期完成台灣所有植物之影像記錄。

目前發表期刊論文共64篇，其中15篇為SCI的國際期刊，並撰寫Flora of Taiwan第二版中的菊科：千里光族及澤蘭屬。發表物種包括蘭科、菊科、木蘭科、樟科、山柑科、野牡丹科、蕁麻科、茜草科、豆科、繖形科、蓼科等，共22種新種，3新記錄屬，30種新記錄，21種新歸化植物及2種新確認種。

著作共有：《台灣賞樹春夏秋冬》、《台灣野生蘭》、《台灣種樹大圖鑑》之全冊攝影，以及貓頭鷹出版的《臺灣野生蘭圖誌》。

《台灣原生植物全圖鑑》總導讀

一、植物分類學，是一門歷史悠久的科學，自17世紀成為一門獨立的學科後，迄今仍持續發展。傳統的植物分類學，偏重於使用植物之解剖形態特徵，而現今由於分子生物工具的加入，使得植物分類研究在近年內出現另一層面的發展，即是利用分子系統生物學，通過對生物大分子（蛋白質及核酸等）的結構、功能等等之研究，闡明各類群間的親緣關係。由於生物大分子本身即是遺傳信息的載體，以此為材料進行分析的結果，相對於傳統工具，更具可比性和客觀性。本套書的被子植物分類，即採用最新的APG IV系統（Angiosperm Phylogeny IV；被子植物親緣組織分類系統第四版），蕨類及裸子植物的分類系統則依據最近研究之成果排序。被子植物親緣組織（APG，Angiosperm Phylogeny Group）是一個非官方的國際植物分類學組織，該組織試圖將分子生物學的資訊應用到被子植物的分類中，企圖尋求能得到大多學者共識的分類系統。他們所提出的系統，大異於傳統的形態分類，其主要是依據植物的三個基因編碼之DNA序列，以重建親緣分枝的方式進行分類，包括兩個葉綠體基因（rbcL和atpB）和一個核糖體的基因編碼（nuclear 18S rDNA）序列；雖然該分類系統主要依據分子生物學的資訊，但亦有其它資料或訊息的加入，例如參考花粉形態學，將真雙子葉植物分枝，和其他原先分到雙子葉植物中的種類區分開來。由於這個分類系統不屬於任何個人或國家而顯得較為客觀，所以目前已普遍為世界上大多數分類學者所認同及採用，本書同步使用此一系統，冀期為台灣民眾打開新的視野。

二、本書在各「目」之下的「科」，係依照科名字母順序排列；種論亦以字母順序為主要原則，每種介紹多以半頁至全頁為一篇，除文字外，以包含根、莖、葉、花、果及種子之彩色照片完整呈現其識別特徵，並以生態照揭示其在生育地之自然生長狀態。

三、植物的學名、中名以《台灣維管束植物簡誌》、《台灣植物誌》（*Flora of Taiwan*）及《台灣樹木圖誌》為主要參考，形態描述除自撰外亦參據前述文獻之書寫。

四、書中大部分文字及照片由鐘詩文博士執筆及拍攝，惟蘭科、莎草科及穀精草科全由許天銓先生主筆及拍攝，陳志豪先生負責燈心草科之文圖，禾本科則由陳志輝博士及吳聖傑博士共同執筆及攝影，蕨類部分交由陳正為先生及洪信介先生合作撰述。本套書包含8卷，共收錄4,000餘種的台灣植物，每一種皆有清楚的照片供讀者參考，作者們從10萬餘張照片中，精挑約15,000張為本套巨著所用，除少數於圖片下署名者係由其他人士提供之外，未特別註明者，皆為鐘博士本人或該科作者所攝影。

五、本套書收錄的植物種類涵蓋台灣及附屬離島之原生及歸化的所有植物，並亦已盡量納入部分金門、馬祖及東沙群島的特殊類群。

第四卷導讀（大戟科——薔薇科）

　　本卷的內容包括黃褥花目、豆目及薔薇目，共收錄17科，包括：黃褥花目中的大戟科、金絲桃科、黃褥花科、西番蓮科、葉下珠科、假黃楊科、紅樹科、楊柳科及菫菜科；豆目中的豆科、遠志科及海人樹科；薔薇目中則有大麻科、胡頹子科、桑科、鼠李科及薔薇科。這三個目在台灣擁有很大的類群，種類及形態多樣且豐富。

　　本卷的豆科，與蘭科、菊科及禾本科名列為台灣的四大科，而豆科在雙子葉植物中的種數僅次於菊科，在書中收錄79屬246種。本科的共同特徵為果實為莢果，很多種類也是人類賴以維生的農藝作物。其種類繁多，無論在野外活動或植物觀察，一定會遇見豆科的植物。在本卷中我們拍攝了台灣各地的豆科植物，只要稍微認知屬間的區別點，再縮小範圍後，即可輕易的認識周遭的豆科家族。此外，台灣的野生豆科植物之族群，由於環境開發之影響，其生育地不斷遭到壓縮，或本身即不易繁衍，致使部份豆科植物成為分佈狹隘型物種或稀有種，依IUCN之保育標準評比，台灣目前有30種豆科植物名列為須積極保育的對象，而這些紅皮書難得一見的植物，作者花了多年的心血，終於忠實的為大家記錄下它們的稀有身影。

　　蘋果、梨子、桃、李、梅、枇杷、草莓、櫻、覆盆子、玫瑰（薔薇）、笑靨花、都是我們耳熟能詳的水果或花卉，而它們皆隸屬薔薇科。本科的植物相當貼近我們的生活，而你可能不知曉台灣野地也都存在著這些類群。在台灣，薔薇科有24屬130種以上，其中最大的屬為懸鉤子屬，在書中收錄了39種。如此大的屬很難辨識，我們盡心竭力拍攝各分類群的特徵，並以圖解方式冀期大家能很快的瞭解它們。同時，讀者也可以看到台灣所有薔薇屬、蘋果屬、枇杷屬及草莓屬的植物，以野生原種的形態出現，完全跟讀者熟知已改良過的栽培種有很大的差別。

　　大戟科及其近緣科葉下珠科和假黃楊科，雖然也是一個大類群的植物，但相對於豆科及薔薇科，因為大多沒有耀眼的花被，也並非追花人或植物觀察者喜愛的對象，因此會是大部份人所忽略的植物類群。但是又不可否認，這群野生的普遍植物，遍及台灣各山野及都市，只要身處台灣的山林野地，就一定會看到它們在身邊。本卷可以讓讀者輕鬆的認識這些不易分類的如鐵莧屬、地錦草屬、大戟屬、饅頭果屬或油柑屬等大戟科野生草本植物。

　　此外，本卷還有許多別具特色的科屬，如紅樹科是生長在河口海灘，構成紅樹林的組成分，它們的果實在樹上發芽，幼苗長大墜落到海灘淤泥中生根，謂「胎生植物」，可惜這些紅樹植物，在台灣因河口生態的丕變，生育地被破壞或消失，致使多種的紅樹在台灣消失不見。而桑科也是一群很有特色的植物，我們生活中著名的飲品聖品愛玉、好吃的無花果、桑椹及麵包樹都是這一家族的成員，而本科中的榕屬是一個大屬，大約有30餘種，也是台灣森林植群中重要的組成分子之一。鼠李科、胡頹子科及楊柳科樹木類的分類群，在台灣的種類也不少。它們大都長在山地裏，也一直是植物分類學者們注目研究的類群，更有些種類屬於紅皮書的稀有種類。

　　金絲桃科及菫菜科是台灣野地引人注目的類群，它們開著美麗的花朵，一直以來都是植物愛好者追尋的目標，但它們成員眾多而難以區分，一直是許多人的難題。我們在此詳細的拍攝了這些野花的分類特徵，配上文字介紹，相信可以讓讀者很容易進入它們的世界。

APG分類系統第四版（APG IV）支序分類表

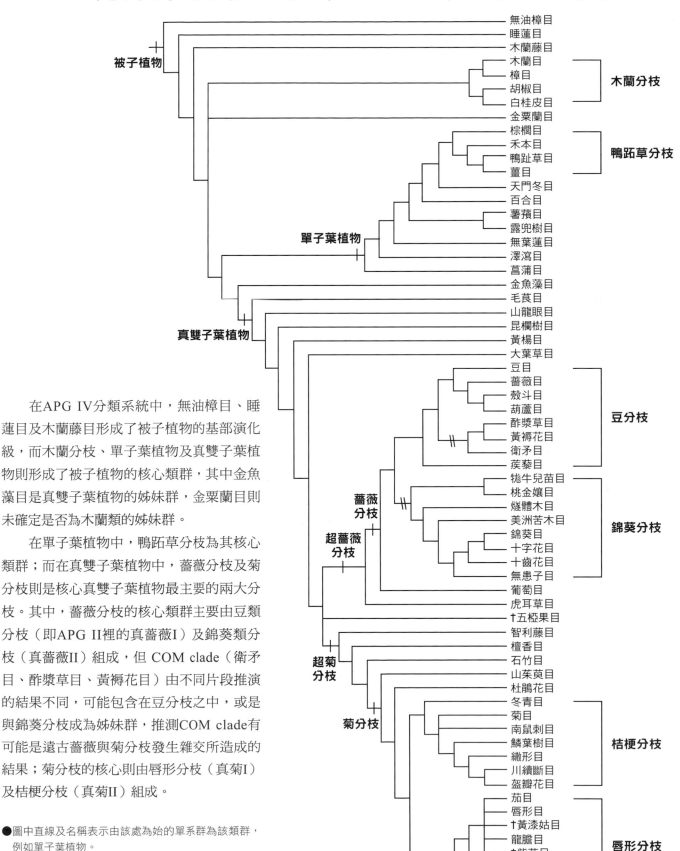

在APG IV分類系統中，無油樟目、睡蓮目及木蘭藤目形成了被子植物的基部演化級，而木蘭分枝、單子葉植物及真雙子葉植物則形成了被子植物的核心類群，其中金魚藻目是真雙子葉植物的姊妹群，金粟蘭目則未確定是否為木蘭類的姊妹群。

在單子葉植物中，鴨跖草分枝為其核心類群；而在真雙子葉植物中，薔薇分枝及菊分枝則是核心真雙子葉植物最主要的兩大分枝。其中，薔薇分枝的核心類群主要由豆類分枝（即APG II裡的真薔薇I）及錦葵類分枝（真薔薇II）組成，但 COM clade（衛矛目、酢漿草目、黃褥花目）由不同片段推演的結果不同，可能包含在豆分枝之中，或是與錦葵分枝成為姊妹群，推測COM clade有可能是遠古薔薇與菊分枝發生雜交所造成的結果；菊分枝的核心則由唇形分枝（真菊I）及桔梗分枝（真菊II）組成。

● 圖中直線及名稱表示由該處為始的單系群為該類群，例如單子葉植物。
● 雙斜線（\\）表示COM clade在不同基因組的結果中衝突的位置。
● † 符號表示該目為本系統（APG IV）新加入的目。

大戟科 EUPHORBIACEAE

草本、灌木或喬木，常有乳汁。單葉或複葉，互生，稀對生，常具托葉。花單性，多雌雄異株，有或無花被；萼與花瓣常明顯；花盤常存，具一環形或分離之腺體；雄花具雄蕊 1 ～ 10 枚，花藥 2 室（藥常兩型）；雌花子房上位，多 3 室，花被缺。蒴果、核果或漿果。花柱 3，分離或合生，柱頭 3 或 6。蒴果或核果。

台灣有 16 屬 56 種。

特徵

雌花，子房上位，多 3 室；花被缺。蒴果、核果或漿果。花柱 3，分離或合生。（蓖麻）

本科植物常具腺體（白苞猩猩草）

鐵莧屬 ACALYPHA

一年生草本或灌木至小喬木。單葉，互生。穗狀或圓錐花序；花單性，通常花序頂端為兩性花，基部為雌花；苞片大，片狀，鋸齒緣；花瓣缺；雄花 4 數，花藥分岔；雌花萼片 3～5，子房 3 室，花柱 3，絲狀，長條裂或長緣毛狀細裂。蒴果 3 或 2 瓣裂。種子 3 枚。

本書中本屬之分類處理參據呂玉娟〈台灣鐵莧屬之分類研究〉（國立台灣師範大學生物研究所碩士論文，1995）。

台灣鐵莧(屏東 鐵莧)

屬名　鐵莧屬
學名　*Acalypha angatensis* Blanco

托葉披針形

灌木或小喬木，莖被絨毛。葉心形、卵形、披針形至菱形，長 12.3～19.1 公分，寬 6.9～11.7 公分，先端漸尖至尾狀，基部心形至圓形，基出 5～7 脈，兩面密被毛或光滑無毛，葉下表面側脈於中脈之腋處不具叢生毛，葉柄較葉片短；托葉披針形，長 1～1.7 公分。花單性，雌雄同株。Hayata 曾將葉密被毛者發表為屏東鐵莧（*A. akoensis*）。

產於台灣、馬來西亞和菲律賓；台灣分布於全島低海拔地區。

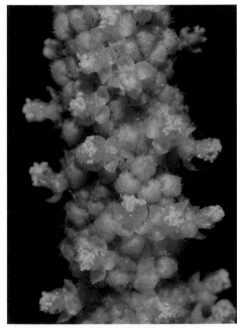
雄花甚小

花柱 3，絲狀，長緣毛狀細裂。

果實

灌木或小喬木

雌花序直立，葉具長柄，葉脈 5～7。

鐵莧菜

| 屬名 | 鐵莧屬 |
| 學名 | *Acalypha australis* L. |

草本，莖被絨毛。葉線形、披針形或菱形，長 2～6 公分，寬 1～3 公分，先端漸尖至銳尖，基部楔形或圓形，基出 3 脈，兩面脈上疏被毛，葉柄較葉片短；托葉披針形，長約 1 公釐。穗狀花序，雌花位於基部，其餘為雄花。

　　產於中國、韓國、日本、琉球及菲律賓；台灣分布於全島低海拔地區。

雄花花序
花柱
子房 3 室
苞片大

幼果

雄花 4 數，甚小。

為低海拔常見雜草

單性同株。葉線形、披針形或菱形。

短序鐵莧

屬名 鐵莧屬
學名 *Acalypha brachystachya* Hornem.

草本，株高 15～30 公分，莖被絨毛及長直腺毛。葉披針形至卵形，長 2.3～4.5 公分，寬 1.3～2.3 公分，先端漸尖，具鈍頭，基部圓形至近心形，基出 3 脈，兩面脈上被長直腺毛，葉柄短於或等長於葉片；托葉三角形，長約 1 公釐。花單性，雌雄同株；花序很短，0.5～1 公分；雌花苞片三裂，具異形雌花。

產於非洲熱帶地區、印度、中國及爪哇；台灣目前僅發現於北橫、草嶺、瑞里及藤枝，數量不多。

生於同枝上之果實及雄花序

果皮去掉，露出種子。

雌花花序很短，長 0.5～1 公分，苞片三裂，其上具直腺毛，花柱三裂。

草本。葉披針形至卵形，葉柄短於葉片或與葉片等長。

花蓮鐵莧（台東鐵莧、紅頭鐵莧）

屬名 鐵莧屬
學名 *Acalypha cardiophylla* Merr.

小或大喬木，高可達 15 公尺，莖被短柔毛。葉心形、闊卵形至卵形，長 10.4～17.2 公分，寬 7.7～13.1 公分，先端漸尖至尾狀，基部心形、圓形至截形，基出 5～7 脈，兩面脈上疏被毛，側脈於中脈腋處具極為顯著之叢生毛，葉柄短於葉片；托葉線形，長 0.7～1.2 公分。花單性，雌雄異株，稀同株；雌花序略下垂，雌花疏生花軸上，雌花苞片小，全緣。果實不為苞片所包，表面具密毛。

產於馬來半島、婆羅洲及菲律賓；台灣分布於恆春半島南仁山、蘭嶼及花東海岸地區。

果實不被苞片所包，表面具密毛。

雄花序

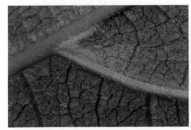

側脈與中脈交接腋處具極為顯著之叢生毛

雌花序略下垂，雌花疏生花軸上苞片小，全緣，本株攝於南仁山。（郭明裕攝）

葉基出 5～7 脈

蘭嶼鐵莧（綠島鐵莧）

屬名　鐵莧屬
學名　*Acalypha grandis* Benth.

灌木或小喬木，莖被短柔毛。葉心形、闊卵形或卵形，長 10.7 ～ 16.3 公分，寬 7.5 ～ 13.7 公分，先端尾狀至漸尖，基部心形至圓形，基出 9 ～ 13 脈，兩面疏被毛或葉背近光滑，葉柄短於葉片；托葉披針形，長 1 ～ 2.5 公分。花單性，雌雄同株；雄花序彎垂，雌花序直立，雌花苞片大而明顯，呈扇狀，具齒緣，子房 3 室，花柱 3。

　　產於馬來西亞和菲律賓（巴丹島和北呂宋）；台灣分布僅限於蘭嶼、綠島及台東都蘭。

葉基出 9 ～ 13 脈。

雄花序

雌花苞片大而明顯，展平時呈扇狀，具齒緣。

雌花序直立，雄花序彎垂。

植株

托葉披針形，長 1 ～ 2.5 公分，先端具長尾尖。

印度鐵莧

屬名　鐵莧屬

學名　*Acalypha indica* L.

草本，莖被絨毛、直毛與少數腺毛。葉菱形至卵形，長 1.8 ～ 3.6 公分，寬 1.4 ～ 2.7 公分，先端銳尖，具短突尖，基部楔形，基出 5 脈，兩面脈上疏被毛，葉柄等於或長於葉片；托葉披針形，長約 1 公釐。花單性，雌雄同株，具異形雌花。

　　產於非洲熱帶地區、馬達加斯加、印度、斯里蘭卡、泰國、新加坡、爪哇、菲律賓及太平洋群島；台灣分布於南部低海拔地區。

除了具雌花、雄花外，亦具長柄的異形雌花。

未熟之果實，被苞片包圍。

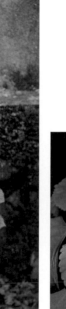

葉柄等或長於葉片，葉菱形至卵形。

葉

恆春鐵莧 特有種

屬名　鐵莧屬

學名　*Acalypha matsudae* Hayata

亞灌木，莖幼時略被曲毛，隨後脫落，變為光滑無毛。葉披針形、橢圓形至菱形，長 3.9 ～ 7.1 公分，寬 1.7 ～ 2.9 公分，先端具短突尖，基部圓形至楔形，基出 3 脈，兩面脈上疏被毛，葉柄短於葉片；托葉線狀披針形，長約 2 公釐。花單性，雌雄同株。

　　特有種，分布於恆春半島及台東。

雌花

有的花序全為雄花

成熟後殆光滑

花序上端為雄花，基部為雌花。

葉披針、橢圓至菱形。

小葉鐵莧 特有種

屬名 鐵莧屬
學名 *Acalypha minima* H. Keng

異形雌花　　　　　　　　雌花；苞片具密的長直毛及極明顯的腺毛。

草本，基部木質化，莖被絨毛及長直毛。葉卵形至菱形，長 1.4 ～ 4 公分，寬 0.9 ～ 1.9 公分，先端銳尖至漸尖，基部楔形至圓形，基出 3 脈，兩面被長直毛，葉柄等長於或短於葉片；托葉披針形，長 1 ～ 2 公釐。花單性，雌雄同株；雌花苞片具密的長直毛及極明顯的腺毛，具異形雌花。

特有種，分布於小琉球、墾丁。

花單性，雌雄同株。全株被絨毛。　莖被絨毛及長直毛　　喜生於恆春半島之礁岩上

山麻桿屬 ALCHORNEA

灌木，莖光滑。葉互生，疏細鋸齒緣，明顯基出 3 脈，托葉早落。雄花簇生，花萼二至三裂，雄蕊 6 ～ 8 枚；雌花單生，花萼三至六裂，子房 2 ～ 3 室。蒴果。

台灣產 1 種。

花柱 3，萼片 5。

台灣山麻桿（琉球山麻桿、基隆山麻桿）

屬名 山麻桿屬
學名 *Alchornea liukiuensis* Hayata

灌木，高 1 ～ 2 公尺。葉卵形至心形，長 9 ～ 14 公分，寬 8 ～ 12 公分，先端短突尖狀銳尖，基部具 3 ～ 5 紅色腺體及 1 對紅色尖針狀突起物，疏鋸齒緣，掌狀脈 3 ～ 5 條，葉柄長 3 ～ 8 公分。雌雄同株，花序有兩性及單性；雌花子房微被柔毛，花柱 3，萼片 5，三角形；雄花每苞片具 9 ～ 11 朵花，花梗 1 ～ 2 公釐，萼片 3 或 4，長約 2.5 公釐，無毛，雄蕊 8 枚。蒴果球形，具 3 淺溝，直徑約 1 公分，近無毛。花期 3 ～ 4（5）月，果熟 6 ～ 7 月。

產於日本琉球；分布於台北、基隆、蘇澳、宜蘭、台中、彰化等地之濱海及內陸低海拔灌叢中。

掌狀脈 3 ～ 5 條，基部具 3 ～ 5 紅色腺體及 1 對紅色尖針突起物。　蒴果球形，具 3 淺溝，直徑約 1 公分，近無毛。　雄花萼片 3 或 4，雄蕊 8。　葉卵至心形，具一長柄。

地錦草屬 CHAMAESYCE

草本，有白色乳汁。單葉，對生，基部歪，柄短，具細小托葉。大戟花序，具5苞片及3～4（稀5）腺體；雄花一至數朵，成聚繖花序，無花被；雌花單生，具柄，花被小或無，子房光滑或被毛，花柱3。蒴果。

濱大戟

屬名	地錦草屬
學名	*Chamaesyce atoto* (G. Forst.) Croizat

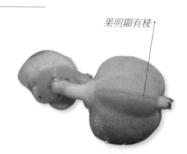

果明顯有稜

莖匍匐至斜上，稀直立，光滑無毛。葉橢圓形至卵狀長橢圓形，長1.2～3公分，先端鈍至圓，基部近心形，歪斜，全緣，兩面光滑無毛；葉柄長1.5～2.5公釐，光滑無毛。果實光滑無毛。腺體附屬物不明顯。

產於中國南部、印度、馬來西亞、爪哇、澳洲、菲律賓；台灣分布於東部、南部、蘭嶼及澎湖近海岸之低地。

腺體附屬物不明顯（淡黃白色），花柱3，先端二裂。

莖光滑。葉全緣，兩面光滑，葉柄光滑。

常生於海濱

鵝鑾鼻大戟 特有種

屬名	地錦草屬
學名	*Chamaesyce garanbiensis* (Hayata) H. Hara

莖匍匐至斜上，光滑無毛。葉圓心形至倒卵形，長3～11公釐，寬3～9公釐，先端鈍至圓，基部近心形，歪斜，細鋸齒緣，兩面光滑，偶葉背有疏毛；葉柄長1～1.7公釐，光滑無毛；托葉先端銳尖。腺體1，黃綠色，附屬物白色、腎形，全緣，果實光滑無毛。

特有種，分布於恆春半島南端近海岸之低地。

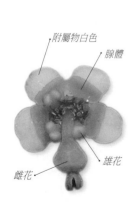

附屬物白色
腺體
雌花
雄花

▲大戟花序

葉部基歪斜，鋸齒緣。

分布於恆春半島南端近海岸低地

飛揚草

屬名　地錦草屬
學名　*Chamaesyce hirta* (L.) Millsp.

莖匍匐、斜上或直立，被絹狀糙伏毛及黃色刺毛。葉卵狀菱形至長橢圓
狀披針形，長 15 ～ 50 公釐，寬 7 ～ 16 公釐，先端銳尖，基部楔形至圓形，
細鋸齒緣，兩面被絹狀糙伏毛，葉柄下表面被糙伏毛及刺毛。果實被毛。

　　產於日本、琉球及熱帶地區；台灣分布於全島低地。

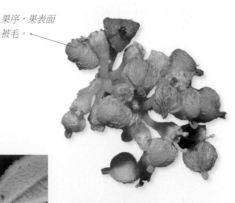
果序，果表面
被毛。

開花植株。為台灣平地常見之野草。

莖被絹狀糙伏毛及黃色刺毛

葉中央有時具紅斑

新竹地錦 特有種

屬名　地錦草屬
學名　*Chamaesyce hsinchuensis* S.C. Lin & Chaw

莖匍匐至斜上，紅色，光滑至疏被柔毛。葉
卵狀長橢圓形至倒卵狀長橢圓形，長 2 ～ 7
公釐，寬 1 ～ 3.5 公釐，先端鈍至圓，基部
鈍至圓，歪斜，細鋸齒緣（有時僅前或後半
部有鋸齒），上表面光滑，下表面疏被柔毛；
葉柄紅色，長 0.5 ～ 0.8 公釐，被疏柔毛。子
房及果實被毛，果梗明顯。

　　特有種，分布於台灣西部近海岸之低地
及澎湖。

子房及果實被毛。
果梗明顯。
子房
腺點
附屬物
杯狀總苞

果實及初果。腺點紅色，4 個，附屬物白至紅色。

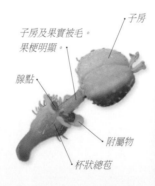

葉細鋸齒緣，有時僅前或後半部有鋸齒。

植株矮小匍匐

假紫斑大戟

屬名　地錦草屬
學名　*Chamaesyce hypericifolia* (L.) Millsp.

果光滑無毛

莖斜上至直立，稀匍匐，光滑無毛。葉長橢圓狀披針形至橢圓形，長2.5～3公分，寬8～15公釐，先端銳尖至鈍，基部鈍至平截，歪斜，至少半鋸齒緣；葉柄長1～2公釐，紫紅色。腺體4枚，綠色至綠褐色，圓形，直徑0.2～0.3公釐；附屬物明顯，倒卵形至腎形，長0.8～1公釐，寬1～1.2公釐，白色或粉白色。果實光滑無毛。與紫斑大戟（見本頁）相似，二者可以托葉來區別，紫斑大戟的托葉伏貼在莖上，假紫斑大戟的托葉張開，三角形，先端撕裂。

原生於美洲熱帶和亞熱帶地區，引進至爪哇、夏威夷；歸化於台灣。

假紫斑大戟的托葉是張開的

腺體4枚，綠色至綠褐色，圓形，附屬物明顯，倒卵形至腎形，白色或粉白色。

葉長橢圓狀披針形至橢圓形

適應力強，常見於人為活動頻繁處。

紫斑大戟

屬名　地錦草屬
學名　*Chamaesyce hyssopifolia* (L.) Small

莖斜上至直立，稀匍匐，光滑或有時於上表面疏被短毛。葉長橢圓狀披針形至橢圓形，長7～30公釐，寬3～12公釐，先端銳尖至鈍，基部鈍至圓，歪斜，細鋸齒緣，兩面光滑，有時於基部被疏柔毛；葉柄長至2公釐，光滑無毛；托葉先端常有撕裂。腺體4枚，圓形至橫向的橢圓形，黃綠色；附屬物腎形，白色，全緣或波狀緣。

產於熱帶地區；在台灣為引進種，已歸化於全島低地。

紫斑大戟的托葉伏貼在莖上，先端常撕裂。

葉長橢圓狀披針形至橢圓形

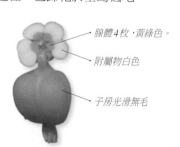
腺體4枚，黃綠色。
附屬物白色
子房光滑無毛

花序

植株

斑地錦

屬名 地錦草屬
學名 *Chamaesyce maculata* (L.) Small

莖匍匐至斜上。葉中間常有斑塊，偶見無斑塊者，橢圓形或長橢圓至鐮刀形，長 6 ～ 13 公釐，寬達 3 公釐，先端銳尖至鈍，基部圓，歪斜，細鋸齒緣，稀全緣，上表面散生絹毛或光滑，下表面被絹毛；葉柄長約 1 公釐，下表面疏被絹毛。腺體 4 枚，圓形或長橢圓形，黃綠色；附屬物扁平倒卵形，白色或帶紅色，全緣或波狀緣。果實密被毛。

產於北美洲；台灣分布於台北、桃園等低地地區。

果密被毛

托葉細小而外展

葉子橢圓形至鐮刀狀，葉歪基，上表面中央有紅斑塊。

腺體 4 枚，黃綠色；附屬物白色或帶紅色。葉子有時不具紅斑。

葉下表面被絹毛

通常匍匐生長，葉上表面被絹毛，中間常有斑塊。

小葉大戟

屬名　地錦草屬
學名　*Chamaesyce makinoi* (Hayata) H. Hara

莖匍匐，紅色，光滑無毛。葉圓卵形至卵狀橢圓形，長 2 ～ 5 公釐，寬 1 ～ 4 公釐，先端微凹至圓，基部圓至心形，歪斜，全緣，兩面光滑無毛；葉柄紅色，長 0.3 ～ 1.5 公釐，光滑無毛。果實光滑無毛。

　　產於中國南部、琉球及菲律賓；台灣分布於全島低地。

葉全緣

附屬物通常為淡紅色，邊緣有不明顯的鋸齒緣。

植株匍匐，葉小，無毛。莖及葉柄紅色。

伏生大戟

屬名　地錦草屬
學名　*Chamaesyce prostrata* (Ait.) Small

果柄

果實上的毛僅生於稜上

莖匍匐至斜上，上面被柔毛。葉圓形至長橢圓形，長 2 ～ 6.7 公釐，寬 1.6 ～ 4.6 公釐，先端銳尖至圓，基部圓，歪斜，細鋸齒緣，下表面光滑或僅前端被毛；葉柄長 0.5 ～ 1 公釐，近光滑。附屬物淡紅色，甚小，長度小於 0.2 公釐。果實上的毛僅生於稜上，偶有些植株果實表面亦有疏毛。

　　廣布於熱帶地區；台灣分布於全島低地。

植株伏地而生，葉細鋸齒緣。

附屬物淡紅色

腺體紅色，附屬
物白色顯眼。

匍根大戟

屬名　地錦草屬

Chamaesyce serpens (Kunth) Small

莖匍匐，光滑無毛，綠色或有紫紅色條紋。葉卵圓形至圓狀橢圓形，長 2～5 公釐，寬 1～3.5 公釐，先端略凹或圓，基部圓至心形，歪斜，全緣，兩面光滑無毛；葉柄長 0.2～1 公釐，光滑無毛。腺體紅色，附屬物（像花瓣的白色部分）明顯。果實光滑無毛。

　　原產美洲；近年引進台灣並已歸化於西部低地。

葉片小型，粉綠色。

植株光滑無毛。葉子全緣。

心葉大戟

屬名　地錦草屬

學名　*Chamaesyce sparrmannii* (Boiss.) Hurusawa

莖斜上，光滑無毛。葉卵形，長 10～18 公釐，寬 6～13 公釐，先端銳尖，基部心形，全緣，兩面光滑無毛；葉柄長 1～1.8 公釐，光滑無毛。腺體附屬物非常明顯，白色，遠大於腺體。果實光滑無毛。

　　產於東印度、澳洲及琉球群島；台灣分布於蘭嶼近海岸地區。

花序（許天銓攝）

葉基部心形，全緣，兩面光滑。
（郭明裕攝）

分布於蘭嶼近海岸地區（郭明裕攝）

腺體附屬物白色且明顯，遠觀甚為醒目。（許天銓攝）

台西大戟 特有種

屬名	地錦草屬
學名	*Chamaesyce taihsiensis* Chaw & Koutnik

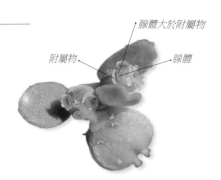

莖匍匐，光滑無毛。葉橢圓形至倒卵形，長 2.5～6 公釐，寬 1.5～3.5
公釐，先端平截至凹，基部圓，歪斜，先端細鋸齒緣至全緣，兩面光滑
無毛，葉柄長 0.2～1 公釐。腺體大於附屬物。果實光滑無毛。

　　特有種，分布於台灣西部及澎湖之海岸地區。

花序腋生，子房無毛。

葉先端細鋸齒緣至全緣

分布於海岸地區，植株光滑無毛。

田代氏大戟 特有種

屬名 地錦草屬
Chamaesyce tashiroi (Hayata) H. Hara

莖斜上,紅色,被疏或密絹毛。葉倒卵狀至卵狀長橢圓形或橢圓形,長 5 ~ 15 公釐,寬 3 ~ 8 公釐,先端銳尖至圓,基部平、圓至略近心形,細鋸齒緣,上表面近光滑,下表面被絹毛;葉柄長 0.8 ~ 1.3 公釐,下表面被絹毛。花序有一明顯之總花梗。果實被毛。

特有種,分布於台灣全島低地。

花序有一明顯之總花梗
(郭明裕攝)

葉表常有淡淡的紫紅色暈

莖斜上,紅色,疏或密被絹毛。(郭明裕攝)

千根草

屬名 地錦草屬
學名 *Chamaesyce thymifolia* (L.) Millsp.

莖匍匐至斜上,紅色或綠色,上表面被絹毛。葉倒卵狀長橢圓形至長橢圓狀披針形,長 3 ~ 7.8 公釐,寬 2 ~ 4.7 公釐,先端銳尖至圓,基部平截、圓或近心形,歪斜,細鋸齒緣,下表面疏被絹毛;葉柄長 0.4 ~ 0.8 公釐,下表面被絹毛。果實密被絨毛。

廣布於熱帶地區;台灣見於全島低地。

與伏生大戟相似,但本種果實成熟時沒有全部露出(即不易看到果柄)。

在蘭嶼及綠島的族群莖呈綠色

果密被絨毛

莖大多泛紅,上表面被絹毛。

為路邊常見的小型草本

華南大戟

屬名　地錦草屬
Chamaesyce vachellii (Hook. & Arn.) Hurusawa

莖斜上至直立，幼時疏被柔毛。葉線形至線狀長橢圓形，長 2 ～ 6 公分，寬 2 ～ 7 公釐，先端銳尖至鈍，基部圓，歪斜，細鋸齒緣，上表面近光滑，下表面被絹毛；葉柄長 1.5 ～ 2.5 公釐，下表面被絹毛。花序有一明顯之總花梗。

　　產於中國南部、日本、琉球、菲律賓、大洋洲群島、澳洲及馬來西亞；台灣分布於全島低、中海拔之開闊草地。

花序聚生，果平滑無毛。（許天銓攝）

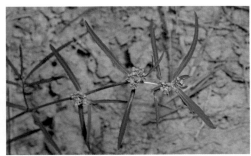

葉線形至線狀長橢圓形，細鋸齒緣。（許天銓攝）

斜上至直立 (郭明裕攝)

假鐵莧屬 CLAOXYLON

灌木或小樹。葉互生，膜質，長柄，長橢圓形或卵形，鋸齒緣或全緣。穗狀或總狀花序；雄花萼片 3 ～ 4，花瓣無，雄蕊多數，退化雌蕊無；雌花萼片 3 ～ 4，花瓣 5，鱗片狀，子房 3 室。蒴果。

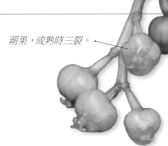

蒴果，成熟時三裂。

假鐵莧

屬名　假鐵莧屬
學名　*Claoxylon brachyandrum* Pax & Hoffm.

灌木。單葉，互生，見長柄，長橢圓形或長橢圓狀披針形，長 15 ～ 20 公分，葉柄先端具 2 腺體，先端銳尖或鈍頭，基部鈍，鋸齒緣，葉柄長 3.5 ～ 6 公分。穗狀花序腋生，雄花序 6 ～ 7 公分長。蒴果三裂。

　　產於馬來西亞之沙巴至菲律賓北部；台灣分布於蘭嶼及恆春半島。

葉具長柄

單葉，互生，長橢圓形或長橢圓狀披針形，鋸齒緣。

巴豆屬 CROTON

灌木或喬木。單葉，互生，基部具 2 腺體。雌雄同株稀異株，花單生或簇生成總狀花序；雄花萼四至六裂，花瓣 4 ～ 6，雄蕊多數；雌花花瓣小或無，子房 2 ～ 4 室。蒴果。

波氏巴豆

屬名	巴豆屬
學名	*Croton bonplandianus* Baillon

直立亞灌木，株高 30 ～ 50 公分，幼株密被絨毛，小枝疏被星狀毛或近無毛。葉互生，膜質，卵狀至線狀披針形，長 3.4 ～ 5 公分，寬 0.7 ～ 1.6 公分，基部鈍，具 2 腺體，基生三出脈，上表面近無毛，下表面疏被腺體及星狀毛，鋸齒緣；托葉極小，線形。總狀花序，頂生，花序長可達 14 公分；花單性，雌雄同株，雌花居於花序下方；雄花花瓣內面具毛狀物。

原產南美洲，近年來歸化於台灣。

雌花無花瓣且居於花序下方

葉背疏被腺體及星狀毛

果實被星狀毛

雄蕊多數，花瓣 4 ～ 6，內面具毛狀物。

全株被星狀毛

多見於南部濱海地區

葉下白（裏白巴豆）

屬名　巴豆屬
學名　*Croton cascarilloides* Raeusch.

小灌木，小枝被褐色鱗片及星狀毛。葉簇生於小枝端，長橢圓狀披針形或卵狀長橢圓形，先端銳或鈍，基部鈍，下表面白色，被銀色盾狀鱗片（少數鱗片紅色）。雌花花瓣有緣毛；雄花雄蕊 10 ～ 20 枚，花絲有毛。

　　產於中國南部；台灣分布於全島低海拔森林。

果枝　　　　　　　　　　　　雄花花瓣緣具毛，花絲中下半有毛。

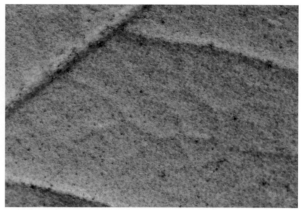

開花植株

葉下表面白色，被銀色盾狀鱗片。

雞骨香

屬名　巴豆屬
學名　*Croton crassifolius* Geiseler.

矮小灌木，高 20 ～ 50 公分；根粗壯，外皮黃褐色，易剝離；枝葉及花序均被星狀茸毛。葉互生，卵形或橢圓形，長 5 ～ 10 公分，寬 2 ～ 5 公分，先端尖或鈍，基部圓而稍呈心形，全緣或鋸齒緣，基出脈 3 ～ 5；葉柄長 1.5 ～ 2.5 公分，密被星狀茸毛。花單性，雌雄同株，淺綠色；總狀花序長 2.5 ～ 5 公分；苞片裂片線狀，頂端有腺體；雄花小，簇生於花序上部，雄蕊約 20 枚；雌花通常數朵生於花序的基部，花萼長約 4 公釐，花瓣缺，花柱 3，每一花柱再四深裂。蒴果長約 6 公釐，外被鏽色星狀毛。

　　產於中國；在台灣分布於離島金門。

雄花

葉被星狀茸毛　　　　　雌花，花柱 3，每一花柱再　　果外被鏽色星狀毛。　　　　植株
　　　　　　　　　　　四深裂。

巴豆

屬名　巴豆屬
學名　*Croton tiglium* L.

常綠小喬木。單葉，互生，長 6 ～ 14 公分，寬 2 ～ 7 公分，先端銳尖，基部
鈍或近於圓形，兩側各有 1 腺體，鋸齒緣或近全緣，主脈 3 條，下表面被稀疏
星狀毛；具長柄，葉柄長 2 ～ 8 公分。花單性，雌雄同株；總狀花序，頂生，
多花；雄蕊 15 ～ 18 枚；雌花之萼片較小，但常於花後增大，花瓣狹長。蒴果
卵形，2.5 公分，白色。種子 3 粒。

　　產於中國長江流域及東南各省、印度及馬來西亞；歸化於台灣中、南部及
東部山區。

雌花

果實

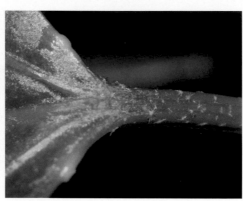

葉基之葉緣具 2 腺點；葉柄及葉脈上具星狀毛。

葉形；葉三出脈。

常綠小喬木。為歸化植物。新葉常為紅褐色。

大戟屬 EUPHORBIA

草本或灌木，具乳汁。單葉，互生，托葉腺體狀或無。大戟花序（花序似一單生之花，有一萼狀杯形總苞，裂片 4 ～ 5，與肉質腺互生，周圍為雄花，雌花在中心），雄花僅為一有柄之雄蕊，雌花子房 3 室。蒴果。

猩猩草

屬名	大戟屬
學名	*Euphorbia cyathophora* Murr.

全株含豐沛白色乳汁，莖斜上或直立，高約 50 ～ 100 公分，光滑至略被毛。葉提琴形、卵形至卵狀披針形，全緣至細鋸齒緣或齒緣，或微裂，托葉腺體狀。花序下的苞片數枚，披針形或卵狀披針形，基部狹而有一紅色大斑塊；腺體 1 枚，扁長橢圓形，綠色或稍帶黃色；雄花多數，每一雄花僅有雄蕊 1 枚；雌花光滑無毛，綠色，子房球形至扁球形，有溝紋 3 條。

原產中南美洲；歸化台灣全島近海岸地區。

子房光滑無毛，具 3 條溝紋。

葉提琴形，常具大缺刻齒緣。莖頂端之苞片基部有一紅色斑塊。

台灣大戟（大甲草） 特有種

屬名	大戟屬
學名	*Euphorbia formosana* Hayata

多年生草本，根圓柱狀，長可達 25 公分；莖直立，光滑或近葉柄處被短毛。葉線狀披針形，先端銳尖，全緣。大戟花序數枝呈繖形狀，腋出或頂生；雌雄花均無花被，雄花的雄蕊 1 枚，雌花的雌蕊 1 枚，子房扁球形，密被瘤突，花柱 3。蒴果三稜。

特有種，分布於台灣西部低海拔地區。

苞片黃綠色　　　萼狀杯形總苞

雄蕊

子房

花柱

莖直立，光滑或近葉柄處被短毛。葉線狀披針形。

禾葉大戟

屬名　大戟屬
學名　*Euphorbia graminea* Jacq.

莖斜上或直立，光滑無毛。葉形變異大，全緣，兩面皆被毛，葉柄被刺毛，托葉無。頂生大戟花序，花期時生殖枝會長出 1 對線形苞片。蒴果 3 瓣狀，每瓣具一縱向凹溝。

原產墨西哥；歸化於屏東、高雄地區。

花期時生殖枝會長出 1 對線形苞片（楊曆縣攝）

花瓣狀附屬物 2～4（5）枚，白色，先端倒心形，蒴果長 2 公釐，直徑 3 公釐，伸出總苞外。

花柱 3 枚，於先端二岔。

原產墨西哥，歸化屏東、高雄地區。生殖枝花序軸上具兩片對生線形葉狀苞片。

白苞猩猩草

屬名　大戟屬
學名　*Euphorbia heterophylla* L.

莖斜上或直立，散生刺毛或光滑，全株有白色乳汁。葉卵形至披針形，長 3～8 公分，寬 1.5～3.5 公分，先端銳尖至漸尖，全緣至細鋸齒緣，葉柄被刺毛，托葉腺體狀。大戟花序頂生，多數，呈密生聚繖花序，或近似聚繖花序，或為叢生狀，花序梗甚短；苞片與莖生葉同形，較小，長 2～5 公分，綠色或基部白色；腺體 1 枚，圓形，內凹；雄花雄蕊 2～4；雌花 1，子房柄伸出總苞外，花柱 3，中部以下合生，柱頭二裂。

原產中南美洲；歸化於台灣中南部、恆春半島及台東低山。

花柱 3，中部以下合生，柱頭 二 裂。腺體 1 枚，圓形，內凹。

葉卵形至披針形。苞片與莖生葉同形，較小，綠色或基部白色。

岩大戟

屬名　大戟屬

學名　*Euphorbia jolkinii* Boiss.

莖直立,光滑無毛。葉偶呈藍綠色,
線狀倒披針形,先端鈍或微凹,全
緣,光滑無毛,托葉無。苞片先端
鈍或圓。蒴果三稜。

　　產於日本、韓國及琉球;台灣
目前分布於北部海岸附近之岩石
上;彭佳嶼及基隆嶼亦產。日治時
期台南及台東亦有紀錄。

果三稜,具瘤。

大戟花序近觀,子房及果密被瘤突。

葉先端鈍(大甲草先端銳尖)

植株基部多分枝,叢生。

荸艾類大戟 (淡水大戟)

屬名	大戟屬
學名	*Euphorbia peplus* L.

莖直立，光滑無毛，具白色乳汁。單葉，互生，倒卵形至倒卵狀橢圓形，
先端鈍至圓，全緣，光滑無毛，托葉無。苞片倒卵形至橢圓形；腺體4枚，
黃綠色，半月形，先端裂成二細角狀。

　　產於歐洲、北非及亞洲；台灣分布於淡水及武陵地區。

大戟花序。腺體4枚，先端二裂呈角狀。

莖直立，多分枝。

花序苞片與葉片近似（許天銓攝）

霞山大戟 特有種

屬名	大戟屬
學名	*Euphorbia shouanensis* H. Keng

莖直立，被長柔毛。葉線狀披針形，先端銳尖，全緣，光滑或僅基部被毛。
本種與台灣大戟（見第31頁）近似，最大的區別在於本種的莖具長柔毛（vs.
光滑或近葉柄處被短毛）；花柱和柱頭1～2公釐長（vs. 2～4公釐）。

　　特有種，生於苗栗、嘉義及台東低地。

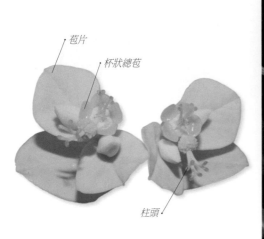

苞片
杯狀總苞
柱頭

莖直立，被長柔毛。

在野外甚少見

太魯閣大戟 特有種

屬名　大戟屬
學名　*Euphorbia tarokoensis* Hayata

莖直立，光滑無毛。葉線形至線狀長橢圓形，寬 2 ～ 7 公釐，先端
鈍至圓或微凹，全緣，光滑無毛，托葉無。第一層苞片葉 3 或 4 枚，
卵形或長橢圓狀披針形；第二層苞片葉 2 枚，綠色或黃綠色，三角
形或腎形，先端圓，有突尖。果實球形。

特有種，生於花蓮山區之岩石地。

果三稜，略具瘤。

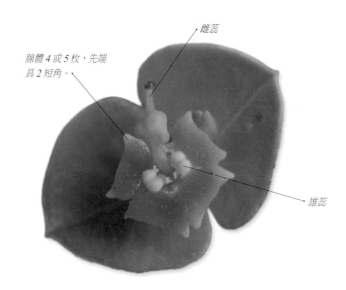

雌蕊

腺體 4 或 5 枚，先端
具 2 短角。

雄蕊

第二層苞片葉

第一層苞片葉

花序

台灣特有種，生於花蓮山區岩石地。

土沉香屬 EXCOECARIA

灌木或小喬木，光滑無毛，具白色乳汁。單葉，互生或對生。花序穗狀或總狀；花單性，雌雄同株或異株；花瓣無；雄花萼片 3 枚，雄蕊 3 枚；雌花生於花序基部，萼三裂，子房 3 室。蒴果。

土沉香

屬名	土沉香屬
學名	*Excoecaria agallocha* L.

常綠小喬木，具白色乳汁。葉互生，肉質狀，革質，橢圓形或卵形，長 5～10 公分，寬 2～5 公分，先端漸尖，鈍頭。雄花序長 3～7 公分，雌花序長 1.5～3.5 公分，雄花具雄蕊 3 枚，雌花子房 3 室。果球形，徑 0.8 公分，有 3 深溝，熟時暗褐色。

產於亞洲南部、澳洲、大洋洲群島及琉球；台灣分布於北部及南部沿海地區，常與紅樹林混生。

葉互生

果枝

莖葉折斷具白色乳汁

葉片基部具腺點

生於蘭嶼海岸的植株

滿樹的花序。常與紅樹林混生。

台灣土沉香

屬名	土沉香屬
學名	*Excoecaria formosana* (Hayata) Hayata

小灌木。葉近對生，近革質，長橢圓狀披針形，長 7～10 公分，寬 3～4 公分，兩端漸尖，側脈 8～12 對。花單性，雌雄同株，同序或異序。蒴果扁球形。

產於中南半島；台灣分布於南部山區及沿海地區。

葉長橢圓狀披針形；蒴果扁球形。

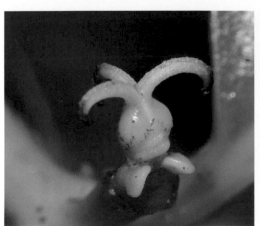

雌花。無花瓣，萼三裂。

雄花序，雄花具雄蕊 3 枚。

分布於台灣南部山區及沿海岸地區；與土沉香差別在於本種葉為近對生。

蘭嶼土沉香(川上氏土沉香) 特有種

| 屬名 | 土沉香屬 |
| 學名 | *Excoecaria kawakamii* Hayata |

常綠小灌木。葉互生，近叢生於小枝頂端，革質，倒卵狀倒披針形或倒卵狀橢圓形，長 11 ～ 18 公分，寬 3 ～ 4 公分，葉緣略反捲。雌雄同序或異序，同序時雄花常生於花序上方，雌花生於花序基部，雄花與雌花均為淡黃色。蒴果球形。

　　特有種，僅分布於蘭嶼及綠島。

果序，蒴果球形。

雄蕊 3 枚

雄花序

葉革質，邊緣略反捲，互生，叢生於小枝頂端。

水楊梅屬 HOMONOIA

灌木。單葉，互生，線狀披針形。穗狀花序，腋生；花無花瓣；雄花花萼球形，裂成 3 瓣，雄蕊多數，聚成球形；雌花萼片 4～5 枚，子房 3 室。蒴果。

水楊梅（水柳仔）

屬名	水楊梅屬
學名	*Homonoia riparia* Lour.

灌木，枝有稜及短毛。葉線狀披針形，長 7～18 公分，寬 1～2.5 公分，先端漸尖或銳尖，基部銳尖，全緣或細齒緣，葉背白色。雌雄異株；雄花花萼 3 裂，雄蕊多數；雌花子房 3 室，花柱 3 枚。果實球形，被絨毛。

　　產於中南半島、中國南部及爪哇；台灣分布於南部低海拔地區，多生於河床或河灘上。

果球形，被絨毛。

葉線狀披針形

雄花之雄蕊多數（郭明裕攝）

多生於河床或河灘上

血桐屬 MACARANGA

小 喬木。葉互生，全緣或疏鋸齒緣，偶裂，葉柄盾狀著生。總狀或圓錐花序；花無花瓣；雄花多數，簇生，花萼呈球形或卵形，裂片 3 ～ 4，雄蕊數枚或多枚；雌花一或數朵於苞片內，萼片 2 ～ 4，子房 1 ～ 6 室。蒴果。

紅肉橙蘭(華血桐)

屬名	血桐屬
學名	*Macaranga sinensis* (Baill.) Muell.-Arg.

常綠小喬木，光滑無毛。葉卵形，長 13 ～ 20 公分，寬 8 ～ 12 公分，葉緣有明顯鋸齒，側脈 11 ～ 13，葉身與葉柄交接處有明顯的紅色腺點。圓錐花序，腋生，黃綠色；常雌雄異株，雌、雄花序長度均超過 10 公分以上；雄蕊 7 ～ 9 枚。蒴果成熟時紅色，二裂。種子黑色。

　　產於菲律賓北部；台灣僅分布於蘭嶼及綠島。

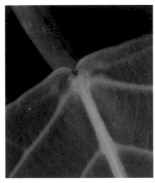

果序，蒴果成熟時紅色，
二裂；種子黑色。

葉身與葉柄交接處有明顯的紅色腺點　　葉卵形。分布綠島及蘭嶼。

血桐

屬名	血桐屬
學名	*Macaranga tanarius* (L.) Muell.-Arg.

小枝常粉白色。葉圓心形，徑約 25 公分，先端尾狀漸尖，全緣或近全緣，葉柄著生於葉下表面由葉緣至中央二分之一處。花單性，雌雄異株，無花瓣；雄花圓錐花序，腋生，長 10 ～ 30 公分，雄花萼三至四裂，裂片鑷合狀，卵形，被細毛，雄蕊 4 ～ 6 枚，花藥 4 室，無退化子房；雌花序密生成團狀，苞片銳鋸齒緣，雌花花柱分裂，柱頭長。果實有刺狀毛及腺體。

　　產於南亞至澳洲；台灣分布於全島低海拔地區。

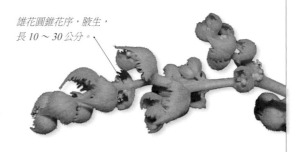

雄花圓錐花序，腋生，
長 10 ～ 30 公分。

雌花及果

葉柄著生於下表面由葉緣至中央二分之一處　　開花植株；雄花序。

野桐屬 MALLOTUS

喬 木或灌木。單葉，互生或對生，齒緣或三裂，常被腺毛。穗狀或總狀花序，雌雄異株或同株；花無花瓣；雄花簇生，花萼呈球形或卵形，二至五裂，雄蕊多數；雌花花萼二至六裂，子房 2 ～ 4 室。蒴果。

野桐

屬名	野桐屬
學名	*Mallotus japonicus* (L. f.) Muell.-Arg.

喬木；小枝、葉柄及花序被星狀毛。葉互生，或有時近對生，闊卵形至圓形，長 10 ～ 20 公分，寬 6 ～ 19 公分，前端常三淺裂，下表面被星狀毛及淡黃褐色透明腺體。雄花花萼三至四裂，雄蕊多數；雌花子房 3 室，花柱三至四裂。蒴果球形，密被長軟刺。

　　產於中國、日本及琉球；台灣分布於全島低海拔地區，為普遍常見之植物。

雌花子房 3 室，花柱三至四裂。

蒴果球形

分布於台灣全島低海拔地區，為普遍常見之植物。

雄花花萼三至四裂，雄蕊多數。

白匏子（白葉仔）

屬名	野桐屬
學名	*Mallotus paniculatus* (Lam.) Muell.-Arg. var. *paniculatus*

喬木，小枝及葉柄被絨毛狀星狀毛。葉菱狀卵形，長 7 ～ 12 公分，有時呈菱狀腎形，全緣、鋸齒緣或三淺裂，下表面密被白色或淡黃褐色絨毛狀星狀毛。雄花花萼三至四裂，雄蕊多數；雌花子房 3 室，花柱三裂，柱頭呈毛狀。蒴果球形，外被短毛和柔軟的長刺。

　　產於中國南部、澳洲北部、緬甸、菲律賓及琉球；台灣分布於海拔約 1,000 公尺之叢林或次生林內。

雄花具雄蕊多數

花柱三裂，柱頭呈毛狀。

葉下表面密被白色或淡黃褐色絨毛狀星狀毛

葉菱狀卵形，全緣、鋸齒緣或三淺裂。

蒴果球形，外被短毛和柔軟的長刺，此為初果。

台灣白匏子 特有種

屬名 野桐屬
學名 *Mallotus paniculatus* (Lam.) Muell.-Arg. var. *formosanus* (Hayata) Hurusawa

低於 3 公尺之常綠小喬木，小枝被鏽色棉毛。葉半革質，粗齒緣，五至七裂，葉面光滑無毛。

特有變種，僅分布於台灣南部及東南部。

果具刺狀突起；種子黑色。（許天銓攝）　雄花

雌花序

葉粗齒緣，葉面光滑，半革質。

雄花序

粗糠柴

屬名 野桐屬
學名 *Mallotus philippensis* (Lam.) Muell.-Arg.

常綠小喬木，全株密被緊貼表皮之鏽色星狀毛。葉長橢圓形、長橢圓狀卵形或長橢圓狀披針形，稀卵形（長寬比大於 2），三出脈，下表面密被鏽色星狀毛及許多紅褐色腺體。雌雄同株，雄花花萼 3 枚，雄蕊多數。蒴果扁球形，外被暗紅色毛茸。

產於中國南部、琉球、印度、菲律賓及澳洲；台灣分布於全島低海拔地區。

蒴果扁球形，外被暗紅色毛茸。

雌花　雄花

具雄花及雌花之花序

開花植株；葉三出脈。

扛香藤

屬名　野桐屬
學名　*Mallotus repandus* (Willd.) Muell.-Arg.

大型藤本，幼枝被星狀毛，小枝、葉及花序被星狀毛及直毛。葉互生闊卵形或三角狀卵形，5～8公分，兩面被星狀毛及直毛，下表面被許多透明腺體。穗狀花序排成圓錐狀；雄花花萼3～4枚，雄蕊多數；雌花花萼5枚，子房2室。蒴果被黃褐色短絨毛，無刺。

　　產於中國南部、印度、馬來西亞、菲律賓、澳洲及大洋洲群島；台灣分布於全島低海拔地區，近海岸處叢林中常見。

雌花

葉闊卵形或三角狀卵形

雌花序

小枝被星狀毛及直毛

雄花序

開花植株

椴葉野桐（台灣 野桐）

屬名　野桐屬
學名　*Mallotus tiliifolius* (Blume) Muell.-Arg.

常綠小喬木；小枝、葉及花序被絨毛狀星狀毛。葉對生，稀互生，卵心形或闊卵形，老葉上表面被星狀毛，下表面被極密短星狀毛並被淡紅褐色腺體，葉柄長 8 ～ 10 公分。雄花序長 6 ～ 20 公分。果實被毛及短硬刺。

　　產於菲律賓、蘇門答臘、新幾內亞及澳洲北部；台灣僅限於南部近海岸地區，不常見。

果被毛及短硬刺

雄花序

開花植株。葉對生，稀互生。

蟲屎屬 MELANOLEPIS

喬木。單葉，互生。圓錐或總狀花序；雄花 3 ～ 5 朵簇生於苞片內，花萼呈球形，三或五裂，雄蕊多數，花藥藥隔紫色；雌花單生，萼片 5，子房 2 室。蒴果。

台灣產 1 種。

蟲屎

屬名	蟲屎屬
學名	*Melanolepis multiglandulosa* (Reinw.) Reich. f. & Zoll.

全株被褐色星狀毛。葉圓卵形，長約 14 公分，先端漸尖，基部心形，粗齒狀鋸齒緣，偶三至五深裂，掌狀脈，下表面密被褐色星狀毛。圓錐花序長可達 20 公分，花黃白色，雄花 3 ～ 5 朵簇生於苞片內，雌花單生。蒴果球形，表面無刺。

產於亞洲熱帶地區；台灣分布於全島低、中海拔灌叢或次生林中。

蒴果球形，二或三裂。

雄花之雄蕊多數（陳柏豪攝）

葉下表面密被褐色星狀毛

果序

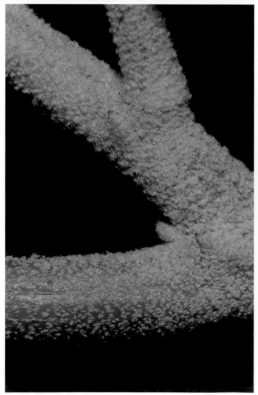

枝條密被星狀毛

開花植株

山靛屬 MERCURIALIS

草本。單葉，對生，具 2 托葉。花單性，雌雄同株或異株，偶見雄花及雌花在同一花序上；雄花序穗狀，萼三裂，雄蕊 8 ～ 20 枚；雌花單生或成穗狀花序，萼片 3，子房 2 室。蒴果。

山靛

屬名	山靛屬
學名	*Mercurialis leiocarpa* Sieb. & Zucc.

草本，高約 60 公分，莖光滑，具地下莖。葉膜質，披針形至卵狀披針形，長 5 ～ 8 公分，寬 1.5 ～ 2 公分，先端漸尖，圓齒狀細鋸齒緣，兩面及葉緣被毛。花黃綠色，雌雄同株；雄花序穗狀，萼三裂，雄蕊 8 ～ 20 枚；雌花單生或穗狀花序，萼片 3，子房 2 室。

　　產於韓國、日本及琉球；台灣分布於全島中海拔山區。

果序

雄花序穗狀，萼三裂，雄蕊 8 ～ 20 枚。

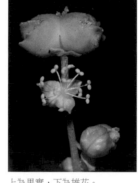

上為果實，下為雄花。

喜生較濕潤之山區

圓葉血桐屬 HOMALANTHUS

喬木或灌木。單葉，互生，葉柄盾狀著生。穗狀花序，頂生；雄花多數，生於苞片中，位於花序上方，萼片 2，雄蕊 6 ～ 50 枚；雌花單生於苞片中，位於花序下方，萼片 2 ～ 3，子房 2 ～ 3 室。蒴果，二裂。

圓葉血桐

屬名	圓葉血桐屬
學名	*Homalanthus fastuosus* (Linden) Fern.-Vill.

灌木或小喬木，小枝光滑。葉膜質，圓形，徑可至 3 ～ 10 公分，先端銳尖，兩面光滑，葉柄長 5 ～ 9 公分。花雌雄同序，密集排列成 10 ～ 20 公分之總狀花序，雄花生於上方，雌花生於下方；雄花具萼片 2，雄蕊 9；雌花子房 2 室。果實扁球形，徑約 1 公分，集於枝端似繖房狀。

　　產於菲律賓；台灣僅生於蘭嶼森林中。

果枝

葉圓，盾狀。生於蘭嶼森林中。

雌雄同序，密集排列成總狀花序；雄花生於上方，雌花生於下方。

蓖麻屬 RICINUS

粗壯直立的分枝草本或多年生灌木。葉圓卵形，掌狀分裂；葉柄盾狀著生；托葉合生，脫落後形成環狀痕跡。花無花瓣，成總狀花序，雄花生於下方，雌花生於上方；雄花萼球形，三至五裂，雄蕊多數；雌花萼片5，早落，子房3室。蒴果，三裂。

單種屬。

蓖麻

屬名	蓖麻屬
學名	*Ricinus communis* L.

灌木，光滑無毛，莖中空，幼時密被白粉。葉直徑 20 ～ 60 公分，掌狀裂，裂片 5 ～ 7，先端漸尖，鋸齒緣，齒尖具腺體；葉柄盾狀著生，長可達 40 公分。總狀花序，雄花生於下方，雌花生於上方；雄花萼球形，三至六裂，雄蕊多數；雌花萼片5，早落，子房3室，花柱3枚，紅色（紅蓖麻 cv. Sanguiaeus）或綠色（綠蓖麻 cv. Viridus），柱頭二歧。蒴果，三裂，被肉質軟刺。

原產非洲；歸化台灣，可見於全島低地。

葉盾狀，掌裂，裂片 5 ～ 7。

雄花位於花序下方，未開花時呈球形。

蒴果，被肉質軟刺。

雄花，雄蕊多數。

花柱黃綠色者（綠蓖麻 cv. Viridus）

普遍歸化於全島低地

花柱紅色者（紅蓖麻 cv. Sanguiaeus）

烏桕屬 SAPIUM

喬木或灌木。單葉，互生。總狀花序，雌雄花同序或不同序，同序時雄花位於花序上方，雌花於下方；雄花萼裂片 2 ～ 3，雄蕊 3 或 2；雌花萼三裂，子房 2 ～ 3 室。蒴果。

台灣有 2 種。

白桕

屬名	烏桕屬
學名	*Sapium discolor* Muell.-Arg.

半落葉中喬木。葉長橢圓形或卵狀長橢圓形，長 6 ～ 12 公分，寬 3 ～ 6 公分，基部具腺體 1 對，上表面綠，下表面灰白。總狀花序頂生，長 7 ～ 10 公分；雄蕊 3 或 2。

產於中國南部及馬來西亞；台灣分布於全島低、中海拔灌叢或次生林中。

雄花位於花序上方，雌花位於下方。　　雄花序近觀　　葉基部具 1 對腺點　常生於中低海拔灌叢中

烏桕

屬名	烏桕屬
學名	*Sapium sebiferum* (L.) Roxb.

落葉喬木，全株無毛。葉卵狀菱形，長 3.5 ～ 7 公分，先端尾狀漸尖，基部具蜜腺 1 對，上下表面均綠色，全緣，葉柄長 2 ～ 5 公分。雄花每苞約 10 朵花，花萼杯狀，內有雄蕊 2 或 3 枚。蒴果球形。

產於中國南部；台灣分布於全島低海拔地區，可能由中國引進栽培。

果序。果皮脫落，種子白色。

葉卵狀菱形　　　　雄花位於花序上方，雌花位於下方。　　花萼杯狀，內有雄蕊 2 或 3。　　盛花期之老樹

白樹屬 SUREGADA

小 喬木，節上托葉痕明顯。單葉，互生，具透明腺點，托葉合生成鞘。花簇生，與葉對生，無花瓣；雄花萼片 5，雄蕊多數；雌花萼片 5 或 6，花柱半月狀或二裂，花盤杯狀，子房 2 或 4 室。蒴果。
台灣產 1 種。

白樹仔 特有種

屬名	白樹屬
學名	*Suregada aequorea* (Hance) Seem.

常綠小喬木，小枝綠色，光滑無毛。葉革質，橢圓形或倒卵狀長橢圓形，長 5 ～ 8 公分，寬 2.5 ～ 4 公分，先端圓，全緣。雌雄異株，花數朵簇生於葉腋，花瓣不存，雄花具萼片 5，雌花亦具萼片 5，花盤杯狀。果實球形，光滑無毛。

特有種，分布於台灣南部海岸附近地區及蘭嶼。

雄花萼片 5，雄蕊多數，無退化雌蕊。

雌花，花柱短，子房球形。

雌花花柱 3，先端再二裂。

果球形，光滑。

雄株盛花中（郭明裕攝）

金絲桃科 HYPERICACEAE

喬 木、灌木或草本，分泌各類汁液。單葉，對生或輪生，全緣，無托葉。花單生或成總狀、聚繖或圓錐花序。花兩性；萼片 2～6 枚；花瓣 4～12 枚，一至三輪；多體雄蕊；花柱 1～5 或無，柱頭 1～12。果為漿果或蒴果。台灣有 2 屬 15 種。

特徵

單葉，對生或輪生，全緣，無托葉。（能高金絲桃）

雄蕊多數，合生成數束。（方莖金絲桃）

蒴果，罕核果。（雙花金絲桃）

金絲桃屬 HYPERICUM

小 灌木或草本，光滑無毛，常具透明之黑色或紅色腺體。葉脈羽狀或基出。花兩性，黃色，單生或成聚繖花序；萼片5，花瓣5；雄蕊多數，離生或合生成3～5束；子房3～5室。花柱（2）3～5，離生或部分至全部合生，細長；柱頭小或頭狀。蒴果。

連翹

屬名	金絲桃屬
學名	*Hypericum ascyron* L.

草本，高可達1.3公尺，老枝具4條縱紋。葉披針形至橢圓形或線狀長橢圓形，長4～9.7公分；網脈明顯、密；僅具灰色腺點；基部心形或截形，抱莖；無葉柄。

　　產於中國、蘇聯、韓國、日本、美國及加拿大；在台灣僅日治時期的2～3筆紀錄，標本採自台北石牌及新竹市一帶，光復至今並無採集紀錄。

果實（沐先運攝）

葉披針形至橢圓形，基部心形或截形，抱莖，無柄。（沐先運攝）

雄蕊甚多（沐先運攝）

小連翹

屬名	金絲桃屬
學名	*Hypericum erectum* Thunb. *ex* Murray

草本，高約0.4公尺，枝圓。葉長卵形，長約3.5公分；基部心形，抱莖。葉兩面、花瓣背面及萼片顯見許多黑色腺點。種子具細網紋，無脊。

　　產於中國、蘇聯、日本、琉球及韓國；台灣分布於中、北部，稀有。

葉兩面、花瓣背面及萼片顯見許多黑色腺點。（許天銓攝）

直立草本，高可達40公分。不常見。（許天銓攝）

台灣金絲桃 特有種

屬名　金絲桃屬
學名　*Hypericum formosanum* Maxim.

小灌木，老枝圓柱形而具 2 條縱紋。葉卵形至橢圓形，長
2 ～ 6 公分，寬 1.1 ～ 2.9 公分，先端鈍，基部楔形；網
脈極不明顯，僅具灰色腺點；無葉柄。花黃色，花柱完全
合生，萼片於果期時直立。

　　特有種，生長於台灣北部低海拔排水良好之河岸或岩
石地。

花黃色，子房之花柱完全合生。

蒴果；萼片於果期時直立。

葉卵形至橢圓形，先端鈍。（許天銓攝）

雙花金絲桃

屬名　金絲桃屬
學名　*Hypericum geminiflorum* Hemsl. var. *geminiflorum*

灌木，高約 1.5 公尺；小枝平展或略下垂，略扁，老枝圓形。葉
長橢圓形至橢圓形或卵狀長橢圓形，長 2 ～ 4.5 公分，寬 0.6 ～ 2.2
公分，基部楔形；網脈極不明顯，僅具灰色腺點；無葉柄。盛花
時花柱為子房長之 1.3 ～ 2 倍，萼片短於 2.5 公釐。果實長 8 ～
11 公釐。種子幾無脊。

　　產於菲律賓；台灣分布於南部及東部低海拔之開闊岩石地。

盛花時花柱為子房長之 1.3 ～ 2 倍。

葉背面

萼片短於 2.5 公釐

未熟蒴果

灌木，高約 1.5 公尺；小枝平展或略下垂。

小雙花金絲桃 特有種

屬名　金絲桃屬

學名　*Hypericum geminiflorum* Hemsl. var. *simplicistylum* (Hayata) N. Robson

高約 0.4 ～ 2 公尺，小枝直立或斜上。盛花時花柱約與子房同長，萼片長於 2.5 公釐。果實長 5 ～ 8 公釐。

　　特有變種，分布於台灣東、中、北部之中海拔裸露岩石地。

盛花時花柱約與子房同長

株態一如雙花金絲桃

細葉金絲桃

屬名　金絲桃屬

學名　*Hypericum gramineum* G. Foster

草本，高約 0.2 公尺；莖單生或叢生，多分枝；老莖具 4 條縱紋。葉披針形、狹橢圓形或線形，1 ～ 3 主脈，網脈極不明顯，僅具灰色腺點，基部心形抱莖。單歧聚繖花序，具 1 ～ 7 朵花；雄蕊 30 ～ 40 枚，花藥黃色。種子具細密之橫格紋，無脊。

　　產於澳洲、紐西蘭、新幾內亞、緬甸、越南、印度、中國及海南島；台灣分布於新竹仙腳石、蓮花寺、竹東、花蓮大港口及福隆，生於近海邊低海拔有滲水之岩壁上或溼地，目前確切的採集紀錄僅零星數筆。

雄蕊 30 ～ 40 枚

葉披針形至狹橢圓形（陳志豪攝）

果實細長（陳志豪攝）

地耳草(小還魂)

屬名 金絲桃屬

學名 *Hypericum japonicum* Thunb. *ex* Murray

草本，高約45公分；老莖具4條縱紋，散生灰色腺點。葉卵形、卵狀三角形至長橢圓形或橢圓形，長0.2～1.8公分，寬0.1～1公分，1～3主脈，網脈極不明顯，僅具灰色腺點，基部心形抱莖或楔形。種子具橫格紋。

產於中國華南、南韓、日本、琉球、印度、澳洲及紐西蘭；台灣分布於全島低海拔之開闊地、稻田及潮溼地。

花小，花徑4～8公釐。

為台灣低海拔常見之植物

金絲桃(金線海棠)

屬名 金絲桃屬

學名 *Hypericum monogynum* L.

叢立之灌木，莖紅色，高約1.3公尺；枝平展，老枝圓。葉橢圓形或長橢圓至倒披針形，長2～11公分，寬1～4公分，網脈密、明顯，僅具灰色腺點，基部楔形至圓形，無葉柄或柄長至1.5公釐。花柱5，合生近達頂端。果實長6～10公釐，寬4～7公釐。種子具狹脊。

產於中國；在台灣為引進後之馴化種，分布於中、北部低海拔山坡地或道路兩側。

花柱5，合生近達頂端；雄蕊多數。

葉片網脈密、明顯。在台灣為引進後之馴化種。

玉山金絲桃 特有種

屬名	金絲桃屬
學名	*Hypericum nagasawae* Hayata

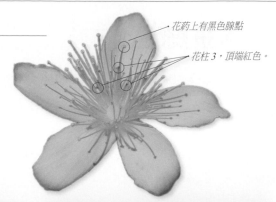

花藥上有黑色腺點

花柱3，頂端紅色。

草本，高約 0.35 公尺；老莖具 2 ～ 4 條縱紋。葉卵形、橢圓形、倒披針形或線形，長 8 ～ 25 公釐，具灰色或兼具黑色腺點，基部心形抱莖至楔形或漸狹。花徑約 1.5 ～ 2.7 公分；萼片長 2.6 ～ 8.8 公釐，寬 0.8 ～ 2.7 公釐；雄蕊束 3 束，每束具 10 ～ 28 枚雄蕊，花藥上有黑色腺點；花柱 3，頂端紅色。種子具梯形紋。

特有種，分布於台灣全島高海拔之岩石地。

葉具黑色腺點

萼片長 2.6 ～ 8.8 公釐，寬 0.8 ～ 2.7 公釐。

分布於全台海拔 2,300 公尺以上之石坡或岩屑地

清水金絲桃 特有種

屬名 金絲桃屬
學名 *Hypericum nakamurae* (Masamune) N. Robson

灌木；幼枝扁，老枝圓形。葉橢圓形或倒卵形，網脈極不明顯，邊緣略反捲，僅具灰色腺體，基部楔形至漸狹。萼片於花苞時平展，萼片狹長橢圓形，長 4.5 ～ 6 公釐，寬 1.2 ～ 2.6 公釐；花柱長為子房長度的 2 倍以上。種子具狹脊。

特有種，分布於太魯閣一帶之中海拔石灰岩地，如花蓮清水山、千里眼山等。

葉緣略反捲

蒴果熟時三裂；萼片狹長橢圓形。

萼片於花苞時平展，花柱長為子房長度的 2 倍以上。（朱恩良攝）

葉片網脈極不明顯

能高金絲桃 特有種

屬名　金絲桃屬
學名　*Hypericum nokoense* Ohwi

草本，高約 10 公分，老莖具 2～4 條縱紋或圓形。葉卵形至橢圓形或倒卵形，長 6.6～11.5 公釐，具黑色及淺色腺點混生，下表面有時具小突起，基部心形至狹楔形。花徑約 1.5 公分，花柱與子房長度比為 1.4～2.8，萼片先端較銳尖，子房橢球形至狹橢球形。種子具脊。

特有種，甚少，僅分布於花蓮縣秀林鄉境內石灰岩山區，如研海林道、清水山及能高越嶺東段。

萼片先端較玉山金絲桃銳尖

花色金黃，甚為美觀。

葉片具黑色及淺色腺點混生

葉較玉山金絲桃略小，通常不超過 1 公分。（許天銓攝）

元寶草(大還魂)

屬名 金絲桃屬
學名 *Hypericum sampsonii* Hance

草本,高約 80 公分,莖圓。對生葉於基部合
生,抱莖。子房及果實表面具囊狀腺體。種
子具縱向條紋。銳尖,子房橢球形至狹橢球
形。種子具脊。

　　產於中國西南部、日本、琉球、中南半
島及印度;台灣分布於北部低海拔草生地或
路旁。

果實表面具
囊狀腺體

花瓣短於花萼裂片(許天銓攝)

對生葉於基部合生抱莖

分布於台灣北部低海拔草生地或路旁

方莖金絲桃 特有種

屬名 金絲桃屬
學名 *Hypericum subalatum* Hayata

灌木,莖具四縱翼或四稜。葉狹橢圓形或狹長橢圓形,長 1.9 ～ 7 公
分,寬 0.5 ～ 1.6 公分,網脈極不明顯,僅具灰色腺點,基部楔形。
花序具花 1 ～ 3 朵,花徑約 4 公分,雄蕊 5 束。

　　特有種,目前發現於新店碧潭、烏來之河邊岩壁上,稀有。

花徑約 4 公分,雄蕊 5 束。

莖方形,故名為方莖金絲桃。

生長於溪岸岩壁(許天銓攝)

葉狹橢圓形或狹長橢圓形,莖具四縱翼或四稜。

短柄金絲桃

屬名　金絲桃屬
學名　*Hypericum taihezanense* Sasaki

草本，高約 0.4 公尺，直立或匍匐，莖圓形。葉三角狀披針形或卵形至倒卵形，具黑色腺點，基部心形抱莖至楔形。花徑 5 ～ 10 公釐；雄蕊 3 束，每束 3 ～ 10 枚雄蕊。種子具梯紋。本種在台灣變化甚大，植株及葉形多樣。

　　產於菲律賓；台灣分布於全島中高海拔之開闊地。

葉背具腺點

花柱 3，柱頭紅色。

花較小，花徑 5 ～ 10 公釐；
雄蕊 3 束，每束 3 ～ 10 枚雄蕊。

植株大多為匍匐狀

三腺金絲桃屬 TRIADENUM

草本，具灰色腺點，偶具黑色腺點。聚繖花序，頂生或腋生。花兩性，萼片 5 枚，花瓣 5 枚，白色，脫落；雄蕊合生成 3 束，宿存，不孕性雄蕊 3 束。蒴果。

　　台灣產 1 種。

三腺金絲桃

屬名　三腺金絲桃屬
學名　*Triadenum breviflorum* (Wall. *ex* Dyer) Y. Kimura

植物體高約 55 公分，老莖圓。葉狹橢圓形，長 2 ～ 4.6 公分，網脈明顯，具灰色腺點，基部漸狹，近無柄或柄長至 2 公釐。種子有密網紋，具狹脊。

　　產於中國及印度；台灣僅知分布於日月潭，僅有一份標本紀錄，族群可能因蓋水庫而消失。

花瓣白色

花序短小，頂生或腋生。

（林哲緯繪）

黃褥花科（金虎尾科）MALPIGHIACEAE

喬木、灌木、木質藤本或多年生草本植物，常具混生的單毛及二叉狀毛。單葉，通常對生，葉柄或葉背常具腺體，托葉存或不存。總狀或聚繖花序，頂生或腋生；花通常兩性，5 數，花瓣邊緣流蘇狀或全緣，雄蕊常 10 枚，成二輪，子房上位，常三室。翅果或核果。

台灣有 3 屬 3 種。

特徵

單葉，對生。（三星果藤）

總狀花序（三星果藤）

雄蕊

花瓣流蘇狀（猿尾藤）

猿尾藤屬 HIPTAGE

木質藤本或灌木。葉全緣，革質，橢圓至長橢圓形，對生，一般近基部下面具 1 腺體，邊緣下面常散生小腺體；托葉小，腺體狀。總狀花序，頂生或腋生；雄蕊中 1 枚明顯較長，花柱 1 枚。翅果，有 3 枚革質翼，中央者較大。

猿尾藤

屬名	猿尾藤屬
學名	*Hiptage benghalensis* (L.) Kurz.

花瓣黃白色，邊緣撕裂狀。雄蕊 10 枚，其中 1 枚明顯較長。

藤本，嫩枝有毛。葉亞革質至革質，長橢圓形，長 9 ～ 15 公分，寬 4 ～ 7 公分，先端漸尖至銳尖。總狀花序，花黃白色，花萼基部具腺體 1 枚，花瓣 5 枚，有爪，雄蕊 10 枚，其中 1 枚明顯較長，子房 3 室。果具 3 翅。

　　產於印度、馬來西亞及中國南部；台灣分布於本島及蘭嶼低至中海拔地區。

葉亞革質

花萼基部具腺體

果具 3 翅

藤本，總狀花序。

翅實藤屬 RYSSOPTERYS

木質藤本，多少具毛。葉大多在基部具 2 圓形腺體，常在下表面被絨毛，邊緣下面常具小腺體。花序腋生，雄蕊 10 枚，花柱 3 枚，分離。翅果僅一背翼發育。

翅實藤

屬名	翅實藤屬
學名	*Ryssopterys timoriensis* (DC.) Blume *ex* A. Juss.

幼枝有密毛，漸變無毛。葉形及大小變異大，多為卵形，長 8 ～ 12 公分，寬 4 ～ 7 公分，銳尖頭，基部截形、圓形或近心形，具 2 腺體，上表面無毛，下表面無毛至被絨毛；葉柄長 1 ～ 7 公分。花芳香，具一明顯之粗柄。果實長 2 ～ 4 公分，寬 1 ～ 1.5 公分。

產於昆土蘭北部至馬來西亞；台灣僅產於蘭嶼海岸地區。

雄蕊 10 枚，花瓣具一明顯之粗柄。

花序近繖形（許天銓攝）

葉形及大小變異大，多為卵形；僅產於蘭嶼海岸地區。

三星果藤屬 TRISTELLATEIA

木質藤本，大多無毛。葉基有 2 腺體，葉柄具 2 小托葉。總狀花序，花具長花柄；雄蕊 10 枚，5 長 5 短；花柱通常 1 枚，圓柱狀。翅果，側翼在同一平面上裂成 4 ～ 10 瓣。

三星果藤

屬名	三星果藤屬
學名	*Tristellateia australasiae* A. Richard

葉卵形，長 10 ～ 12 公分，寬 4 ～ 7 公分，先端銳尖至漸尖。花序頂生，花鮮黃色；花梗長 1.5 ～ 3 公分，中間偏下有關節；雄蕊 5 長 5 短，花絲紅色。果實星形。

產於馬來西亞至澳洲熱帶地區及太平洋群島；台灣分布於恆春半島及蘭嶼近海叢林中。

雄蕊 5 長 5 短，花絲黃，後轉紅；花柱通常 1 枚。

木質藤本，大多無毛。

蘭嶼海邊之開花植株

西番蓮科 PASSIFLORACEAE

多年生草本、藤本、灌木或小喬木，具卷鬚。單葉，互生，偶對生，具裂片或掌狀裂。花單生或成總狀或繖房狀，花兩性或單性，大多具小苞片；副花冠多變，常具鮮明顏色；萼片 3 ～ 5 枚，稀缺；花瓣 5 枚；雄蕊 5 枚；柱頭三至五裂，頭狀。漿果或 3 ～ 5 瓣裂的蒴果。

　　台灣有 3 屬 6 種。

特徵

草本或藤本，具卷鬚。單葉，互生，偶對生，具裂片或掌裂。（三角葉西番蓮）

柱頭 3 ～ 5　　　　雄蕊 5

副花冠多變，常具鮮明顏色。（大果西番蓮）

假西番蓮屬 ADENIA

多 為光滑無毛而具卷鬚的攀緣植物。葉全緣或掌狀裂，葉片基部具 1 對腺體；托葉小或缺。雌雄異株稀同株，花序總狀或聚繖狀，花單性；萼片 4 ～ 5 枚；花瓣 4 ～ 5 枚，比萼片小，反捲；副花冠不發達或缺。蒴果，成熟時紅色。

假西番蓮 特有種

屬名	假西番蓮屬
學名	*Adenia formosana* Hayata

草質藤本。葉 3（稀 5）掌裂，長達 11 公分，基部具 1 對腺體，全緣，葉柄長約 2 公分，卷鬚長約 10 公分。總狀花序，腋生，花 1 ～ 2 朵，花序梗長 3 ～ 6 公分，柱頭四至五裂。果實長約 6 公分，寬約 4.5 公分，成熟時淡黃紅色。

特有種，產於台灣南部，已近百年幾近無紀錄。

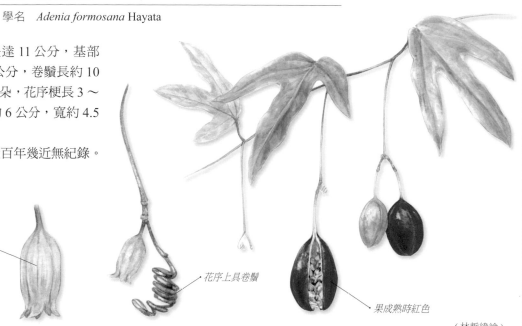

花萼管狀

花序上具卷鬚

果成熟時紅色

（林哲緯繪）

西番蓮屬 PASSIFLORA

藤 本，常具卷鬚。葉稀對生，葉片呈各式分裂，葉柄具腺體，托葉小。花單一或成對，腋生，具苞片或總苞；花兩性，萼片 5 枚，花瓣偶缺，副花冠常發達，多變，花柱三裂。漿果，假種皮黏質。

百香果(西番蓮)

屬名	西番蓮屬
學名	*Passiflora edulis* Sims

葉長達 18 公分，寬達 20 公分，三裂，裂片卵狀長橢圓形，上表面光亮，鋸齒緣，葉柄長達 10 公分。花單一，腋生；花瓣白色或淡綠色，外輪副花冠絲狀，白色，基部紫色；花梗長 5 ～ 7 公分。果實橢圓狀，長約 6 公分，成熟時暗紫色。

原產美洲的熱帶及亞熱帶地區。在台灣廣泛歸化於中、低海拔林緣。籽味美。

果實熟時味美（楊智凱攝）

藤本，逸出於中低海拔野地。

毛西番蓮

屬名 西番蓮屬
學名 *Passiflora foetida* L. var. *foetida*

具難聞的氣味，莖密生粗毛。葉長達 9 公分，三裂，裂片卵形
至卵狀長橢圓形，被密毛，疏生細齒；葉柄長 3～4 公分；托
葉深裂，具腺毛。花單生；苞片 3 枚，綠色，二回羽狀絲裂，
宿存；花瓣 5 枚，白色，長橢圓形；副花冠呈絲狀，環狀排列，
基部紫紅色，先端白色。果實成熟時為橙色。

　　原產於南美；台灣分布於全島。

成熟之果實為橙色

總苞具腺毛

未成熟的果實

莖密生粗毛，葉被毛。

台南毛西番蓮

屬名　西番蓮屬
學名　*Passiflora foetida* L. var. *tainaniana* Y.C. Liu & C.H. Ou

毛西番蓮（見前頁）的變種，除了花色全白，子房
及未熟果覆有細毛之外，其餘特徵與毛西番蓮一致。
　　歸化於台灣中南部平野及山麓。

柱頭

雄蕊

花白色

副花冠

子房覆有細毛

果實表面被細毛

莖葉外觀與毛西番蓮相同，僅花部有差異。

三角葉西番蓮

屬名 西番蓮屬
學名 *Passiflora suberosa* L.

莖多少被細毛。葉長達 7 公分，寬達 8.5 公分，三裂，裂片卵狀三角形，被毛。
花腋生，通常成對；花瓣無；外輪副花冠綠色，反捲，先端淡黃色；雄蕊 5 枚，
基部合生成筒，包圍花柱，上部離生；花柱 3，柱頭頭狀。果實橢圓狀，成熟時
為紫黑色，徑約 1.2 公分。

　　廣泛歸化於台灣低海拔地區。

果橢圓狀，熟時為紫黑色。

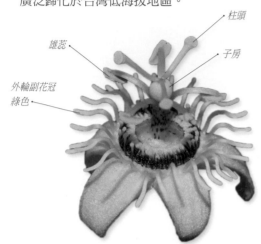

柱頭
雄蕊
子房
外輪副花冠
綠色

葉裂片卵狀三角形

時鐘花屬 TURNERA

草本植物、亞灌木或灌木，具星狀毛、腺毛及長毛。葉具柄或無柄，常具蜜腺體；托葉存在或不存在。花序腋生；花序
梗與葉柄合生或離生。萼片至少三分之一合生；花瓣黃色或白色（亦有紫色、橘色及紅色），基部有時具有黑色的斑點；
雄蕊花絲常具蜜腺。蒴果，種子具網狀格。

黃時鐘花

屬名 時鐘花屬
學名 *Turnera ulmifolia* L.

常綠灌木或亞灌木草本植物，株高約 30 ～ 60 公分。葉互生，長卵
形，葉片長 5 ～ 12 公分，寬 3 ～ 5 公分，先端銳，葉片具光澤，
鋸齒緣，葉基有 1 對明顯的腺體。花由枝頂腋生，花苞螺旋狀，長
約 3.8 公分；總苞片（副萼片）5 枚，線形，長 1 ～ 1.5 公分，寬 0.2
公分，黃綠色；葉狀花萼，長 2 ～ 2.2 公分，鋸齒緣；花冠金黃色，
花瓣 5 枚，倒卵形至近似圓形，長約 2.5 公分，寬約 2 公分，先端圓，
細淺裂；雄蕊 5 枚，藥隔長
0.4 公分，朝外彎曲；柱頭開
裂呈 3 條絲狀；花徑約 3 ～ 4
公分。

　　原產南美熱帶雨林。台
灣有栽植逸出。

每朵花至午前即凋謝。葉先端銳，細淺裂。

葉片具光澤，明顯鋸齒緣。

葉下珠科 PHYLLANTHACEAE

喬木、灌木或草本。單葉或稀三出複葉，互生，排成二列狀；羽狀脈；全緣，稀齒緣；具托葉，不具腺體。花序總狀、圓錐狀或聚繖狀，頂生或腋生；單性花，雌雄同株或異株，下位，輻射對稱，花萼覆瓦狀排列；雄花萼片 3～7 枚，無花瓣，雄蕊 2～7 枚，退化雌蕊小或無；雌花萼片 3～6 枚，花瓣小或無，子房 1～15 室，大多 3 室，花柱合生，二至三岔。核果、漿果或蒴果。

台灣有 9 屬 32 種。

特徵

雌花萼片 3～6 枚 花柱合生，二至三岔。（假葉下珠）

果為蒴果（紫黃）

大都單葉，互生，排列二列狀，羽狀脈，全緣。（光果葉下珠）

雄花萼片 3～7，無花瓣，雄蕊 2～7。（密花五月茶）

五月茶屬 ANTIDESMA

灌木或小喬木。葉互生，全緣，具托葉。花序穗狀或總狀或數個排成圓錐狀。雄花萼片 3 ～ 5 枚，雄蕊 2 ～ 5 枚，插生花盤上，退化雌蕊小或無；雌花萼片 3 ～ 5 枚，子房 1 室。核果，具宿存花柱。

南仁五月茶（恆春五月茶）特有種

屬名	五月茶屬
學名	*Antidesma hiiranense* Hayata

灌木，小枝纖細。葉革質，倒卵形至長橢圓狀倒卵形，長 4 ～ 5 公分，寬約 2 公分，先端略尾狀，鈍頭。雄花序總狀，頂生，長 3 ～ 5 公分，雄花 4 數；雌花萼片四裂，長橢圓狀披針形，長約 1 公釐。

特有種，分布於台灣南部及東部低海拔地區。

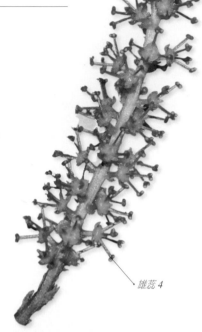

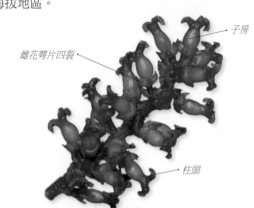

雌花萼片四裂　子房

柱頭

雄蕊 4

葉先端略尾狀

葉子大多全緣，葉緣波浪狀。

南投五月茶 特有種

屬名　五月茶屬
學名　*Antidesma japonicum* Sieb. & Zucc. var. *acutisepalum* (Hayata) Hayata

與密花五月茶（見本頁）相近，惟本變種的葉子為披針形，長 5 ～ 9 公分，寬 2 公分。雄花萼片披針形至卵形，光滑無毛。

特有變種，產於南投魚池鄉蓮華池附近，數量不多。

雌花序

葉披針形

結果之植株，本種主要分布於南投蓮華池附近山區。

密花五月茶

屬名　五月茶屬
學名　*Antidesma japonicum* Sieb. & Zucc. var. *densiflorum* Hurusawa

莖幼時被毛或光滑。葉紙質，長橢圓形，長 4 ～ 11 公分，寬 2 ～ 4 公分，先端漸尖。總狀花序，長 3 ～ 10 公分，不分枝或具少數分枝；雄花萼片披針形，光滑無毛，雄蕊常 4 枚。果實成熟時為黑色。

產於中國、日本及琉球；台灣分布於中北部低海拔地區。

果序

雌花序

花序總狀

雄花序，雄蕊常 4 枚。

果實成熟時為黑色

枯里珍(五蕊山巴豆)

屬名　五月茶屬
學名　*Antidesma pentandrum* Merr. var. *barbatum* (Presl) Merr.

小灌木。葉紙質,長橢圓形至長橢圓狀倒卵形,長 5 ～ 7 公分,寬 3 ～ 5 公分,先端銳尖,鈍頭,上表面光滑無毛。雄花 4 數,柱頭三至五裂。果實球形,成熟時轉紅色或紫黑色。

　　產於琉球及菲律賓北部;台灣分布於南部及東部低海拔地區。

雄花 4 數

果序下垂,果球形,熟轉紅或紫黑。

柱頭三至五裂

葉長橢圓狀倒卵形

蘭嶼枯里珍(紅頭五月茶)

屬名 五月茶屬

學名 *Antidesma pleuricum* Tul.

灌木，小枝及葉柄、花序均被短柔毛。葉紙質，橢圓形或卵狀橢圓形，長11～13公分，寬6～7公分，先端漸尖，基部圓鈍。雌雄異株；雄花序穗狀，再複合成圓錐狀，長8～12公分，腋生，花被四（罕三）裂，裂片寬卵形，長約1公釐，雄蕊4枚，藥2室，藥隔粗厚；雌花密生，花序近頭狀。果實近球形，直徑約3公釐。

　　產於菲律賓；台灣分布於蘭嶼。

葉橢圓形或卵狀橢圓形

葉基圓鈍

雌花密生，花序近頭狀。（郭明裕攝）

蘭嶼枯里珍雄花序穗狀，再複合成圓錐狀。（郭明裕攝）

蘭嶼枯里珍在台灣僅見於蘭嶼（呂順泉攝）

重陽木屬 BISCHOFIA

喬木。三出複葉，互生，小葉圓齒緣。雌雄異株，圓錐花序；花小，無花瓣；雄花萼片 5 枚，雄蕊 5 枚，退化雌蕊存；雌花萼片 5 枚，早落，退化雄蕊 5 枚或無，柱頭 3。核果，圓形。

茄苳（重陽木）

屬名	重陽木屬
學名	*Bischofia javanica* Blume

半落葉大喬木。三出複葉，小葉卵形或卵狀長橢圓形，長 7 ～ 15 公分，寬 4 ～ 8 公分，先端尾狀突尖，淺鋸齒緣，葉柄長 8 ～ 16 公分。雄花具雄蕊 5 枚，花絲極短；雌花子房 3 ～ 4 室。果實球形。

　　產於印度、馬來西亞、中國南部、琉球、玻里尼西亞及澳洲；台灣分布於全島低海拔地區，常栽植為行道樹。

葉為三出複葉

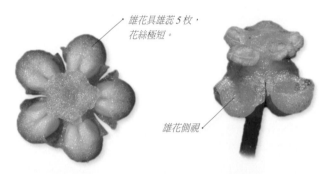

雄花具雄蕊 5 枚，花絲極短。

雄花側視

核果球形

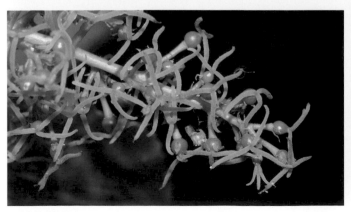

雌花花柱常三裂

為常見的公園行道樹種

山漆莖屬 BREYNIA

灌木或小喬木。雄花數朵簇生於葉腋，萼片 6 枚，肉質，雄蕊 3 枚，合生，退化雌蕊缺；雌花單生，萼六裂，果期時或會增大，花柱 3，頂端二裂。果實常為漿果，肉質，成熟時紅色或紫黑色。

黑面神

屬名	山漆莖屬
學名	*Breynia fruticosa* (L.) Hook. f.

灌木，高 1～3 公尺，幼枝常呈扁壓狀，紫紅色，光滑無毛。葉革質，卵形至菱狀卵形，長 3～7 公分，寬 1.8～3.5 公分，兩端鈍或銳，葉背具小斑點，葉柄長 3～4 公釐。花單生或簇生葉腋；雄花花梗長 2～3 公釐；雌花萼鐘狀，六裂，徑約 4 公釐，於果期時宿存，並增大至盤狀；子房卵形，近無柄，花柱 3，頂端二裂。蒴果球形，直徑 6～7 公釐，基部具宿存盤狀之花萼。

　　產於中國華南、華西至中南半島；金門見於平地至山麓丘陵之灌叢或林緣。

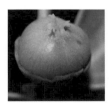

萼片六裂，盤狀，花柱 3，先端二裂。　　雄蕊 3，合生。　　果實基部具宿存盤狀之花萼　　見於金門

紅仔珠(山漆莖)

屬名	山漆莖屬
學名	*Breynia vitis-idaea* (Burm. f.) C. E. C. Fischer

灌木或小喬木，莖光滑無毛。單葉，互生，在小枝上呈二列排列；闊橢圓狀卵形至橢圓形，長 1.5～2.5 公分，寬 0.8～1.2 公分，先端圓、鈍或略凹，基部圓至銳尖，全緣，上表面綠，下表面灰白，葉柄長 2～3 公釐。萼筒漏斗狀，裂片 6，齒狀三角形。果實直徑約 5 公釐，宿存萼片增大。

　　產於華中、華南至東南亞及琉球；台灣分布於全島低海拔地區。

果實直徑約 5 公釐，宿存萼片增大。

單葉，互生，成二列排列。　　雌花生於葉腋，甚小，不易見之。　　雄花不甚開張

土密樹屬 BRIDELIA

灌木或小喬木。單葉，互生，全緣。花單性，簇生於葉腋，有苞片；花萼五裂；花瓣 5 枚，較萼片小；雄蕊 5 枚，花絲與退化雌蕊於基部合生；子房 2 室，花柱 2。核果。

台灣產 2 種。

刺杜密

屬名	土密樹屬
學名	*Bridelia balansae* Tutch.

小喬木，幹基常具小刺。葉長橢圓狀披針形，長 7 ～ 10 公分，寬 3 ～ 4 公分，先端漸尖。花數朵簇生於葉腋，花瓣及萼片三角狀卵形。果實卵形，長 9 ～ 11 公釐，寬 7 ～ 8 公釐。

產於中國南部、爪哇、緬甸、泰國、印度及琉球；台灣分布於全島低海拔地區。

雌花花柱 2，先端再二裂。

葉長橢圓狀披針形

雄花，雄蕊 5，花絲與退化雌蕊於基部合生。

土密樹

屬名	土密樹屬
學名	*Bridelia tomentosa* Blume

小灌木，幹基無刺，莖被疏柔毛。葉長橢圓形，長 3 ～ 6 公分，先端鈍。果實圓形，長 5 ～ 7 公釐，寬約 5 公釐。

產於中國南部、印度、菲律賓及新幾內亞；台灣分布於西部及南部低海拔地區。

雄花之雄蕊 5 枚（陳柏豪攝）

果圓形

開花植株，普遍生於台灣野地。

白飯樹屬 FLUEGGEA

灌木或喬木。單葉，互生，全緣，具短柄，具托葉。花單性，雌雄異株；花單生或簇生於葉腋；雄花萼片 4～7 枚，雄蕊 4～7 枚，退化雌蕊存；雌花萼片 4～7 枚，子房 3 室，柱頭 3。蒴果。

白飯樹（一葉萩、市葱）

屬名	白飯樹屬
學名	*Flueggea suffruticosa* (Pallas) Baillon

灌木，高 1～3 公尺；枝近圓形，幼時略具稜。葉於小枝上呈二列排列，長橢圓狀橢圓形或倒卵形，先端鈍或銳尖，葉柄長 3～6 公釐。花簇生於葉腋，雄花具雄蕊 5 枚，雌花子房 3 室。蒴果具乾果皮。

　　產於熱帶非洲、馬來西亞、印度、菲律賓及中國華南；台灣分布於全島低海拔地區。

蒴果具乾果皮

葉長橢圓形

雄花，可見退化雌蕊。

雌花，簇生。

淺山區灌叢可見

密花白飯樹

屬名　白飯樹屬
學名　*Flueggea virosa* (Roxb. *ex* Willd.) Voigt

與白飯樹（見第 75 頁）相近，惟小枝之稜明顯及花多朵簇生。果二型，一型為白色，肉質，一型具乾薄果皮。

　　產於熱帶非洲、馬來西亞、印度、菲律賓及中國華南；台灣分布於全島低海拔地區。

果白色肉質（楊智凱攝）

雌花

外觀近似白飯樹

果枝（林家榮攝）

饅頭果屬 GLOCHIDION

直立灌木或喬木。單葉，互生，常二列排列於小枝上；托葉粗厚，先端彎曲呈鉤狀。花序總狀或穗狀，腋生；花多雜性；雄花萼片二輪，雄蕊 3 ～ 8 枚，合生成柱狀；雌花萼片二輪，直立呈筒狀，子房 3 ～ 15 室，花柱合生呈短柱狀。蒴果，扁球形。

裏白饅頭果

屬名　饅頭果屬
學名　*Glochidion acuminatum* Muell.-Arg.

小喬木，小枝密被絹狀短柔毛或糙伏毛。葉長橢圓形或長橢圓狀披針形，長 5 ～ 12 公分，寬 1.5 ～ 4 公分，先端鈍或銳尖，基部銳尖，略歪，下表面被白色短柔毛。雄花萼片二輪，內外輪不等大。蒴果扁球狀，被短柔毛，具 6 ～ 8 條縱溝。

　　產於中國南部、印度、琉球及日本；台灣分布於全島低海拔地區。

蒴果扁球狀，被短柔毛，具 6 ～ 8 條縱溝。

雄花萼片二輪，內外輪不等大。

葉背蒼白色

開雄花之植株。葉長橢圓形或長橢圓狀披針形。

赤血仔

屬名 饅頭果屬
學名 *Glochidion hirsutum* (Roxb.) Voigt

小枝密被短柔毛。葉長橢圓形或長橢圓狀卵形，長 8 ～
14 公分，寬 5 ～ 8 公分，先端圓或鈍，基部圓、鈍或
心形，略歪，葉上表面及兩面之主脈、側脈密被白色絨
毛。萼片外面被毛而內面不被毛；雄蕊 5 ～ 8 枚，合生。
蒴果被白色密毛，具 5 ～ 6 條縱溝。

　　產於中國南部、印度、斯里蘭卡及琉球；台灣分布
於全島低海拔地區。

雄蕊合生

蒴果被毛

葉長橢圓形或長橢圓狀卵形，基部略
歪。葉表面除了主脈外，殆光滑。

葉背脈上密被白色絨毛

萼片外面被毛；花緻形，具總梗。

單葉，互生，常二列排列；花序腋生。

高士佛饅頭果 特有種

屬名 饅頭果屬
學名 *Glochidion kusukusense* Hayata

灌木或小喬木，小枝光滑無毛。葉披針狀長橢圓形，長 4 ～ 18
公分，寬 1.5 ～ 6 公分，先端漸尖，基部漸尖，歪斜。雄花簇生
於葉腋，花梗纖細，無毛；雌花殆無梗，子房密被毛，4 ～ 5 室。
果實扁球形，被密長毛。

　特有種，分布於台灣北部及中部低海拔山區。

雄花，具退化雌蕊。

花序不具總梗

雌花殆無梗

子房 4 ～ 5 室，外被密毛。

小枝光滑無毛，葉披針狀長橢圓形。

披針葉饅頭果

屬名　饅頭果屬
學名　*Glochidion lanceolatum* Hayata

小喬木，光滑無毛。葉披針形或長橢圓狀卵形，長5～6公分，寬2～3公分，先端漸尖，基部銳尖或鈍，略歪，上下表面均綠色。花繖形花序，具總梗，腋生；雄蕊4～8枚。果實球形，光滑無毛。

　　產於琉球；台灣分布於全島低海拔地區。

雄花

花序具明顯之總花梗

蒴果開裂，露出紅色種子。

葉披針形

單葉，互生，常二列排列。

卵葉饅頭果 特有種

屬名 饅頭果屬
學名 *Glochidion ovalifolium* F.Y. Lu & Y.S. Hsu

喬木或小喬木，小枝、葉及萼片之外面皆光滑無毛。葉卵形
或卵狀披針形。繖形花序，腋上生；雄蕊 5 ～ 6 枚，合生；
花柱杯形。蒴果被毛，四至五裂。本種與披針葉饅頭果（見
前頁）相似，但本種葉卵形、子房及蒴果皆被毛、花柱杯狀
與蒴果縱溝裂明顯等特徵可區別之。

特有種，僅發現於嘉義低海拔山區。

葉卵形或卵狀披針形

雄花序；萼片 6，二輪，兩面光滑無毛。

蒴果被毛

花序腋上生

菲律賓饅頭果

屬名 饅頭果屬
學名 *Glochidion philippicum* (Cavan.) C.B. Rob.

雄花

喬木，小枝具稜，被白色毛。葉卵形至卵狀披針形，長 7～12 公分，寬 2～4 公分，先端鈍或銳尖，基部略鈍；兩面有毛，葉背淡草綠色；側脈每邊 8～9 條，葉面主脈上具白色密長柔毛，葉背主脈上覆有極密的長柔毛。花序不具總梗；雄花花梗密被白色長毛；萼片 6 枚，較子房為短，外側有毛而內面無毛；雄蕊 3 枚，合生。果實密被短柔毛。

　　產於中國南部、菲律賓及馬來西亞；台灣分布於中、南及東部之低海拔地區。

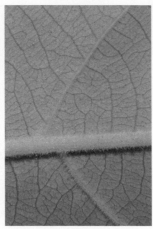

萼片外側及雄花花梗密被白色長毛　　葉背主脈上覆有極密的長柔毛　　與紅毛饅頭果皆全株被毛，但本種葉銳尖頭，側脈 8～9 對。（vs. 鈍頭，側脈 6～7 對）

紅毛饅頭果

屬名 饅頭果屬
學名 *Glochidion puberum* (L.) Hutchinson

灌木或小喬木；小枝圓筒形，紅色，被密毛。葉長橢圓形，偶倒卵形，長 3～8 公分，寬 2～3 公分，先端鈍或銳尖，基部銳尖，上表面光滑無毛，下表面密被褐色短柔毛，側脈 6～7 對。雄花密被白色絹毛；萼片 6 枚，長圓形，外面皆有毛而內面無毛；雄蕊 3 枚，合生。蒴果扁球狀，直徑 7～13 公釐，被長白毛，縱溝 6～9 條，頂端中央有稍伸長的宿存花柱。

　　產於中國南部；台灣分布於中部低海拔山區。

雄花被白色絹毛，萼片 6；雄蕊 3，合生。

果被長毛　　　　小枝紅色，被短柔毛。花序不具總梗。　　開花植株。單葉，互生，排列成二列。

細葉饅頭果

屬名　饅頭果屬
學名　*Glochidion rubrum* Blume

小灌木或小喬木，小枝幼時略被毛。葉倒卵形、
長橢圓狀卵形或橢圓形，長 3～8 公分，寬 1.5～
4.5 公分，先端鈍，基部銳尖，偶略歪斜，光滑
無毛。雄花花梗光滑無毛，萼片 6 枚，長圓形，
兩面皆無毛，雄蕊 3 枚，合生；雌花梗無毛或
具毛。果實扁球形，光滑無毛。

　　產於中國、馬來西亞及琉球；台灣分布於
全島低海拔地區。

雄花，萼片 6，
兩面無毛。

葉片兩面光滑無毛

錫蘭饅頭果

屬名　饅頭果屬
學名　*Glochidion zeylanicum* (Gaertn.) A. Juss.

喬木，小枝光滑無毛。葉長橢圓狀卵形或長橢圓形，長 4.5～
15 公分，寬 3～8 公分，先端圓或鈍，基部心形、近心形或
圓形，略歪斜，下表面灰綠色。果實光滑無毛。

　　產於印度、斯里蘭卡、中國南部、琉球及日本；台灣分布
於北、中部之低海拔地區。

蒴果開裂，
種子紅色。

果實光滑無毛

葉長橢圓狀卵形或長橢圓形，基部略歪斜。

紫黃屬 MARGARITARIA

落葉喬木。花單性，雌雄異株或同株；雄花簇生於葉腋，萼片 4 枚，花盤環狀，雄蕊 4 枚，退化雌蕊無；雌花單生或數朵簇生，萼片 4 枚，子房 2 ～ 6 室。蒴果。種皮藍色。

台灣產 1 種。

紫黃（藍子木）

屬名	紫黃屬
學名	*Margaritaria indica* (Dalz.) Airy Shaw

落葉喬木，高達 25 公尺，樹皮常斑駁狀。單葉，互生，於小枝上呈二列排列；葉薄紙質，橢圓形，長 9 ～ 12 公分，寬 5 ～ 6 公分，兩端銳尖或鈍，側脈約 8 對。花綠白色，4 數，雄花萼片 2 大 2 小；雌花花柱 3，頂端二裂。果實直徑 8 ～ 10 公釐。

產於印度、斯里蘭卡、爪哇、菲律賓及琉球；台灣分布於北部及南部之低海拔地區，少見。

雌花

花柱頂端二裂

大萼片

小萼片

雄花序，萼片及雄蕊 4，萼片 2 大 2 小。

雄蕊

種子外表藍色（劉思章攝）

開花小枝，花綠白色，4 數。

蒴果，直徑 8 ～ 10 公釐。

油柑屬 PHYLLANTHUS

草本或木本。小枝兩型:一型存留不脫落,葉螺旋狀排列;另一型脫落,葉二列排列,花由葉腋處生出。單葉,互生,全緣。花單生或簇生;萼片 4 ～ 6 枚,具花盤,雄花雄蕊 2 ～ 15 枚,雌花子房 3 室。蒴果或漿果。

小返魂(葉下珠)

屬名	油柑屬
學名	*Phyllanthus amarus* Schum. & Thonn.

草本。苞葉線形,長 1 ～ 1.2 公釐;葉橢圓形、卵形或倒卵形,長 5 ～ 10 公釐,寬 3 ～ 5 公釐,先端圓,基部略歪斜;托葉披針形,長 0.8 ～ 1.2 公釐。雄花花被片 5 枚,雄蕊 3 枚,腺體 5,星形;雌花花被片 5 枚。果梗長 2 ～ 4 公釐。

　　產於世界各地;台灣分布於全島及各離島之低海拔地區。

果球形,光滑。

雌花花被片 5,柱頭 3,二裂。

直立草本

銳葉小返魂

屬名	油柑屬
學名	*Phyllanthus debilis* Klein *ex* Willd.

草本,基部常木質化。苞葉披針形,長 1.2 ～ 1.5 公釐;葉狹橢圓形至橢圓形或卵形,長 8 ～ 16 公釐,寬 2 ～ 5 公釐,先端銳尖,葉基歪斜,托葉三角狀披針形。雄花花被片 6 枚,呈二輪,倒卵形,腺體 6,星形;雌花花被片 6 枚。果梗長 1 ～ 2 公釐。

　　分布於台灣全島低海拔地區。

雄花;花被片 6 枚。

葉狹橢圓形至橢圓形或卵形,果光滑。

雌花

普遍分布於低海拔各地

疣果葉下珠

屬名　油柑屬
學名　*Phyllanthus hookeri* Muell.-Arg.

草本。苞葉披針形，長 1.5 ～ 2 公釐；葉長橢圓形或狹倒卵形，長 7.5 ～ 20 公釐，寬 2.5 ～ 5.5 公釐，先端鈍或具小突尖，基部歪斜，葉背邊緣加厚；托葉披針形，長 1 公釐。雄花花被片 6 枚，白色，倒卵形，雄蕊 3 枚；雌花花被片 6 枚，披針形。果實無梗，具許多疣點。

　　分布於台灣全島。

果表面具疣

葉背邊緣加厚。雌花生於枝條下部，雄花在上部。

直立草本，普遍。

多花油柑(白仔)

屬名　油柑屬
學名　*Phyllanthus multiflorus* Willd.

常綠灌木，高可達 4 公尺；小枝略被毛，有兩型。葉多數橢圓形，長 2 ～ 3 公分，先端鈍或圓，葉柄長 1 ～ 3 公釐。雄花具萼片 5 枚，卵形，雄蕊 5 枚。

　　廣布於東半球，由非洲至印度、斯里蘭卡、中國、印尼、菲律賓及昆士蘭；台灣分布於中、南部低海拔地區。

萼片緊貼於果實基部（陳柏豪攝）

雄花（陳柏豪攝）

可見於向陽開闊地及荒地

新竹油柑 特有種

屬名	油柑屬
學名	*Phyllanthus oligospermus* Hayata

落葉小灌木，全株光滑無毛，花與葉同時生出。葉長橢圓至橢圓形，先端鈍，具小突尖頭，下表面略灰白，托葉長 2 ～ 3 公釐。雄蕊花絲分離，花柱 3 枚。漿果，球形。

　　特有種，分布於台灣北部、南部與東部之低中海拔地區。

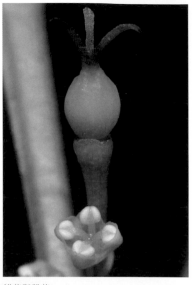

雄花與雌花

落葉小灌木，花葉同發。

雄花與雌花

果光滑，黑熟。

五蕊油柑

屬名　油柑屬
學名　*Phyllanthus tenellus* Roxb.

草本，莖具稜。苞葉線狀披針形，長約 0.9 公釐；葉膜質，卵形或倒卵形至
闊橢圓形，長 8 ～ 12 公釐，寬 8 ～ 10 公釐，先端與基部銳尖至圓或鈍，
托葉披針形。雄花花被片 5 枚，倒卵形，腺體三角形，雄蕊 5 枚；雌花花
被片 5 枚，披針形。果實扁球形，果梗長約 6 公釐。

　　原產於非洲馬達加斯加島及南亞印度半島；台灣分布於低海拔地區。

雄花：花被片 5。　　雌花

為常見的花壇草坪雜草

果梗及花梗細長

光果葉下珠

屬名　油柑屬
學名　*Phyllanthus urinarius* L. subsp. *nudicarpus* Rossign. & Haic.

草本。苞葉線狀披針形，長 1.5 ～ 2 公釐；葉長橢圓形或狹
倒卵形，長 7.5 ～ 8 公釐，寬約 2.2 公釐，先端鈍或具小突尖，
基部歪斜，托葉披針形。雄花花被片 6 枚，雄蕊 3 枚；雌花
花被片 6 枚。果實無梗。

　　產於印度、不丹至東南亞；分布於
台灣東南部低海拔地區。

果

雌雄花被片皆 6 枚

雄花長在葉軸的前面；雌
花在後面。

植物體與疣果葉下珠近似

與疣果葉下珠相比表面較
光滑

雌花

雄花

蜜甘草

屬名　油柑屬
學名　*Phyllanthus ussuriensis* Rupr. & Maxim.

草本。葉呈二列排列，葉兩型，橢圓狀長橢圓形或披針形，長 8 ～ 12 公釐，寬 2 ～ 5 公釐，先端鈍，常具小突尖，基部圓，近無柄；托葉心形，基部略成箭形。雄花花被片 4 ～ 5 枚，稀 6 枚，卵形，腺體 4 ～ 5，橢圓形，雄蕊 2 枚，稀 3 枚；雌花花被片 6 枚，橢圓形。果實扁球形，果梗長 2 ～ 4 公釐。

　　產於烏蘇里、蒙古、日本、韓國與中國；分布於花蓮、基隆及苗栗。

花被 4 枚的雄花（許天銓攝）　　花被 5 枚的雄花（許天銓攝）　　葉基心形，蒴果扁球狀。（許天銓攝）

莖簇生（許天銓攝）

細葉油柑

屬名　油柑屬
學名　*Phyllanthus virgatus* Forst. f.

草本。葉呈二列排列，橢圓狀長橢圓形至披針狀線形，長 8～10 公釐，寬 2～5 公釐，先端鈍，常具小突尖，基部圓，近無柄；托葉心形，基部略成箭形。雄花花被片 6 枚，腺體 6，橢圓形。果實扁球形，果梗長 5～8 公釐。

　　廣布於熱帶地區；台灣分布於台北、台中及屏東等地。

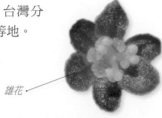

雄花

雄花

果梗細長，5～8 公釐。

葉形多變，通常頗為窄長。

葉呈兩列排列

假葉下珠屬 SYNOSTEMON

草本。單葉,互生,全緣,具 1 對托葉。花單性,雌雄同株;花腋生,無花瓣;萼六裂,二輪;雄花單或數朵簇生,雄蕊 3 枚,花盤六裂;雌花單生,子房 3 室,花柱 3。蒴果。

假葉下珠

屬名　假葉下珠屬
學名　*Synostemon bacciformis* (L.) G.L. Webster

枝具稜。葉長橢圓形至長橢圓狀卵形,肉質,先端銳尖,具小突尖頭,基部鈍或圓,葉柄長 1 公釐。

　　產於中國南部、爪哇、斯里蘭卡、印度及馬六甲;台灣分布於西部及南部近海岸地區。

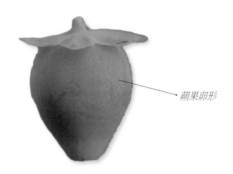

蒴果卵形

雄花及雌花

可見於南部濱海地區草生地

假黃楊科 PUTRANJIVACEAE

常綠喬木。葉互生稀對生，常呈二列排列，革質，常歪基。花序腋生，花簇生或為聚繖花序，稀單生。花單性，雌雄異株，花小，叢生。萼片4～5，不具花瓣。雄花具2～20枚雄蕊。雌花具環狀花盤，子房上位，1～3室，花柱與心皮同數。果實為核果。主要分布在非洲及馬來西亞的熱帶地區。

　　台灣有2屬3種。

特徵

花單性；花序繖狀、總狀或單生皆有。（交力坪鐵色）

革質葉，核果紅色，互生，呈二列排列。（鐵色）

花小，叢生於葉腋。（鐵色）

鐵色屬 DRYPETES

灌木或小喬木，光滑無毛。單葉，互生，基部歪斜。花簇生，無花瓣；雄花萼片4～6枚，雄蕊少至多數，退化雌蕊小或無；雌花萼片4～6枚，子房2～4室。核果。

交力坪鐵色 特有種

屬名	鐵色屬
學名	*Drypetes karapinensis* (Hayata) Pax & K. Hoffm.

小喬木，小枝纖細。葉長橢圓形或長橢圓狀披針形，長7～13公分，寬2.8～5公分，先端尾狀漸尖，殆全緣，側脈7～11對。雌雄異株；雄花1～3（10）朵簇生於葉腋，萼片4枚，雄蕊6～9枚；雌花1～2朵簇生。果實單生，球形。

特有種，分布於台灣中南部之低、中海拔森林。

果單生，球形。

萼片4，雄蕊6～9枚。

雌雄異株，雄花1～3（10）朵簇生於葉腋。

單葉，互生，殆全緣。

鐵色

屬名	鐵色屬
學名	*Drypetes littoralis* (C.B. Rob.) Merr.

小喬木，小枝粗壯。葉長橢圓形至長橢圓狀卵形，兩側不對稱而呈鐮形，長6～10公分，寬3.5～5公分，先端鈍或銳尖，全緣。雄花簇生於葉腋，萼片4枚，雄蕊6～13枚，花梗長6～8公釐；雌花花被片數如同雄花，柱頭擴張，肉質，子房長橢圓形。

產於菲律賓；台灣分布於恆春半島南端及蘭嶼之低海拔森林。

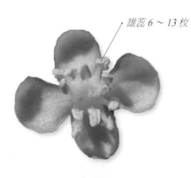

雄蕊6～13枚

雌花

葉長橢圓形，全緣，兩側不對稱而呈鐮形。果熟紅色。

雌花序，花被片4，柱頭擴張，肉質，子房長橢圓形。

雄花簇生於葉腋，萼片4枚。

假黃楊屬 LIODENDRON

喬木。單葉，互生。花無花瓣，單性，雌雄異株；雄花成穗狀或總狀花序，萼片4～6枚，雄蕊2枚；雌花萼片5枚，子房2室，柱頭三裂。核果。

台灣假黃楊 特有種

屬名　假黃楊屬
學名　*Liodendron formosanum* (Kanehira & Sasaki) H. Keng

小喬木。葉橢圓形至長橢圓狀卵形，長5～8公分，寬3～5公分，先端漸尖，基部銳尖，歪斜，細鋸齒緣。總狀花序，腋生；雄花萼片4～6枚，雄蕊2枚，無花瓣及花盤。核果長1～1.3公分。
　　特有種，分布於台灣全島、蘭嶼及綠島之低海拔森林中。

葉橢圓形至長橢圓狀卵形

核果長1～1.3公分

葉橢圓形至長橢圓狀卵形，細鋸齒緣。

紅樹科 RHIZOPHORACEAE

喬木或灌木，具氣根或支柱根，莖節膨大。單葉，對生，革質，有柄；托葉多存，位葉柄內，具環狀托葉痕。花單生或聚繖狀，常兩性；萼筒略與子房合生，四至十五裂，宿存；花瓣早落；雄蕊多數。果實肉質，不裂。種子萌發為胎生苗。台灣有 4 屬 4 種。

特徵

喬木或灌木，具氣根或支柱根，常生於河口泥灘地上。（紅茄苳）

枝條具環狀托葉痕；萼筒略與子房合生。（紅茄苳）

種子萌發為胎生苗（水筆仔）

雄蕊常多數（水筆仔）

紅樹屬 BRUGUIERA

喬木，常具板狀或曲膝狀支柱根。葉全緣。花一至多朵，腋生，無苞；花萼八至十四裂，倒圓錐形或鐘形，連生於子房基部，裂片鑷合狀；花瓣長橢圓形，與萼片同數，二深裂，有附屬物；雄蕊 16 ～ 28 枚，藥細長而與花絲相等；子房 2 ～ 4 室，各室 2 胚珠，花柱絲狀，柱頭二至四細裂。果實倒圓錐形，冠有萼唇，1 室，1 種子，常萌發為胎生苗。

紅茄苳（紅樹、五跤梨、五腳里、木欖）

屬名　紅樹屬
學名　*Bruguiera gymnorrhiza* (L.) Lam.

常綠喬木或灌木，於熱帶地區可高達 25 公尺。葉橢圓狀披針形，長 7 ～ 17 公分，寬 3 ～ 3.5 公分，先端銳尖，基部楔形，厚革質，兩面平滑無毛，葉柄長 2.5 ～ 4.5 公分，葉托長 3 ～ 4 公分，淡紅色。花單朵腋生；花萼裂片 10 ～ 14 枚，線狀而極尖，長 1.2 ～ 2 公分，暗紅黃色，平滑無稜；花瓣二深裂，除基部有毛外，餘光滑無毛；花梗長 1.5 ～ 2.5 公分。胚軸長 15 ～ 25 公分。

　　分布於熱帶非洲、東南亞及澳洲。胡敬華於 1958 年 10 月在高雄灣採集標本，並於 1959 年紀錄高雄灣僅剩 22 株，此為本種在台灣最後的紀錄。

葉厚革質，兩面平滑無毛。　　胚軸細長

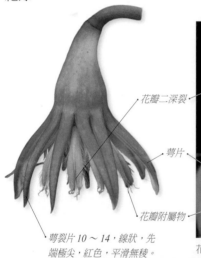

萼裂片 10 ～ 14，線狀，先端極尖，紅色，平滑無稜。

花瓣二深裂，邊緣有毛，先端有附屬物；柱頭四裂。

雄蕊　柱頭四裂　花瓣二深裂　萼片　花瓣附屬物

台灣的野生植株已消失，目前可見之植株為它地移栽。

喬木，常具板狀或曲膝狀支柱根；攝於石垣島。

細蕊紅樹屬 CERIOPS

喬木。葉十字對生，卵形或倒卵形。密集聚繖花序，腋生，著生數花，略呈頭狀，花序梗短或無；花萼五至六深裂，基部有苞片；花瓣5～6枚，著生於十至十二裂之肉質花盤基部，凹頭，有附屬物及棍棒狀或頭狀剛毛；雄蕊10～12枚，花絲著生於花盤裂片之間；子房3室，各室2胚珠。果實革質，卵形，圍有反曲之萼唇，胚軸有明顯縱稜。

　　本屬有2或3種，產於舊世界熱帶海岸；台灣原產有細蕊紅樹1種，但已不見野生族群。

細蕊紅樹

屬名	細蕊紅樹屬
學名	*Ceriops tagal* (Perr.) C.B. Rob.

小灌木，樹皮灰色。葉對生，革質，倒卵形，圓頭而銳基，長5～6公分，寬3～5公分，具短柄。聚繖花序，腋生，花4～5朵；每朵花具苞片數枚；花萼五裂；花瓣5枚，白色，先端三裂；雄蕊10枚，其著生點之間各有小凸突1枚；子房3室。果實革質，長3～4公分。花期約在5～6月間。本種之種子係於母樹上萌芽，胎生現象極為顯著。

　　分布於東非、馬達加斯加、印度、緬甸、馬來西亞及菲律賓等地；1959年胡敬華記載高雄港僅存一株，此為本種於台灣最後的記載。

胎生果（許天銓攝）

葉對生，革質，倒卵形，圓頭。（許天銓攝）

花腋生，4～5朵成聚繖花序，苞片數枚，萼五裂。（許天銓攝）

本種之果於母樹上萌芽，胎生現象極為顯著。（許天銓攝）

水筆仔屬（茄藤樹屬） KANDELIA

小喬木，高達4～5公尺，不具支柱根。葉長橢圓形，厚革質。二岔分歧聚繖花序，腋生；各花基部有苞片；花萼五裂，裂片披針形；花瓣白色，5枚，二裂，裂片細分為絲狀；雄蕊頗多；子房1室，柱頭三裂，胚珠6，集生中軸。果實卵形，宿存萼反捲，胎生。

　　產於東亞及東南亞之熱帶地區，台灣僅1種。

水筆仔

屬名	水筆仔屬
學名	*Kandelia obovata* Sheue, H.Y. Liu & J. Yong

常綠小喬木。葉全緣，對生，厚革質，長橢圓形至倒卵狀長橢圓形，長3～13公分，寬1.3～4.5公分，先端圓但具一突尖頭。花序具4～10朵花；萼片5～6枚，線狀長橢圓形；花瓣白色，5～6枚；柱頭三裂。胎生苗下胚軸長棍棒狀，長15～20公分。

　　分布於台灣北部及西部濱海河口泥灘地，以淡水河口的族群最大。

葉全緣，對生，厚革質，長橢圓至倒卵狀長橢圓形。

花序具4～10朵花，花瓣白，5～6片。

分布於台灣北部及西部濱海河口泥灘地

胎生果下胚軸長棍棒狀，長15～20公分。

紅茄苳屬 RHIZOPHORA

喬木，莖及枝條會生出氣根及支持根。葉全緣，明顯突尖頭，下表面具黑色斑點。花序具 2～16 朵花；花部 4 數，雄蕊 8～12 枚，柱頭二裂。果實具 1 枚種子；胎生苗下胚軸長棍棒狀。

紅海欖（五梨跤、紅茄苳）

屬名	紅茄苳屬
學名	*Rhizophora stylosa* Griffith

喬木，幹基之曲膝狀支柱根發達。葉寬橢圓或長橢圓形，長 8～10 公分，寬 4～6 公分，基部楔形，葉柄長 2.5～3 公分。花序具 2～4（8）朵花；花瓣 4 枚，較萼片短，具毛緣，雄蕊 8 枚。果實長卵狀，淡褐綠色。

　　分布於琉球、印度、馬來西亞、非洲、菲律賓及澳洲；台灣僅見於台南及高雄之濱海地區。

胎生果

葉下表面具黑色斑點

花瓣 4，較萼片短，毛緣，雄蕊 8，柱頭二裂。

葉全緣，明顯突尖頭。

幹基具曲膝狀之支柱根

楊柳科 SALICACEAE

雌雄異株或同株，常綠或落葉，喬木或灌木，稀蔓性；芽鱗單生，帽狀，邊緣合生或離生（楊柳屬）。單葉，螺旋著生或二列互生，稀對生，常具不對稱基部；托葉常小，稀大或缺，早落。花兩性或單性異株，由一小苞片包住，單生、簇生或排成總狀，頂生或腋生；萼片 3～6 或缺，稀更多，多宿存；花瓣 3～8，稀更多或缺；雄蕊 2 以上，離生，或成單體雄蕊；子房多上位，稀半下位或下位，花柱 1～10。漿果、核果或蒴果；種子多具假種皮。台灣有 7 屬。APG IV 分類系統將楊柳科擴大，包含大風子科（Flacourtiacece）。本科植物多分布於熱帶。

　　台灣有 7 屬 16 種。

特徵

單葉，螺旋著生或二列互生，稀對生，常具不對稱基部。（水社柳）

花排成簇生、總狀、葇荑狀或單生。（褐毛柳）

花序多樣，亦有簇生者。（球花嘉賜木）

花瓣 3～8，稀更多或缺，此為無花瓣者。（山桐子）

大都為常綠或落葉，喬木或灌木。（天料木）

漿果、核果或蒴果。（羅庚果）

嘉賜木屬 CASEARIA

小喬木或直立灌木，小枝常略呈之字形。葉二列互生，鋸齒狀鈍齒緣，托葉多微小且早落。花腋生，常簇生，兩性；萼片5枚，花瓣缺；雄蕊5～10枚；子房上位，花柱1，短。蒴果，多肉或乾燥，具稜，2～3瓣裂。

球花嘉賜木

屬名	嘉賜木屬
學名	*Casearia glomerata* Roxb.

枝蜿蜒狀，小枝綠色。每朵花有8枚雄蕊，插在密被毛茸的蜜盤上。果實多肉，橢圓狀，長達1.5公分。與薄葉嘉賜木（*C. membranacea* Hance）之區別在於本種的頂芽、花梗、花萼與花絲經常被毛，葉柄有明顯的毛狀物，蒴果的稜不明顯。台灣曾紀錄有薄葉嘉賜木，但作者目前觀察台灣嘉賜木屬的植物，其頂芽、花梗、花萼與花絲皆明顯被毛，尚未看到花果光滑無毛的薄葉嘉賜木。

　　分布由尼泊爾經不丹、印度、越南、中國西南及南部；台灣分布於全島。

花梗、花萼與花絲被毛。

果實內含2或3粒種子

果多肉，橢圓狀，長達1.5公分。

花叢生於葉腋，枝條之字形彎曲。

為小喬木

羅庚果屬 FLACOURTIA

喬 木，莖枝具刺或無。葉大多鈍齒狀鋸齒緣，明顯波狀，羽狀脈，基部具 3～5 脈。花頂生或腋生，成短總狀，雌雄異株，稀兩性；雄花雄蕊 15 枚以上，無退化雌蕊；雌花花柱與子房室同數，無退化雄蕊；萼片 3～7 枚，花瓣缺。核果。

羅庚果

屬名	羅庚果屬
學名	*Flacourtia rukam* Zoll. & Mor.

葉卵狀橢圓形，長達 15 公分，寬達 8 公分，基部寬楔形、圓形至淺心形，上表面油亮，光滑無毛，背面脈上有毛，疏鋸齒緣，側脈 4～6 對。花數朵腋生，排成總狀，淡綠白色；萼片兩面有毛；花柱 5～8，分離，宿存。果實球狀或扁球狀。

分布於印度、東南亞至華南、華西和台灣；產於蘭嶼。

果球狀或扁球狀

葉表面平滑無毛，疏鋸齒緣，側脈 4～6 對。果成熟時紅色。

雄花排成總狀，淡綠白色；花瓣缺，雄蕊 15 枚以上。

雌花序

天料木屬 HOMALIUM

小 喬木或灌木。葉波緣、鈍齒緣至鋸齒狀齒牙緣，或近全緣，托葉早落或缺。花腋生或近頂生，多花排成總狀、穗狀或圓錐狀，兩性，萼筒倒錐狀，子房半下位或近下位，花柱 2～7。蒴果，革質，2～8 瓣裂或不裂。

天料木

屬名	天料木屬
學名	*Homalium cochinchinensis* (Lour.) Druce

小枝有細毛或近無毛。葉膜質，倒卵形、卵形至橢圓形，長達 13 公分，寬達 6 公分，先端短突尖，基部楔形，葉柄被微毛。圓錐花序排成總狀；花白色，萼裂片及花瓣各 6～9 枚，皆為線形，花緣具細毛；雄蕊著生於花瓣，花柱 4；花盤有腺點，球形；花梗具腺毛，長約 3 公釐。

產於中國南部及中南半島；在台灣零星散生於西部山麓森林中。

圓錐花序排成總狀，花白色。

萼裂片及花瓣同形，各 6～9 枚，線形；花盤有腺點，球形。

葉膜質，倒卵形、卵形至橢圓形。

山桐子屬 IDESIA

落葉喬木，枝無毛。葉螺旋狀互生；葉柄淡紅色，約與葉身等長，頂端有 2 長橢圓狀腺體。花頂生及腋生，常呈近於總狀的圓錐花序，淡黃色，雌雄異株；萼片 5 ～ 8 枚，花瓣缺，雄蕊多數，子房上位。漿果，成熟時紅色。

單種屬。

山桐子

| 屬名 | 山桐子屬 |
| 學名 | *Idesia polycarpa* Maxim. |

柱頭六裂

雌花側面，可見退化雄蕊。

落葉喬木，高可達 10 公尺以上，樹皮平滑。葉心形，邊緣有粗鋸齒，側脈 4 ～ 5 對，葉背粉白色，葉柄紅色。雄花花被片 4 ～ 6 枚，卵形或闊卵形，淡綠色，被毛，雄蕊多數，花絲細長，被毛，花藥丁字着生；雌花花被片 4 ～ 6 枚，子房球形，光滑無毛，柱頭六裂。漿果球形。

產於中國、日本及琉球；台灣分布於中海拔山區，常生於向陽之地。

雄花花被片 4 ～ 6 枚淡綠色，有毛茸；雄蕊多數，花絲細長，有毛茸。

雄花序。葉柄常呈紅色。

雌花序下垂

果熟時橘紅，常吸引鳥類覓食。

柳屬 SALIX

落 葉灌木或喬木，很少常綠，冬芽有鱗片 1 枚。單葉，互生，通常長而尖，很少卵形，羽狀脈，托葉小或大。花單性，雌雄異株，無花被，排成柔荑花序，每一花生於一苞片的腋內；雄蕊 1 ～ 2 枚或更多，花絲基部有腺體 1 ～ 2 枚；子房 1 室，有側膜胎座 2 ～ 4，柱頭 2，全緣或二裂。蒴果二裂。種子有綿毛。

台灣有 5 種和 4 變種，全為特有。

褐毛柳 特有種

屬名	柳屬
學名	*Salix fulvopubescens* Hayata var. *fulvopubescens*

直立灌木或喬木，小枝被褐色毛或光滑無毛。葉橢圓狀披針形，長 6 ～ 13 公分，寬 1.4 ～ 2.5 公分，先端銳尖，基部鈍而常歪斜，全緣或偶爾疏細鋸齒緣，小脈不分枝；托葉卵狀菱形，長約 0.5 公釐，側脈 10 ～ 13 對。花序長 3 ～ 5 公分，有梗，基部有葉片；子房光滑。

特有種，生長於台灣全島海拔 1,600 ～ 3,000 公尺之空曠地。

葉橢圓狀披針形，先端銳尖，全緣，或偶爾疏細鋸齒緣；葉背白色。　先開花後再長葉，故花期時，枝上開滿了花而無葉。　花序長 3 ～ 5 公分，有梗，基部有葉片。

薄葉柳(森氏柳) 特有種

屬名	柳屬
學名	*Salix fulvopubescens* Hayata var. *doii* (Hayata) K.C. Yang & T.C. Huang

與承名變種（褐毛柳，見本頁）相似，但本變種葉子之小脈有分枝、卵形的托葉長約 1 公釐、子房有毛等特徵可區別之。

特有變種，分布於台灣中北部海拔 1,600 ～ 2,600 公尺之空曠地。

柔荑花序　　與褐毛柳相似，但子房有毛，可以此區別。　可見於中北部中高海拔

白毛柳（田川氏柳） 特有種

屬名 柳屬

學名 *Salix fulvopubescens* Hayata var. *tagawana* (Koidz.) K.C. Yang & T. C. Huaug

直立灌木。承名變種（褐毛柳，見第 103 頁）之差別在於本種的小枝密被白色絲狀物。葉長橢圓形，基部圓鈍、圓或略成心形，全緣，葉背被長絨毛，小脈分枝；托葉歪心形，長 1～2 公釐。子房光滑無毛。

特有變種，分布於台灣中北部海拔 1,600～2,600 公尺之空曠地。

葉背被白色絨毛

開裂，可見無數柔毛包繞種子。

子房光滑無毛可與薄葉柳區別

雄花，柔荑花序。

小枝密被白色絲狀物

水社柳（草野氏柳）特有種

屬名	柳屬
學名	*Salix kusanoi* (Hayata) Schneider

喬木。芽紅褐色，橢圓形。葉卵形至長橢圓狀披針形，基部圓至心形並有耳狀腺體，葉背被毛且無白粉，細鋸齒緣，稀全緣。花序腋生，基部無正常的葉片；雄花序長 6～8 公分，花絲基部有毛；雌花序長 3～5 公分，子房無柄，腺體 1 枚。蒴果卵狀披針形，無毛。

特有種，分布於台灣全島低海拔之濕地。

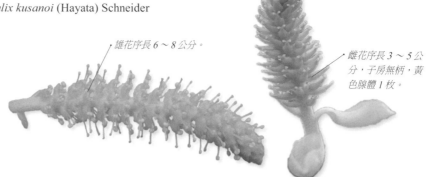

雄花序長 6～8 公分。

雌花序長 3～5 公分，子房無柄，黃色腺體 1 枚。

葉背被毛且無白粉

蒴果卵狀披針形，無毛。

落葉小喬木，開花時無葉。

生長在低海拔之溼地

關山嶺柳（岡本氏柳）特有種

屬名　柳屬

學名　*Salix okamotoana* Koidz.

匍匐之矮灌木，高 15 ～ 50 公分，小枝光滑無毛，芽鱗癒合成帽狀。葉倒卵形至倒卵狀橢圓形，長 6 ～ 10 公分，寬 3 ～ 5 公分，先端鈍且微凸頭，圓基，殆無毛，腺狀細鋸齒緣，側脈 12 ～ 16 對。雄花具雄蕊 2 枚，腺體 1 枚。

　　特有種，僅見於武陵四秀之新達營地及關山嶺山，海拔約 2,900 公尺山區之峭壁上，非常稀有。

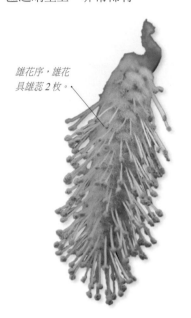

雄花序，雄花具雄蕊 2 枚。

葉倒卵形至倒卵狀橢圓形，先端鈍且微凸頭，圓基，殆無毛，腺狀細鋸齒緣。

匍匐之矮灌木；冬天落葉，春天開花；生於高山峭壁上。

台灣山柳（南湖山柳、台灣高山柳）特有種

屬名　柳屬

學名　*Salix taiwanalpina* Kimura var. *taiwanalpina*

匍匐之矮灌木。葉橢圓形，全緣至疏鋸齒緣，長 2.5 ～ 6 公分，寬 1 ～ 2 公分，基部尖至圓形，葉背被毛，成熟之葉背有時光滑。苞片闊卵形，雄花具雄蕊 2 枚，子房有毛。蒴果有毛。

　　特有種，分布於台灣北部海拔 2,400 ～ 3,800 公尺山區，生長於山脊及峭壁上。

雄花具雄蕊 2 枚

台灣特有種，分布於北部海拔 2,400 ～ 3,800 公尺山區，生長於山脊及峭壁上。

葉橢圓形，全緣至疏鋸齒緣，葉背被毛，成熟葉背有時光滑。

子房有毛

玉山柳 特有種

屬名 柳屬

學名 *Salix taiwanalpina* Kimura var. *morrisonicola* (Kimura) K.C. Yang & T.C. Huang

多枝之匍匐性矮灌木。葉橢圓至長橢圓形,通常長 2 ～ 3 公分,基部尖至圓,側脈 7 ～ 9,葉背光滑無毛,粉白色,細鋸齒緣。苞片線狀長橢圓形,子房無毛。

　　特有變種,分布於台灣中部海拔 2,400 ～ 3,900 公尺山區,生長在山脊和峭壁上。

葉橢圓至長橢圓形,葉背光滑無毛,粉白色,細鋸齒緣。

雄花序（黃思嘉攝）

矮小,伏生於岩壁上生長

高山柳 特有種

屬名 柳屬

學名 *Salix taiwanalpina* Kimura var. *takasagoalpina* (Koidz.) S.S. Ying

匍匐性矮灌木。葉橢圓形,長 1.5 ～ 2.5 公分,基部尖至圓,成熟葉之葉背光滑無毛。苞片絲狀長橢圓形,子房有毛。本變種和玉山柳（見本頁）極相似,但子房有毛及葉較小些等特徵可區別之。

　　特有變種,分布於台灣海拔 2,700 ～ 3,600 公尺山區,生長在山脊和峭壁上。

本變種和玉山柳極相似,但子房有毛可區別。

葉橢圓形,長 1.5 ～ 2.5 公分,成熟葉葉背光滑無毛。

匍匐之矮灌木。分布於海拔 2,700 ～ 3,600 公尺山區,生長在山脊和峭壁上。

水柳 特有種

屬名	柳屬
學名	*Salix warburgii* O. Seemen

喬木。芽扁平。葉披針形，長 7～11 公分，先端漸尖至銳尖，細鋸齒緣；葉柄前端有腺體狀突起；托葉卵形至腎形，長 0.5～1 公釐。花序下有葉片（苞葉）；雄花雄蕊 3～7 枚，花絲平滑無毛；雌花花序梗長 3～6 公分，子房無毛，有梗。

特有種，分布於台灣全島低海拔地區之水岸邊。

花及葉同時開展

雌花花序梗 3～6 公分，具苞葉；子房無毛，有梗。

花序下有葉片；雄花雄蕊 3～7，花絲無毛。

分布於台灣全島低海拔地區，生長於水岸邊。

魯花樹屬 SCOLOPIA

喬木或直立灌木，莖常具刺。葉革質，淺鈍齒狀鋸齒緣或全緣，基部大多具 2 腺體。花兩性，腋生，大多成總狀花序，偶簇生或單生；萼片 3～6 枚，宿存；花瓣與萼片同數；雄蕊較花冠長；花柱 1，宿存。漿果，球狀橢圓形。

莿柊

屬名	魯花樹屬
學名	*Scolopia chinensis* (Lour.) Clos

花瓣 4 或 5 枚，雄蕊多數。

常綠小喬木，樹幹基部和樹枝有稀刺。葉革質，橢圓形至長圓狀橢圓形，長 3～7 公分，基部兩側各有 1 腺體；三出脈，網脈兩面明顯。總狀花序，腋生或頂生，花小，淡黃色，花瓣 4～5 枚，倒卵狀長圓形，雄蕊多數。漿果圓球形，頂端有宿存之柱頭。與魯花樹區別在於本種葉基具腺體，花藥先端有毛。

分布於廣東、海南、廣西、福建、斯里蘭卡、老撾、越南、泰國、馬來西亞；台灣產於金門。

漿果圓球形，頂端有宿存柱頭。

總狀花序

葉革質，橢圓形至長圓狀橢圓形，三出脈，網脈兩面明顯，葉子較魯花樹小些。

魯花樹（俄氏莿柊）

屬名	魯花樹屬
學名	*Scolopia oldhamii* Hance

小枝無毛，偶具刺。葉無毛，卵形至長橢圓形，長達 7.5 公分，寬達 3 公分，先端圓至鈍，淺齒緣或全緣，脈兩面隆起。花徑約 6 公釐，萼片 5～6 枚，花瓣白至淡黃色，雄蕊多數。果徑約 8 公釐。

產於中國南部及菲律賓；台灣分布於海岸至低海拔地區。

果徑約 8 公釐，果熟紅色。

葉無毛，卵形至長橢圓形，先端圓至鈍，淺齒緣或全緣，脈兩面隆起。

花徑約 6 公釐，萼片 5 或 6，花瓣白至淡黃色。

柞木屬 XYLOSMA

喬木或灌木，葉腋常具刺。葉螺旋狀互生，紙質，鋸齒緣，無托葉。花腋生，大多單生，或成少花的短總狀花序，雌雄異株；萼片 4 ～ 8 枚，覆瓦狀，具緣毛；花瓣缺；雄蕊多數；柱頭二至三裂，花柱短或無。漿果，球狀，水分少。

柞木

屬名	柞木屬
學名	*Xylosma congesta* (Lour.) Merr.

幼樹具刺，枝條具明顯皮孔。葉卵形，長達 2.5 ～ 7.5 公分，寬達 4 公分，先端銳尖，基部圓，疏鋸齒緣，側脈 4 ～ 6 對。花黃白色，雄蕊多數，花萼四至五裂，常二型。

產於中國及日本；台灣分布於東部低海拔地區。

雄花黃白色，雄蕊多數，花萼四或五裂。

葉卵形，先端銳尖，基部圓，疏鋸齒緣。

堇菜科 VIOLACEAE

草本、藤本至木本。單葉，互生；托葉葉狀或小。花單生於葉腋，兩性稀單性，左右或輻射對稱；萼片5枚，宿存；花瓣5枚，底部中央者常較大且具距；雄蕊5枚，相互緊靠圍繞子房，上方花藥上部具膜質附屬物，下方二花藥常具距；子房上位，3心皮，1室。蒴果，3瓣裂。

　　台灣有2屬19種。

特徵

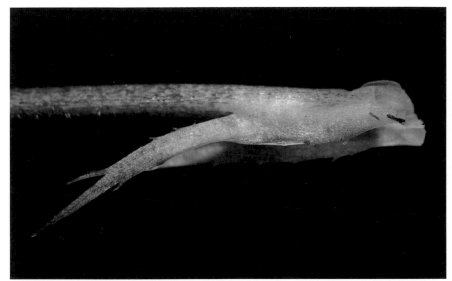

托葉葉狀或小（紫花地丁）

蒴果，3瓣裂。（台北堇菜）

底部中央之花瓣常較大且具距（紫花地丁）

花瓣5枚；雄蕊5枚，相互緊靠圍繞子房。（短毛堇菜）

鼠鞭草屬 HYBANTHUS

草本。葉互生，披針狀橢圓形，全緣至剪裂，近無柄，具 2 小托葉。花腋生，兩性，兩側對稱，具 2 苞片於花梗底端；萼片 5 枚，略呈三角形，全緣，宿存；花瓣 5 枚，位於後方者小而直，前方者呈唇狀且具短距；雄蕊 5 枚，位於下方 2 枚之基部具腺體，花絲短；子房 1 室，心皮 3，花柱底部屈膝狀。蒴果 3 瓣裂。

鼠鞭草

屬名	鼠鞭草屬
學名	*Hybanthus enneaspermus* (L.) F. Muell.

花瓣 5 枚，位於後方者小而直，前方者呈唇狀。

葉披針狀橢圓形，全緣至剪裂，近無柄，具 2 托葉。花具 2 苞片；萼片略呈三角形，宿存；花瓣位於後方者小而直，前方者成呈唇狀且具短距；下方 2 枚雄蕊之基部具腺體。

　　廣泛分布於非洲、馬達加斯加、印度、斯里蘭卡、中南半島、中國、菲律賓、婆羅洲、爪哇、新幾內亞及澳洲；台灣分布於恆春半島南方，生長於近海岸之草生地。

蒴果

葉近無柄，披針狀橢圓形，全緣至剪裂或淺鋸齒緣。

生長於近海岸之草生地

堇菜屬 VIOLA

葉 近圓形至線狀披針形，鋸齒緣或圓齒緣，具柄，托葉與葉柄分離或合生。花梗具 2 苞片，萼基部具附屬物。

喜岩堇菜 特有種

屬名	堇菜屬
學名	*Viola adenothrix* Hayata var. *adenothrix*

地下莖直立或斜上，節上生根。葉膜質、紙質或近革質，橢圓形、橢圓狀卵形或卵狀心形，先端銳尖，基部心形，淺圓齒緣，心基兩側近齒緣，近光滑至被直毛；葉柄長 1 ～ 15 公分；托葉長 3 ～ 16 公釐，具緣毛或呈剪裂狀。萼片披針形；花瓣灰紫色至近白色帶深色脈紋，倒卵形至倒披針形，基瓣先端截平，花距短，側花瓣基部有鬚毛。果實橢圓形。

特有種，分布於台灣中高海拔地區。

側瓣基部有毛

花形及花色多變，辨識重點為基瓣先端截平。此株為少見花瓣上有紅紋者。

花距短

葉膜質、紙質或近革質，橢圓狀卵形或卵狀心形，先端銳尖，基部心形。

雪山堇菜 特有種

屬名	堇菜屬
學名	*Viola adenothrix* Hayata var. *tsugitakaensis* (Masam.) J. C. Wang & T.C. Huang

葉紙質或近革質；葉面被稀少粗毛或光滑無毛。與承名變種（喜岩堇菜，見本頁）的區別在於其側花瓣內無鬚毛或鬚毛極稀少。

特有種，分布於台灣海拔 3,600 ～ 3,900 公尺之高山。

與喜岩堇菜的區別在於其側花瓣內無鬚毛或帶有極稀少的鬚毛

葉紙質或近革質，葉面粗毛稀少或光滑無毛。

如意草(匐堇菜)

屬名　堇菜屬
學名　*Viola arcuata* Blume

地下莖直立或斜上。葉闊箭形，偶卵形或圓形，先端突尖或鈍，基部闊心形，圓齒緣，兩面光滑或略被毛；葉柄長 1～14 公分，葉柄無翼；托葉披針形至長橢圓披針形，略齒緣。萼片披針形；花瓣白至灰紫色，帶暗脈紋，長橢圓形至倒披針形，先端凹。果實長橢圓形。

　　產於中國東北部、韓國及日本；台灣分布於中北部之中低海拔地區。

深色紋路之花朵

植株（許天銓攝）

箭葉堇菜

屬名　堇菜屬
學名　*Viola betonicifolia* J.E. Smith

地下莖直立或斜上。葉常線狀披針形至三角狀披針形，先端銳尖或圓鈍，基部平截，楔形或於花期時呈箭形，疏淺圓齒緣，有時基部兩側齒緣，葉柄長 1 ～ 15 公分，托葉披針形。萼片披針形；花瓣白至紫色，具暗色條紋，倒卵形，4 枚側花瓣基部皆有鬚毛。果實長橢圓形。

　　產於中國南部、印度及琉球；台灣分布於全島中低海拔地區。

瓣倒卵形，4 枚側瓣
基部皆有毛。

葉常線狀披針形至三角狀披針形，疏淺圓齒緣，有時基部兩側齒緣。

雙黃花堇菜

屬名　堇菜屬
學名　*Viola biflora* L.

莖細，斜上或直立。葉近革質，腎形至闊卵形，先端圓至鈍，基部心形，近圓齒緣或疏齒緣，上表面被直毛，下表面光滑；葉柄長 0.5 ～ 5 公分；托葉卵形至長橢圓形，離生。萼片線形或線狀長橢圓形；花瓣黃色，帶褐色紫條紋，長橢圓形至倒卵形，先端圓。果實橢圓形。

　　產於亞洲、歐洲及北美洲之高山地區及較高緯度區域；台灣分布於北、中部之高海拔地區，尤以雪山、南湖大山及合歡山為多。

花黃色，帶褐色
紫條紋。

葉近革質，腎形至闊卵形。

分布於台灣北、中部之高海拔地區，尤以雪山及合歡山為多，喜生於岩石區。

短毛菫菜（菲律賓菫菜）

屬名 菫菜屬
學名 *Viola confusa* Champ. *ex* Benth.

無地上莖。葉紙質，卵形或三角狀卵形至三角形，先端鈍或圓，基部心形或闊心形，圓齒緣或圓鋸齒緣，兩面光滑或被毛，葉柄長 2 ～ 25 公分，托葉線狀披針形至卵狀披針形。萼片披針形；花瓣紫色或紫紅色，倒卵形或倒披針形，花距細長，4 ～ 7 公釐，側花瓣有或無鬚毛。果實橢圓形。

　　產於中國南部、日本、琉球及菲律賓；台灣分布於全島低海拔地區。

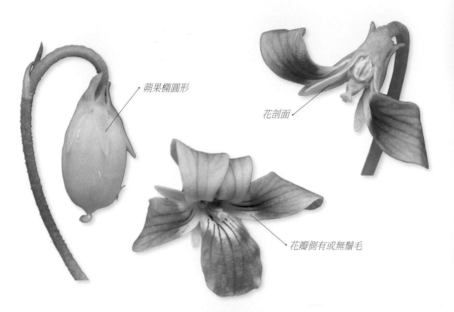

蒴果橢圓形

花剖面

花瓣側有或無鬚毛

花距細長，4 ～ 7 公釐。

葉紙質，卵形或三角狀卵形至三角形。

茶匙黃

屬名 菫菜屬
學名 *Viola diffusa* Ging.

地上莖高可達 38 公分，密生蓮座狀葉。葉近圓形至卵形或橢圓形，先端近銳尖至圓或鈍，基部楔形至淺心形，圓齒緣，兩面被直毛或近光滑；葉柄有下延翼，葉柄長 1～7 公分；托葉披針形至卵狀披針形，齒緣或具緣毛，離生。萼片披針形，具流蘇狀緣毛；花瓣灰紫色至近白色，倒卵形，側花瓣有鬚毛。果實橢圓形。

產於中國、印度、日本、琉球及菲律賓；台灣分布於全島低、中海拔地區。

側花瓣有鬚毛

果實橢圓形。萼片披針形，離生，具流蘇狀緣毛。

葉柄有下延翼

葉密生蓮座狀，近圓形至卵形，圓齒緣，兩面常被直毛。

台灣堇菜 特有種

屬名　堇菜屬
學名　*Viola formosana* Hayata var. *formosana*

具走莖，節上生根並密生蓮座狀葉。葉闊心形至圓形，先端銳尖至圓或
鈍，圓齒緣，下表面灰綠色或紫綠色；葉柄長 1～10 公分；托葉披針形，
先端具緣毛，兩側具緣毛或呈剪裂狀，近離生。萼片披針形；花瓣紫色
至近白色帶暗色條紋，卵狀楔形。果實球形至橢圓形。

　　特有種，分布於台灣全島低至中海拔地區。

花瓣先端常凹缺

偶見白色花之品系

具走莖，節上生根與葉。

葉闊心形至圓形，先端銳尖至圓或鈍。

花距

果實球形至橢圓形

川上氏堇菜 特有種

屬名　堇菜屬
學名　*Viola formosana* Hayata var. *stenopetala* (Hayata) J.C. Wang, T.C. Huang & T. Hashim.

承名變種（台灣堇菜，見前頁）之差別為葉三角狀心形，先端銳尖。

　　特有變種，分布於台灣全島低、中海拔地區。

花紫色至近白色，帶暗色條紋。

與台灣堇菜之差別為葉三角狀心形，先端銳尖。（楊智凱攝）

紫花堇菜

屬名　堇菜屬
學名　*Viola grypoceras* A. Gray

地上莖長約 15 公分。葉卵形或心狀卵形，先端銳尖或鈍，基部心形，圓齒緣；葉柄長 1～10 公分；托葉卵狀披針形至披針形，具剪裂狀緣毛，離生。萼片披針形；花瓣淡紫色，倒卵形，先端圓，花距長且常彎曲。果實橢圓形。

　　分布於台灣中北部之中海拔山區。

花淡紫色，花瓣倒卵形，先端圓。

葉卵形或心狀卵形，先端銳尖或鈍，基部心形，圓齒緣。

常大片開花

小菫菜

屬名	菫菜屬
學名	*Viola inconspicua* Blume subsp. *nagasakiensis* (W. Becker) J.C. Wang & T.C. Huang

無地上莖。葉三角狀卵形，先端銳尖，基部心形（兩側葉片基部圓形），圓齒緣；葉柄長 2 ～ 13 公分；托葉披針形，疏細齒緣，四分之三部分葉柄合生。萼片卵狀披針形至披針形；花瓣紫色至灰紫色，具暗色條紋，倒卵形，花距短。果實橢圓形。

　　分布於台灣全島低、中海拔地區。

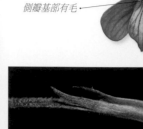

側瓣基部有毛

白色花

形托葉披針形

分布於台灣全島低、中海拔地區。

葉片近三角形

花距短

紫花地丁

屬名	菫菜屬
學名	*Viola mandshurica* W. Becker

無地上莖。葉線狀披針形或長橢圓形，花期時呈三角狀披針形，先端銳尖或鈍，基部楔形或截形，疏淺圓齒緣，基部常齒緣；葉柄長 6 ～ 15 公分；托葉披針形，四分之三部分葉柄合生。萼片卵狀披針形；花瓣常暗紫色，偶淡紫色或白色，倒卵形至倒披針形，花距大，側瓣有毛。果實長橢圓形或橢圓形。

　　產於中國東北、韓國及日本；台灣分布於全島中、高海拔地區。

托葉披針形，部分與葉柄合生。

花距大

花側瓣有毛。葉線狀披針形或長橢圓形，花期時呈三角狀披針形。

台北堇菜 特有種

屬名	堇菜屬
學名	*Viola nagasawae* Makino & Hayata var. *nagasawae*

常具走莖，節上生根與密生蓮座狀葉。葉卵形至橢圓形，先端圓或鈍，基部闊心形，上表面被直毛，下表面近光滑；葉柄長 1 ～ 7 公分；托葉線狀披針形至披針形，具疏剪裂狀緣毛。萼片線狀披針形至線形；花瓣灰紫色至近白色帶暗紫色條紋（基部中央花瓣），倒卵形，側花瓣基部無鬚毛。果實橢圓形。

特有種，分布於台灣北部之中海拔山區。

花色多樣，亦有較偏紫色品系。

果實橢圓形

花淡紫色至近白色，基部中央花瓣帶暗紫色條紋，側瓣基部無毛。

蒴果 3 瓣裂，露出種子。

葉卵形至橢圓形，先端圓或鈍，基部闊心形，上表面被直毛。

成片盛開

普萊氏菫菜 特有種

屬名	菫菜屬
學名	*Viola nagasawae* Makino & Hayata var. *pricei* (W. Becker) J.C. Wang & T.C. Huang

本變種之葉三角狀卵形至披針形，先端銳尖，兩面被直毛，側花瓣基部具鬚毛。

特有變種，分布於台灣中北部中海拔山區。

側瓣基部具毛
（趙建棣攝）

葉三角狀卵形至披針形，先端銳尖，兩面被直毛。

翠峰堇菜 特有種

屬名 堇菜屬
學名 *Viola obtusa* (Makino) Makino var. *tsuifengensis* Hashimoto

地上莖高 15 公分。基生葉卵狀心形,先端銳尖;莖生葉三角狀心形,先端銳尖至漸尖,基部淺心形至近平截,圓齒緣;葉柄長 0.5 ～ 2 公分;托葉披針形至線狀披針形,邊緣有流蘇狀細裂片。萼片披針形;花瓣淡紫色,長橢圓形至倒披針形,先端圓。果實橢圓形。

特有變種,分布於台灣中北部中海拔山區。

花淡紫色,花徑大。花瓣長橢圓形至倒披針形,先端圓。

托葉披針形至線狀披針形,邊緣有流蘇狀細裂片。

萼片披針形,距圓短。

具明顯地上莖

分布於台灣中北部中海拔山區

葉背灰紫色

莖生葉三角狀心形,先端銳尖至漸尖,基部淺心形。

尖山堇菜 特有種

屬名　堇菜屬
學名　*Viola senzanensis* Hayata

無地上莖，葉三角狀心形，先端銳尖或鈍，基部腎心形；葉柄長 2 ～ 11 公分；托葉披針形，三分之二部分葉柄合生。萼片卵狀披針形至披針形；花瓣近白色，帶暗紫色條紋，倒卵形至長橢圓形，側花瓣具鬚毛，但偶有光滑無毛者。果實長橢圓形或橢圓形。

特有種，分布於台灣中北部中高海拔地區。

葉呈卵狀三角形。花近白色，帶暗紫色條紋，側瓣基部有毛。分布海拔 2500 ～ 3500 公尺。

新竹堇菜 特有種

屬名　堇菜屬
學名　*Viola shinchikuensis* Yamamoto

地上莖長達 25 公分，節上生根與密生基生葉。葉心形，先端短漸尖或銳尖，基部心形，圓齒狀鋸齒緣，下表面灰綠色；葉柄長 3 ～ 10 公分；托葉狹披針形，邊緣流蘇狀剪裂。萼片狹披針形；花瓣灰紫色至近白色，並於先端呈黃綠色，基部中央花瓣帶暗紫色條紋；花柱先端具乳狀突起。果實球形。

分布於台灣全島中海拔山區。

花柱先端具乳狀突起

側瓣有毛

花距

具明顯地上莖。葉心形，先端短漸尖或銳尖，基部心形，圓齒狀鋸齒緣。　植株

心葉茶匙黃

屬名 堇菜屬
學名 *Viola tenuis* Benth.

地下莖相當纖細；地上莖長 12 公分，末端生根及密生基生葉。葉卵形或橢圓形，先端略鈍至圓，基部心形，圓齒緣至鋸齒狀圓齒緣，被直毛；葉柄長 1 ～ 7 公分，具翼；托葉披針形至卵狀披針形，齒緣至毛緣，離生。萼片披針形，具流蘇狀緣毛；花瓣灰紫色至近白色，倒卵形，側花瓣基部無鬚毛。果實橢圓形。

　　產於中國南部、菲律賓及新幾內亞；台灣分布於中南部中海拔山區。

花灰紫色至灰藍色（趙建棣攝）

植株矮小，全株密被毛。（趙建棣攝）

豆科 LEGUMINOSAE（FABACEAE）

草本、藤本、灌木或喬木，常具根瘤菌。單葉或一至二回羽狀複葉，一般互生，具葉枕。花序總狀或圓錐，少部分繖形或頭狀；花兩性，輻射對稱或兩側對稱；蝶形或近蝶形花瓣離生或部分聯合；花萼常五裂；花瓣 5；雄蕊常 9 ~ 10，少數超過 10 或少於 10，離生或合生成種種樣式，常形成二體雄蕊；子房上位，單一心皮。莢果。

　　以往，豆科底下區分為 3 亞科，於支序上，含羞草亞科及蝶形花亞科皆為支持度良好單系群，然而蘇木亞科為並系群，且用花部形態為主的分類方式無法完整解決此並系群的問題。2017 年 LPWG (Legume Phylogeny Working Group) 發表一篇報告，利用質體 matK 基因，將豆科劃分為 6 亞科，分別為紫荊亞科 (Cercioideae)、甘豆亞科 (Detarioideae)、山薑豆亞科 (Duparquetioideae)、酸欖豆亞科 (Dialioideae)、蘇木亞科 (Caesalpinioideae) 及蝶形花亞科 (Papilionoideae)，以前的含羞草亞科則為現今蘇木亞科內的一個支序。

　　依照該分類系統，臺灣產豆科植物涵蓋 4 個亞科，包含原生的紫荊亞科 (1 屬)、蘇木亞科 (8 屬) 及蝶形花亞科 (52 屬)，以及引進的甘豆亞科。

　　本卷介紹 81 屬 247 種。

特徵

甘豆亞科（羅望子，楊智凱攝）

紫荊亞科（菊花木，趙建棣攝）

蝶形花亞科（羽葉兔尾草，何郁庭攝）

蘇木亞科（金合歡，何郁庭攝）

雞母珠屬 ABRUS

木 質藤本，落葉性。偶數羽狀複葉，互生。總狀花序，花密集生在花序梗上；花萼鐘形，萼片等長；花冠蝶形，花瓣約等長；雄蕊 9 枚，聚合成筒，花藥同型；雌蕊心皮 1 枚，柱頭頭狀。莢果常圓形，膨大開裂，種子表面具紅色和黑二色。

雞母珠

屬名	雞母珠屬
學名	*Abrus precatorius* L.

攀緣藤本。偶數羽狀複葉，長 5 ～ 8 公分，具落葉性小葉；小葉 20 ～ 40 枚，菱形，長 2 ～ 3 公分，先端微凸。花瓣紅色或白色。莢果膨大，橢圓形。種子 4 ～ 6 粒，紅色，一邊具黑點。

產於熱帶地區；台灣分布於中南部次生林及山野之乾燥開闊處。

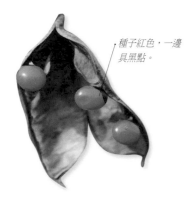

種子紅色，一邊具黑點。

花冠蝶形，花瓣約等長，粉紅色。

莢果膨大，橢圓形。生長於次生林及山野之乾燥開闊處。

偶數羽狀複葉，小葉 20 ～ 40 枚，先端微凸。

相思樹屬 ACACIA

灌木或喬木。二回羽狀複葉，或退化成假葉。頭狀花序球狀或圓筒狀，花輻射對稱；花萼鐘形或漏斗狀，萼片等長；花瓣黃色，下半部癒合；雄蕊多數，離生，花藥同型。莢果扁平。

相思樹

屬名	相思樹屬
學名	*Acacia confusa* Merr.

枝條平滑無刺。假葉無柄，鐮刀狀披針形，長 8 ～ 10 公分，3 ～ 5 平行脈。莢果有節，種子 7 ～ 8 粒。

　　分布於台灣全島低海拔次生林及荒廢地，普遍栽植。

頭狀花序球狀，黃色。

分布於台灣全島低海拔次生林，盛開時明顯。

植株

假葉無柄，鐮刀狀披針形，3 ～ 5 平行脈。

金合歡

屬名	相思樹屬
學名	*Acacia farnesiana* (L.) Willd.

枝條 Z 字形，具雙岔刺（由托葉硬化而形成）。羽狀複葉，小葉 10 ～ 20 對，長 4 ～ 7 公釐，葉柄頂端具腺體。莢果直或鐮形。

　　原產於熱帶美洲，目前因栽植而廣泛分布於熱帶地區；台灣南部山野偶見逸出。

偶數二回羽狀複葉，小葉 10 ～ 20 對。

頭狀花序黃色

台灣南部山野偶見栽植逸出

莖具雙岔刺

藤相思樹

屬名	相思樹屬
學名	*Acacia merrillii* I.C. Nielsen

攀緣性灌木,枝條及葉柄有稜,密布短倒刺。羽狀複葉,小葉 15 ～ 30 對,基部及葉柄頂端有腺體。莢果直,種子 8 ～ 12 粒。

產於東南亞地區;台灣多見於南部之低海拔次生林,其他地區偶見。

頭狀花序白色(郭明裕攝)

盛開植株(郭明裕攝)

植株(郭明裕攝)

攀緣性灌木,枝條及葉柄有稜,密布短倒刺。二回羽狀複葉,小葉 15 ～ 30 對。(謝佳倫攝)

合萌屬 AESCHYNOMENE

直立草本。奇數羽狀複葉。總狀花序，花萼深二唇化，花瓣黃色，二體雄蕊，每組各 5 枚雄蕊。莢果成熟時會斷成單一種子之莢節。

敏感合萌

屬名	合萌屬
學名	*Aeschynomene americana* L.

全株被黏性腺毛。小葉 15 ～ 20 對，長 8 ～ 10 公釐，先端鈍，葉背被灰毛。花序具 2 ～ 4 朵花。莢果於節間深凹而形成一明顯缺口。

產於美國；台灣於中南部栽培，普遍歸化於平野之乾燥開闊處。

莢果於節間深凹而形成一明顯缺口

花瓣黃色

小葉 15 ～ 20 對，先端鈍，長 8 ～ 10 公釐。

植株

合萌

屬名	合萌屬
學名	*Aeschynomene indica* L.

全株平滑無毛。小葉 20 ～ 30 對，長 10 ～ 15 公釐，先端鈍。莢果於節間不形成明顯缺口。

分布於熱帶地區；台灣見於全島低海拔之開闊潮濕地。

蝶形花 (謝佳倫攝)

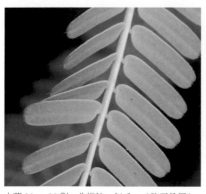
小葉 20 ～ 30 對，先端鈍，無毛。（許天銓攝）

莢果於節間不形成明顯缺口（許天銓攝）

直立草本，莖葉光滑。（許天銓攝）

合歡屬 ALBIZIA

喬

喬木。二回偶數羽狀複葉，小葉歪基。頭狀花序球形。花萼鐘形或漏斗狀，花瓣漏斗形；單體雄蕊，上部分離，雄蕊多數。莢果舌狀扁平。

楢樹

屬名　合歡屬
學名　*Albizia chinensis* (Osbeck) Merr.

喬木，高達 10 公尺以上，小枝被黃色柔毛。二回羽狀複葉，羽片 6 ～ 12，總葉柄基部及葉軸上有腺體；小葉 20 ～ 35 對，長橢圓形，長 6 ～ 10 公釐，寬 2 ～ 3 公釐，先端漸尖，基部近截平，具緣毛，下表面被長柔毛，中脈緊靠上邊緣，無柄；托葉大，膜質，心形，先端有小尖頭，早落。頭狀花序，花 10 ～ 20 朵，生於長短不同，密被柔毛的總花梗上，再排成頂生的圓錐花序；花綠白色或淡黃色，密被黃褐色茸毛；花萼漏斗狀，長約 3 公釐，有 5 短齒；花冠長約為花萼的 2 倍，裂片卵狀三角形；雄蕊長約 25 公釐；子房被黃褐色柔毛。莢果扁平，長 10 ～ 15 公分。

產於中國、南亞及東南亞；台灣分布於桃園、南投。

花

莢果扁平

二回羽狀複葉。羽片 6 ～ 12 對。小葉 20 ～ 35 對。

喬木

小葉長橢圓形，先端漸尖，基部近截平，具緣毛，下表面被長柔毛，中脈緊靠上邊緣，無柄。

葉柄基部有腺體

合歡

屬名　合歡屬
學名　*Albizia julibrissin* Durazz.

枝條無毛。葉具 6 ～ 12 對羽片，每一羽片具 30 ～ 50 枚小葉，腺體位
在總葉柄中部；小葉披針形，長 8 ～ 13 公釐，寬 2 ～ 4 公釐。總狀圓
球形頭狀花序，花粉紅色。

　　產於伊朗至中國；台灣分布於全島中、低海拔之溪河邊。

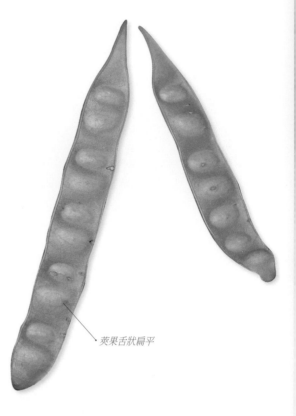

莢果舌狀扁平

花粉紅色

葉 6 ～ 12 羽片，每一羽片具 30 ～ 50 披針形小葉。

山合歡

屬名	合歡屬
學名	*Albizia kalkora* (Roxb.) Prain

枝條被毛。葉具 4～8 羽片，每一羽片具 12～26 枚小葉，腺體位在總葉柄近中部；小葉橢圓形，長 1.5～2.5 公分，寬 0.6～0.8 公分，先端具小突起。簇集圓球形頭狀花序，花瓣黃白色，外被毛狀物；雄蕊花絲長度約花瓣長度之 4～5 倍。莢果深褐色，寬可達 3 公分。

　　產於印度、越南、緬甸至中國；台灣分布於全島中低海拔雜林中。

簇集圓球形頭狀花序，花瓣黃白色。

小葉先端具小突起

腺體位在總葉柄近中部

樹形

葉 4～8 羽片，每一羽片具 12～26 橢圓形小葉。

大葉合歡

屬名	合歡屬
學名	*Albizia lebbeck* (L.) Benth.

枝條無毛。葉具 2～8 枚羽片，每一羽片具 10～20 枚橢圓形小葉，腺體位在總葉柄基部上方約 1.5 公分處。簇集圓球形頭狀花序，花淡綠黃色。莢果成熟時黃褐色。

　　產於東半球熱帶地區；台灣於全島低海拔栽植，並已歸化。

莢果扁平

花淡綠黃色

植株

葉 2～8 羽片，每一羽片 10～20 橢圓形小葉。

黃豆樹

屬名　合歡屬
學名　*Albizia procera* (Roxb.) Benth.

枝條無毛。葉具 6 ～ 10 枚羽片，每一羽片具 10 ～ 20 枚橢圓形至卵形小葉，腺體位在總葉柄基部上方 1 ～ 2.5 公分處。總狀圓球形頭狀花序，花淺綠白色，雄蕊花絲長度約花瓣長度之 1.5 ～ 2.5 倍。莢果深褐色至紅褐色。

　　產於印度、東南亞至中國及澳洲；台灣分布於南部之開闊乾燥地。

花淺綠白色，雄蕊花絲長度約花瓣長度 1.5 ～ 2.5 倍。（林家榮攝）

總狀圓球形頭狀花序（林家榮攝）

葉 6 ～ 10 羽片，每一羽片 10 ～ 20 橢圓形至卵形小葉。（林家榮攝）

蘭嶼合歡

屬名　合歡屬
學名　*Albizia retusa* Benth.

枝條微被毛。葉具 6 ～ 10 枚羽片，每一羽片具 10 ～ 18 枚卵形至菱形小葉，腺體在總葉柄基部上方約 0.5 公分處。總狀圓球形頭狀花序，花瓣白色。莢果黃色。

　　產於爪哇、菲律賓、琉球及密克羅尼西亞群島；台灣分布於恆春半島及蘭嶼海邊。

葉 6 ～ 10 枚羽片，每一羽片有 10 ～ 18 卵形至菱形小葉。

莢果扁平（呂順泉攝）

鏈莢豆屬 ALYSICARPUS

至多年生草本。單葉,托葉乾膜質。總狀花序,上方 2 枚萼片合生,略長於其餘 3 枚;二體雄蕊,9+1,花藥同型。莢果由多數單種子之節所組成,不開裂。

長葉鏈莢豆

屬名	鏈莢豆屬
學名	*Alysicarpus bupleurifolius* (L.) DC.

多年生草本,常於莖基部分枝,莖及葉背近光滑。葉一型,線形,長 2 ～ 5 公分,寬 3 ～ 4 公釐,先端漸尖。總狀花序,長 10 ～ 15 公分,花橘黃,但唇瓣及龍骨瓣偶橘紅色。莢果 4 ～ 6 節,無毛。

產於印度、東南亞、玻里尼西亞及中國;台灣分布於南部及東部低海拔開闊之廢棄地及草地,不常見。

授粉者造訪後花蕊露出

葉一型,線形,先端漸尖。

花橘黃至紅色

圓葉鏈莢豆

屬名　鏈莢豆屬
學名　*Alysicarpus ovalifolius* (Schum.) Leonard

一年生草本。葉兩型,披針形及卵形至橢圓形,長1.5～5公分,寬1～4公分,先端鈍至微凹。花序長於4公分,花疏生,橘黃色或紅色。莢果4～7節,圓柱形,被鉤毛。

　　產於熱帶非洲、馬達加斯加及亞洲;台灣分布於全島低海拔之開闊地。

花橘紅色,
果熟黑色。

二體雄蕊,9+1。

莢果表面被毛,圓柱形。

花序較鏈莢豆長,花之排列也較為鬆散。

皺果鏈莢豆

屬名　鏈莢豆屬
學名　*Alysicarpus rugosus* (Willd.) DC.

多年生草本。葉一型，橢圓形，長 4 ～ 12 公分，寬 2 ～ 4 公分，先端微凹。花序長 3 ～ 8 公分，花密集，橘紅色。莢果包在宿存萼片內，3 ～ 5 節，皺縮，被鉤毛。

　　產於熱帶非洲、馬達加斯加及喜馬拉雅山區、印度、斯里蘭卡、馬來西亞東南部、中國及澳洲；歸化於台灣南部乾燥開闊之荒廢地及空地，如墾丁及恆春一帶。

葉一型，橢圓形。（謝佳倫攝）

莢果被宿存萼片所包住（謝佳倫攝）

原為畜產試驗所恆春分所引進作為牧草使用，早期可在附近草地發現植株，目前已無再發現該植物在墾丁區域。（謝佳倫攝）

鏈莢豆

屬名　鏈莢豆屬
學名　*Alysicarpus vaginalis* (L.) DC.

多年生草本。葉披針形及倒卵形至橢圓形，長 1.5 ～ 5 公分，寬 1 ～ 4 公分，先端鈍至微凹。花序短於 5 公分，花密集，紫紅色。莢果 4 ～ 8 節，光滑無毛或被鉤毛。曾有黃花鏈莢豆（var. *taiwanensis* S.S. Ying）之發表，差別在於其花為黃色。圓葉鏈莢豆（*A. ovalifolius*，見前頁）與鏈莢豆（*A. vaginalis*）非常相似，根據 Adema 的處理（2003, Blumea 48:145-152），認為在有些地區，這兩種很難區分，而將此二種併為同一種鏈莢豆（*Alysicarpus vaginalis*）。

　　產於東半球熱帶地區；台灣分布於全島低海拔之荒廢地、草地。

莢果光滑者

花紅黃色，密集。

葉披針形及倒卵形至橢圓形

野毛扁豆屬 AMPHICARPAEA

多 年生草本。三出葉，具小托葉。花單生或總狀花序；花兩型，閉鎖花無花瓣，生於莖下部；花萼筒狀，裂片各片明顯，不等長；花冠蝶形，旗瓣及翼瓣具距；二體雄蕊，9+1。莢果平直不收縮，無節。

野毛扁豆

屬名	野毛扁豆屬
學名	*Amphicarpaea bracteata* (L.) Fernald var. *japonica* (Oliver) Ohashi

纏繞性草本，被密毛。頂小葉卵形，長 3 ～ 6 公分，先端尖，兩面被絨毛。花少，白色，旗瓣先端紫色，花萼筒狀，表面被毛。莢果無毛或被毛。

　　產於日本及中國大陸；台灣分布於中南部中海拔山區林緣及半遮蔭路旁。

莢果刀形，無毛或被毛。

花萼筒狀，萼片各片明顯，不等長，表面被毛。

纏繞性草本。三出葉，頂小葉卵形，先端尖，葉兩面被絨毛。

土圞兒屬 APIOS

纏 繞性草本。奇數羽狀複葉，小葉 3 ～ 7 枚，具小托葉。總狀花序；花萼鐘形或二唇化；花冠蝶形，龍骨瓣長過旗瓣，龍骨瓣內捲或螺旋狀捲曲，與花柱連接；二體雄蕊，9+1；花柱彎曲或半圓形或圓形。莢果，線形。

台灣土圞兒 特有種

屬名	土圞兒屬
學名	*Apios taiwanianus* Hosokawa

半灌木狀草本，疏被毛。小葉 7 枚，偶有 5 枚，卵形至披針形，長 3 ～ 5 公分，寬 1.5 ～ 2.5 公分，先端漸尖。花黃紫色，易落，不易結果。

　　特有種，分布於台灣中南部中海拔之林緣及草地，稀有，曾紀錄於能高越嶺、武陵及四季等地。

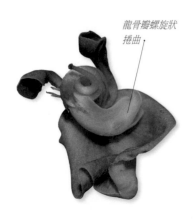

龍骨瓣螺旋狀捲曲

花柱彎曲

半灌木狀草本，疏被毛。

奇數羽狀複葉，小葉 5 ～ 7 枚，卵形至披針形，長 3 ～ 5 公分。

頜垂豆屬 ARCHIDENDRON

喬 木。二回偶數羽狀複葉，小葉歪斜。圓球狀頭狀花序；花輻射對稱，花萼鐘形或漏斗形，花冠漏斗形；單體雄蕊，雄蕊多數，基部合生成筒。莢果，縫線加厚，果熟開裂扭捲，種子懸垂。

頜垂豆

屬名	頜垂豆屬
學名	*Archidendron lucidum* (Benth.) Nielsen

枝條被褐毛。葉具 1～2 對羽片，每一羽片具 3～4 枚小葉；小葉對生或互生，橢圓形，長 6～9 公分，寬 2～3 公分，先端漸尖。莢果彎曲成環狀，果熟開裂扭捲，種子懸垂。

　　產於東南亞至香港、海南島及琉球；台灣分布於全島低海拔之次生林及荒廢地。

頭花白色

莢果彎曲成環狀

單體雄蕊，雄蕊多數，基部合生成筒。

葉 1～2 對羽片，每一羽片 3～4 枚小葉。

果熟開裂扭捲，種子懸垂。

紫雲英屬 ASTRAGALUS

草本。奇數羽狀複葉。繖房花序聚集於花莖頂端；花萼筒狀或鐘形，五裂，等長或底部較長；花冠蝶形；二體雄蕊，9+1。莢果膨大，線形或長橢圓形。

南湖大山紫雲英 特有種

屬名　紫雲英屬

學名　*Astragalus nankotaizanensis* Sasaki

多年生草本，被剛毛 20 ～ 30 公分高。小葉 13 ～ 19 枚，橢圓形或披針形，長 7 ～ 12 公釐，先端微凸。花 4 ～ 6 朵，黃色。莢果被毛，先端長鳥嘴狀。

　　特有種，分布於台灣北部高海拔山區，主要產於南湖大山。

莢果表面被毛，先端長鳥嘴狀。

生長於南湖圈谷內石縫及灌叢間（許天銓攝）

花瓣淡黃，萼筒被毛。（許天銓攝）

小葉 13 ～ 19 枚，橢圓形或披針形。花黃色。

能高大山紫雲英 特有種

屬名	紫雲英屬
學名	*Astragalus nokoensis* Sasaki

一年生草本，無毛。小葉 11 ～ 13 枚，倒卵形，長 6 ～ 13 公釐，寬 4 ～ 7 公釐，先端微凹。花 5 ～ 8 朵，藍色或白色，萼筒鐘狀，5 公釐長，有 5 枚齒尖。莢果無毛，先端長鳥嘴狀。

特有種，分布於台灣中部高海拔山區。

花 5 ～ 8 朵，紫紅色、藍色或白色。

莢果無毛，先端長鳥嘴狀。

繖房花序，花聚集於花莖頂端。

小葉 11 ～ 13 枚，倒卵形，先端微凹。

紫雲英

屬名	紫雲英屬
學名	*Astragalus sinicus* L.

二年生草本，無毛，10 ～ 25 公分高。小葉 9 ～ 11 枚，倒卵形至橢圓形，長 2 ～ 15 公釐，先端圓或微凹。花 7 ～ 10 朵，紫色。莢果無毛，先端長鳥嘴狀。

產於日本及中國大陸；台灣見於北部之草地。

莢果光滑

果熟時黑色

小葉 9 ～ 11 枚，倒卵形至橢圓形，先端圓或微凹。

花紫紅色，分布於台灣北部草地。

羊蹄甲屬 BAUHINIA

喬木或木質藤本。單葉，先端二裂。總狀花序；花萼筒狀或鐘形，頂部具花盤；花瓣 5 枚，約等長，具明顯之柄；有藥雄蕊 2 ～ 10 枚，離生。莢果線形或橢圓形，扁平。

菊花木

屬名	羊蹄甲屬
學名	*Bauhinia championii* (Benth.) Benth.

大型木質藤本。葉略近心形，長 6 ～ 9 公分，寬 4 ～ 6 公分，先端裂最多至三分之一處。花小型，多數，不顯眼，黃白色，花瓣 5 枚，卵形，淺波狀緣；完全雄蕊 3 枚，長長的伸出花外。莢果扁平，長約 3 ～ 10 公分，有毛或無毛。

　　產於中國華南；台灣分布於全島低海拔灌叢及森林。

莢果扁平

總狀花序，花黃白色

葉略近心形

花瓣 5 枚，卵形，淺波狀緣，完全雄蕊 3 枚。

大型木質藤本

羊蹄甲

屬名	羊蹄甲屬
學名	*Bauhinia variegata* L.

小喬木，幼枝被灰色毛。葉寬卵形至圓形，通常寬大於長，徑 6 ～ 16 公分，脈 11 ～ 13，兩面無毛，先端裂至四分之一至三分之一處，裂片通常向中肋彎折，先端圓。花瓣淡桃紅色，倒卵形，上方 3 枚邊緣稍重疊或靠近，雄蕊通常 5 枚。莢果長 20 ～ 30 公分。

　　產於中國及印度；台灣全島平地普遍栽植。

開花時幾無葉

蘇木屬 CAESALPINIA

灌木、喬木或木質藤本。二回偶數羽狀複葉,小葉近對生。總狀花序;萼片五深裂,最底 1 枚最長,花盤位於底部;花瓣具明顯之花瓣柄,黃色;雄蕊 10 枚,離生。莢果長橢圓形或舌形,扁平、厚實,平滑或具刺。

老虎心

屬名	蘇木屬
學名	*Caesalpinia bonduc* (L.) Roxb.

木質有刺藤本。二回羽狀複葉,長約 1 公尺,主軸有彎刺;6 ～ 11 對羽片,每一羽片具 6 ～ 12 對小葉;小葉卵形至橢圓形,長 1 ～ 6 公分,先端圓或銳尖。總狀花序腋生,花黃色,徑約 1 公分。莢果長約 6 公分,長橢圓形,扁平,被細刺,具喙。種子成熟時白色。

　　廣布於熱帶地區;台灣分布於南部海岸、東北角及蘭嶼灌叢中。

花徑約 1 公分,花心常紅色。

總狀花序腋生。生長在近海之野地,隨著環境變遷,族群漸稀少。

莢果長約 6 公分,被細刺。

二回羽狀複葉,長約 1 公尺,主軸具彎刺,6 ～ 11 對羽片,每一羽片 6 ～ 12 對小葉,小葉卵形至橢圓形。

搭肉刺

屬名	蘇木屬
學名	*Caesalpinia crista* L.

攀緣性灌木,無毛,枝條有刺。葉具 2 ～ 4 對羽片,每一羽片具 2 ～ 4 對小葉,小葉卵形至披針形,長 2 ～ 5 公分,先端圓至漸尖。雄蕊花絲密被絨毛。莢果無刺,具喙。

　　產於印度、馬來西亞、大陸、琉球及日本;台灣分布於全島近海灌叢中。

雄蕊花絲密被絨毛

莢果無刺

攀緣性灌木,無毛,枝條有刺。

葉 2 ～ 4 對羽片,每一羽片 2 ～ 4 對小葉,小葉卵形至披針形。

雲實

屬名 蘇木屬

學名 *Caesalpinia decapetala* (Roth) Alston

灌木，被棕毛。葉具 4 ～ 9 對羽片，每一羽片具 7 ～ 12 對小葉，小葉橢圓狀倒卵形，長 1.2 ～ 2.5 公分，先端圓至截形。總狀花序頂生；花瓣長 1 ～ 1.5 公分，黃色，最上位花瓣（旗瓣）有紅色脈紋或斑塊；雄蕊稍長於花冠，花絲下半部密生絨毛。莢果線形，無刺，具喙。

　　產於印度、喜馬拉雅山區、東南亞、馬來西亞、中國、韓國及日本；台灣分布於全島低海拔草生地、灌叢及林緣，不常見。

葉軸背面具刺（郭明裕攝）

旗瓣有紅色脈紋或斑塊（郭明裕攝）

莢果線形，無刺，具喙。（謝宗欣攝）

葉 4 ～ 9 對羽片，每一羽片 7 ～ 12 對小葉，小葉橢圓狀倒卵形。

大型總狀花序叢生小枝頂端（彭鏡毅攝）

蓮實藤

屬名　蘇木屬
學名　*Caesalpinia minax* Hance

蔓性大藤本，莖長 5 ～ 15 公尺，粗壯，有多數分枝，莖、枝及葉軸具鉤刺。葉具 7 ～ 9 對羽片，每一羽片具 8 ～ 12 對小葉，小葉橢圓形，長 2.5 ～ 5 公分，先端漸尖至小尖突。總狀花序，長 10 ～ 40 公分，頂生枝端；花多數，乳黃色，旗瓣有紅色脈紋或斑塊。莢果有刺，具喙。種子成熟時黑色。

　　產於中國華南、泰國；台灣分布於中南部低海拔山區之灌叢及森林中，不常見。

總狀花序，頂生枝端。（呂順泉攝）

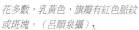
花多數，乳黃色，旗瓣有紅色脈紋或斑塊。（呂順泉攝）

種子熟時黑色

莢果有刺，具喙。

蔓性大藤本，莖粗壯，具有多數分枝，莖、樹枝及葉軸具鉤刺。

木豆屬 CAJANUS

草本、藤本至大型灌木。三出葉，葉通常在下表皮具腺點，托葉甚小或無。花單生或成總狀花序，腋生；花萼筒狀或鐘形，上方2枚癒合；花冠蝶形。莢果橢圓形，種間下凹或具橫線。

木豆

屬名	木豆屬
學名	*Cajanus cajan* (L.) Ruth

莢果略作鐮刀狀，先端具尖嘴。

灌木，被灰毛。葉互生，三出複葉，小葉長橢圓狀披針形，長3～10公分，寬1～3公分，基部漸狹，先端漸尖，全緣，兩面密生毛茸及腺點，側脈6～8對。花瓣黃紅色。莢果長橢圓形，長3.5～8.5公分，寬0.7～1.2公分，略作鐮刀狀，先端具尖嘴。

原產於印度；台灣於全島栽培及逸出。

花瓣黃紅色

三出複葉，小葉長橢圓狀披針形，全緣，兩面密生毛茸。

灌木，被灰毛。

蔓蟲豆

屬名	木豆屬
學名	*Cajanus scarabaeoides* (L.) du Petit-Thouars

攀緣性草本，被毛。三出複葉，近革質，小葉倒卵形至橢圓形，長1.5～3公分，兩面被毛及腺點，先端鈍，側生小葉歪斜。總狀花序，腋生，花1～6朵；花冠蝶形，黃色，常有淡紅暈；花萼外面有毛茸。莢果長1～2公分，密被褐色毛，具喙，種間具顯著下陷橫條。

產於印度、馬達加斯加、馬來西亞及中國；台灣分布於全島低海拔之開闊地。

黃色蝶形花冠，花萼外面有毛茸。

攀緣性草本，被毛。三出複葉，近革質，葉脈清楚。

莢果長1～2公分，密被褐色毛。

雞血藤屬 CALLERYA

大藤木，或蔓性灌稀為喬木。莖光滑，大多落葉。奇數羽狀複葉，小托葉三角形，宿存或早葉；小葉對生。腋生或頂生總狀花序，有時成腋生或頂生圓錐花序；苞片短於或長於小花，通常早落。花萼通常楔形並具短齒。花冠從無毛到密生毛狀物，兩體雄蕊（9+1）；子房有時候具子房柄。豆莢不開裂或緩慢地開裂，薄至厚木質，扁平或膨脹；腹縫線無翅，有時變厚。莢果內具種子 1 ～ 9，圓形；胚根折疊。

光葉魚藤

屬名	雞血藤屬
學名	*Callerya nitida* (Benth.) R. Geesink

木質藤本，幼枝被鏽色絨毛，成枝無毛。小葉 3 ～ 5，通常 5 枚；頂小葉卵形至長橢圓形，長 5 ～ 8 公分，寬 2 ～ 3 公分，先端銳尖至圓，無毛。圓錐花序，頂生；花萼被褐色毛；花紫色，旗瓣長約 2.5 公分，外被長毛。莢果鐮刀形，長 7 ～ 10 公分，被曲柔毛，成熟時不開裂。

　　產於中國華南；台灣分布於中部低海拔山區之林緣及溪旁。

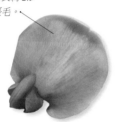

花紫色，旗瓣長約 2.5 公分，外被長毛。

結果期之植株，果表被毛。

木質藤本，圓錐花序著生枝端。小葉通常 5 枚。

老荊藤

屬名	雞血藤屬
學名	*Callerya reticulata* (Benth.) Schot

攀緣性灌木。小葉 5 ～ 11 枚，頂小葉卵形，長 3 ～ 9 公分，寬 1.5 ～ 5 公分，先端鈍，近無毛或被疏毛。頂生直立圓錐花序，花暗紫紅色，萼略平滑，旗瓣光滑。莢果長橢圓形，長可達 12 公分，成熟時不開裂。

　　產於中國華南；台灣分布於全島中、低海拔之山區林緣或溪旁樹冠層。

花暗紫紅色，萼略平滑，旗瓣光滑。

頂生直立圓錐花序。小葉 5 ～ 9 枚。

莢果長橢圓形，長可達 12 公分。

擬大豆屬 CALOPOGONIUM

纏繞性草本，密被絹毛。三出葉。繖形花序；花萼鐘形，五深裂；花冠蝶形，旗瓣先端凹；二體雄蕊，9+1。莢果膨大。

擬大豆

屬名	擬大豆屬
學名	*Calopogonium mucunoides* Desv.

一年生草本。三出葉，小葉密生絨毛，頂小葉寬卵形，長3～7公分，寬2～5公分，先端銳尖，側生小葉歪斜。花瓣粉紅色或藍紫色。莢果，線形，密生毛茸。

產於東半球熱帶地區；台灣分布於中南部之荒廢地。

繖形花序，花紫紅色。（許天銓攝）

纏繞性草本，密被絹毛。三出複葉。（郭明裕攝）

豆莢線形，密生毛茸。（郭明裕攝）

彎龍骨屬 CAMPYLOTROPIS

三出葉，剛毛狀托葉宿存，無小托葉。腋生總狀花序或頂生圓錐花序；花萼鐘形，五深裂，底部裂片最長；花冠蝶形，紫色；二體雄蕊，9+1。莢果，彎曲，具喙，表面具網紋。種子單粒。

彎龍骨

屬名	彎龍骨屬
學名	*Campylotropis giraldii* (Schindl.) Schindl.

三出複葉，小葉倒卵形至橢圓形，長2～3公分，先端微凹，並具突出針狀物，上表面光滑無毛，下表面有軟毛。花冠蝶形，紫色，旗瓣有綠或黃色脈紋或斑塊。莢果長橢圓形，具喙，表面具網紋，邊緣有毛。

產於中國；台灣分布於中部及東部灌叢中。

莢果長橢圓，具喙，邊緣有毛。

小葉先端微凹，具突出針狀物。

葉背與葉柄背毛

灌木。腋生總狀花序或頂生圓錐花序。三出複葉。

花蝶形，紫色，旗瓣有綠或黃色脈紋或斑塊。

刀豆屬 CANAVALIA

攀緣 緣性草本。三出葉。總狀花序；花萼合生，筒狀或鐘狀，五裂，上方2萼片合生，二唇化；花冠蝶形，花瓣覆瓦狀排列，旗瓣包圍翼瓣，翼瓣鐮刀狀，與龍骨瓣等長，龍骨瓣與花柱連接；雄蕊10枚，合生成管狀之單體雄蕊。莢果扁平。

小果刀豆

屬名 刀豆屬
學名 *Canavalia cathartica* Thouars

多年生草本。頂小葉卵形，長 8 ～ 15 公分，先端漸尖，基部圓或近心形，被伏毛。莢果長 10 ～ 14 公分。

　　產於印度、馬來西亞及中國華南；台灣僅紀錄於六龜及蘭嶼。

花（謝佳倫攝）

植株

頂小葉卵形，先端漸尖，基部圓或近心形。（郭明裕攝）

花序（謝佳倫攝）

關刀豆

屬名 刀豆屬
學名 *Canavalia ensiformis* DC.

一年生草本。頂小葉卵形至卵狀橢圓形，長 5 ～ 20 公分，先端銳尖至微凸，基部楔形，近無毛。花粉紅色。莢果，長 15 ～ 35 公分，寬 2.5 ～ 4 公分，先端尖。種子成熟時白色。

　　原產於墨西哥、巴西、祕魯及西印度群島；台灣於全島栽培及逸出。

花粉紅色

莢果長 15 ～ 35 公分，寬 2.5 ～ 4 公分，先端尖。

頂小葉卵形至卵狀橢圓形，近無毛，先端銳尖至微凸。

肥豬豆

屬名　刀豆屬
學名　*Canavalia lineata* (Thunb. *ex* Murray) DC.

多年生草本。頂小葉卵形，長 5 ～ 10 公分，先端鈍至微凹，基部楔形，上表面被伏毛，下表面光滑無毛。花淡粉紅色。莢果長 5 ～ 6 公分。肥豬豆的花與濱刀豆（見本頁）近似，但花色較淡，偏粉紅色，而濱刀豆則顏色較深，紫紅色。

　　產於日本、琉球及中國；台灣分布於全島海邊或低海拔之沙質地。

花粉紅色

花序

莢果長 5 ～ 6 公分

濱刀豆

屬名　刀豆屬
學名　*Canavalia martima* Thouars

多年生草本。頂小葉寬卵形，長 7 ～ 9 公分，先端凹，基部楔形。花紫紅色。莢果長 7 ～ 9 公分。與肥豬豆（見本頁）相近，但肥豬豆的果莢較短胖，先端急縮呈歪斜尖突，且固定偏向腹縫線一側，濱刀豆果莢先端則呈三角尖狀。

　　產於熱帶地區；台灣分布於中南部及東部海邊之沙地。

花瓣顏色較深，紫紅色。

莢果熟時較厚實

頂小葉寬卵形，長先端凹形，基部楔形。

山珠豆屬 CENTROSEMA

藤本。三出複葉，具小托葉。總狀花序；花萼鐘形，上方 2 枚合生，最底 1 枚最長；花冠蝶形，旗瓣具距，龍骨瓣內曲；二體雄蕊，9+1。莢果線形，具縱脊。

莢果，扁平，線形，先端長漸尖。

山珠豆

屬名	山珠豆屬
學名	*Centrosema pubescens* Benth.

多年生蔓性草本，被毛。三出複葉，頂小葉橢圓形，長 5 ～ 6 公分，寬 3 ～ 3.5 公分。總狀花序，腋生，花 3 ～ 5 朵；苞片闊卵形；花萼鐘形，五裂，萼片長 3 ～ 5 公釐；花冠蝶形，白色、紫色或粉紅色，旗瓣較翼瓣長，翼瓣鐮刀狀倒卵形，龍骨瓣內曲。莢果長 4 ～ 10 公分，扁平，線形，表面被毛或近光滑。

原產於美國南部；台灣於中南部低海拔地區栽培及逸出。

花 3 ～ 5 朵，白色、紫色或淺紫色，龍骨瓣內曲。

多年生蔓性被毛草本。三出複葉，頂小葉橢圓形。

假含羞草屬 CHAMAECRISTA

草本、灌木或喬木。一回偶數羽狀複葉，具腺點，葉緣纖毛，先端刺尖，對碰觸多少敏感。花單生或總狀花序；花萼鐘形，五深裂，最底 1 枚最長；花瓣等長，黃色；雄蕊離生，其中 1 ～ 3 枚可能退化。莢果線形，成熟時彈開，果瓣捲繞。

鵝鑾鼻決明 特有種

屬名	假含羞草屬
學名	*Chamaecrista garambiensis* (Hosokawa) Ohashi

多年生匍匐草本。小葉歪斜，14 ～ 24 枚，橢圓形，長約 5 公釐，寬 1 ～ 2 公釐，先端具小刺尖。雄蕊 9 枚。莢果長 3 ～ 4 公分，線形，扁平，被白毛。

特有種，產於恆春半島。

花瓣不等長，黃色。雄蕊 9 枚，其中 1 ～ 3 枚可能退化。

小葉歪斜，14 ～ 24 對，橢圓形，先端具小刺尖。

匍匐草本。莢果長 3 ～ 4 公分，線形，扁平，被白毛。

大葉假含羞草

屬名　假含羞草屬

學名　*Chamaecrista leschenaultiana* (DC.) O. Deg.

直立半灌木或匍匐草本。小葉 14 ～ 24 對，橢圓形，長 5 ～ 12 公釐，寬 2 ～ 3 公釐。花黃色，擴展，單生或 2 ～ 3 朵呈總狀花序，腋生；花瓣橢圓形至圓形，長 7 ～ 9 公釐，寬 3.5 ～ 5 公釐，先端鈍或圓；雄蕊 10 枚，其中 1 或 2 枚為退化雄蕊，最長的雄蕊多呈紅色；子房密生毛茸。莢果線形，扁平，長 2.5 ～ 5 公分，寬 3.5 ～ 4 公釐，初時密生毛茸，後則部分褪落，內有種子 8 ～ 16 枚。

　　分布於熱帶地區；台灣於全島低海拔栽培及逸出。

雄蕊 10 枚，其中 1 或 2 枚為退化雄蕊，最長的雄蕊多呈紅色。

小葉 16 ～ 24 對。莢果線形，扁平，初密生有毛茸，後則部分褪落。

花瓣橢圓形至圓形，長 7 ～ 9 公釐，寬 3.5 ～ 5 公釐，先端鈍或圓。

分布於熱帶地區，台灣全島低海拔栽培及逸出，耐乾旱。

假含羞草

屬名　假含羞草屬

學名　*Chamaecrista mimosoides* (L.) Greene

直立或傾臥狀半灌木。小葉 25 ～ 60 對，長橢圓狀線形，歪斜，長 4 ～ 10 公釐，寬 1 ～ 2 公釐。雄蕊 10 枚。莢果長 2 ～ 5 公分。本種與大葉假含羞草（見本頁）近似，但二者可以小葉對數來區別。

　　產於印度、華南、馬來西亞及澳洲；台灣分布於全島低海拔之向陽草地。

莢果線形，扁平，被柔毛。

花黃色，雄蕊 10 枚。

直立或傾臥狀半灌木。小葉 25 ～ 60 對，長橢圓狀線形，歪斜。

豆茶決明

屬名　假含羞草屬
學名　*Chamaecrista nomame* (Sieb.) Ohashi

一年生草本。小葉15～35對，線形，長8～12公釐，寬2～3公釐。雄蕊4枚，常具1退化雄蕊或雄蕊3，具2退化雄蕊。豆莢明顯有毛。

　　分布於東亞、印度及非洲；台灣見於全島中海拔有陽光之草生地。

雄蕊5，具退化雄蕊。（楊曆縣攝）

豆莢明顯有毛（楊曆縣攝）

小葉線形，15～35對，長8～12公釐。（楊曆縣攝）

蝙蝠草屬 CHRISTIA

草本或灌木，被毛。單葉或三出複葉，具小托葉。花單生或總狀花序，頂生；花萼鐘形，花後增大，上方2枚稍合生，最底1枚最長；花冠蝶形；二體雄蕊，9+1。莢果表面具網紋，於萼片內折疊。

蝙蝠草

屬名　蝙蝠草屬
學名　*Christia campanulata* (Benth.) Thoth.

灌木。三出葉，偶而單葉，頂小葉長4～6公分，寬2～3公分，先端鈍。莢果2～3節。

　　產於印度、緬甸、泰國及北越、中國；台灣分布於南部低海拔野地，如甲仙及烏山頭水庫附近，不常見。

凋謝之花朵（楊曆縣攝）

偶而單葉（楊曆縣攝）

三出葉，頂小葉長4～6公分，寬2～3公分，先端鈍。（楊曆縣攝）

舖地蝙蝠草

屬名	蝙蝠草屬
學名	*Christia obcordata* (Poir.) Bakh. f.

花紫色或淡紅色

草本。莖平臥，莖枝纖細，被灰色短柔毛。三出葉，頂小葉近倒三角形，先端凹，長 5 ～ 10 公釐，寬 8 ～ 12 公釐；側生小葉較小，卵形或倒卵形。總狀花序，花梗有短柔毛，花紫色或淡紅色；雄蕊 10 枚，合生成管狀之二體雄蕊。莢果，小型，卵形，具 2 ～ 5 節莢節，完全藏於膨脹之宿存花萼內，彼此重疊，每節具種子 1 枚。

　　產於亞洲及澳洲熱帶地區；台灣分布於中南部低海拔之荒廢地。

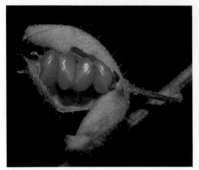

花萼鐘形，花後增大。莢果，小型，藏於膨脹之宿存花萼內。

雄蕊 10 枚，合生為管狀，二體雄蕊。

莖平臥，莖枝纖細。三出複葉，頂小葉較大，近倒三角形。

蝶豆屬 CLITORIA

攀緣性草本，被毛。三出葉或奇數羽狀複葉，小葉 5 ～ 7 枚；小葉歪斜，先端鈍，具小托葉。花萼合生成管狀，五淺裂不等長；花冠蝶形，藍紫色、紅色或白色，旗瓣包圍翼瓣，旗瓣具附屬物，龍骨瓣與花柱連接；二體雄蕊，9+1。莢果線形，扁平。

鐮刀莢蝶豆

屬名	蝶豆屬
學名	*Clitoria falcata* Lam.

攀緣性草本。全株被毛。三出複葉，小葉橢圓形至卵形，長 4 ～ 6 公分，寬 2 ～ 4 公分。花冠蝶形，白色，旗瓣基部具紫色斑紋。莢果長約 3 公分，表面被毛，具二稜，先端具尾尖，種子 4 ～ 10 粒。

　　歸化種，原產中、南美洲，現分布於恆春半島灌叢及草生地。

果實先端具喙，表面有毛。

全株被毛。三出複葉，小葉橢圓形至卵形。

花冠蝶形，白色旗瓣基部具紫色斑紋。

種子被毛狀物

蝶豆

屬名	蝶豆屬
學名	*Clitoria ternatea* L.

攀緣性草本。羽狀複葉，小葉 5 ～ 9 枚，卵形至橢圓形，長 3 ～ 7 公分，寬 1.5 ～ 4 公分。花冠長 4 ～ 5 公分，旗瓣闊卵形或倒卵形，鮮藍色、紫色或白色，中心處有一淡黃色或白色斑塊。莢果扁平，長線形，具喙狀突起，內有種子 6 ～ 10 粒，成熟時果莢裂開，扭轉。葉及花的萃取液可當食品染料。

　　產於東半球熱帶地區；台灣分布於中南部低海拔之向陽地。

花鮮藍色、紫色或白色，中心處有一淡黃色或白色斑塊。

果扁平，長線形，具喙狀突起，內有種子 6 ～ 10 粒。

小葉 5 ～ 9 枚，卵形。

鐘萼豆屬 CODARIOCALYX

灌木。三出複葉，頂小葉遠大於側生小葉，托葉早落。圓錐或總狀花序，花 2 ～ 4 朵簇生；花萼寬鐘形，上方 2 枚合生；花冠蝶形；二體雄蕊。莢果於種子間下凹，有橫線。

鐘萼豆(舞草)

屬名	鐘萼豆屬
學名	*Codariocalyx motorius* (Houtt.) Ohashi

三出複葉，小葉長橢圓狀披針形，上表面中肋有一寬的粉白色帶紋，光滑無毛，下表面被毛，頂小葉長 3 ～ 6 公分，寬 1.5 ～ 2.5 公分，側生小葉長 1 ～ 2 公分，寬 4 ～ 8 公釐。花多數，初開時為粉紅色，後轉變為橘黃色。莢果鐮刀狀，被毛，長約 3 公分，先端有喙，腹縫線直，背縫線稍縊縮，呈淺波狀。

　　產於亞洲及澳洲；台灣分布於中南部低山地區之林緣、路旁及乾谷地。

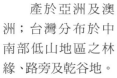

花多數，初開時為粉紅色，後轉變為橘黃色。

生長於低海拔之向陽坡地或林緣

莢果鐮狀，先端有喙。

植株直立

野百合屬 CROTALARIA

草 本至半灌木。葉互生，單葉或三出複葉。花單生或總狀花序；花萼五裂，通常二唇化；花冠蝶形黃色或紫色或粉紅色，旗瓣具附屬物；單體雄蕊，花藥二型，互生；花柱強烈內曲，通常一邊具毛。莢果近球形至長卵形。

圓葉野百合

屬名	野百合屬
學名	*Crotalaria acicularis* Buch.-Ham. *ex* Benth.

草本，莖匍匐，花枝斜升，密被長褐毛。單葉，膜質，卵形，長 1 ～ 2 公分，寬 0.5 ～ 2 公分，先端銳尖至鈍；托葉線形，長度小於 5 公釐，反曲。花萼深裂，密被毛，長 4 ～ 6 公釐；花瓣黃色，與萼片近等長。莢果圓筒狀，長 5 ～ 6 公釐。種子 10 ～ 12 粒。

　　產於印度、爪哇、菲律賓及中國華南；台灣分布於南部中低海拔草生地，如藤枝及奮起湖一帶，稀有。

黃色，旗瓣基部有紫紅條紋。

莢果橢圓（許天銓攝）

全株密被毛，單葉，膜質，卵形。

萼密被毛

響鈴豆

屬名	野百合屬
學名	*Crotalaria albida* B. Heyne *ex* Roth

草本，被毛。單葉，倒披針形或卵圓形，長 2 ～ 4 公分，寬 0.5 ～ 2 公分，先端鈍，上表面無毛或有毛，下表面有毛，托葉甚小。花萼五深裂，長 4 ～ 6 公釐，被長毛；花冠黃色，伸出於花萼少許或不伸出，旗瓣倒卵形，先端略凹。莢果圓筒狀，無毛，長 7 ～ 10 公釐。種子 6 ～ 12 粒。

　　產於印度、馬來西亞、菲律賓及中國華南；台灣分布於全島中低海拔之林緣、草生地、荒廢地及沙質海岸。

花萼五深裂，被長毛。莢果圓筒狀，無毛。

花冠黃色，伸出於花萼少許或不伸出，旗瓣倒卵形，先端略凹。

單葉，倒披針形或卵圓形，長 2 ～ 4 公分。

大豬屎豆

屬名　野百合屬
學名　*Crotalaria assamica* Benth.

半灌木，株高可達 150 公分，莖具稜。單葉，互生，橢圓形或倒披針狀橢圓形，長 5 ～ 15 公分，寬 2 ～ 4 公分，葉背被白色短毛，葉柄短，托葉三角形。總狀花序，頂生或腋生，長 25 ～ 40 公分，花 20 ～ 30 朵；苞片三角形；花冠蝶形，黃色，旗瓣圓形或橢圓形，基部有紫紋，長 1.5 ～ 2 公分，先端微凹或圓。莢果肥大，圓筒形，稍彎曲，先端有彎曲之尾尖。

　　產於印度、馬來西亞、菲律賓及中國華南；台灣分布於中、低海拔灌叢中。

蝶形花冠黃色，旗瓣圓形或橢圓形。

莢果肥大，圓筒形，稍彎曲，先端有彎曲尾尖。

半灌木，株高可達 150 公分。單葉，互生，橢圓形。

翼莖野百合

屬名　野百合屬
學名　*Crotalaria bialata* Schrank

草本，莖翼狀。單葉，互生，橢圓形，長 3 ～ 6 公分，寬 1 ～ 2 公分，先端鈍，葉背灰綠色，被白色絨毛。花黃色。莢果橢圓筒狀，長約 5 公分。種子多數。

　　產於亞洲熱帶地區；台灣於中部之低海拔地區栽植及逸出。

莢果橢圓筒狀，長約 5 公分，種子多數。（郭明裕攝）

花黃色，萼被毛狀物。（郭明裕攝）

莖翼狀，故名為翼莖野百合。（郭明裕攝）

長萼野百合

屬名 野百合屬
學名 *Crotalaria calycina* Schrank

一年生草本,被棕色長絹毛。單葉,線形,長5～15公分,寬6～10公釐,上表面僅中肋被毛,下表面被毛,托葉甚小。花萼五深裂,長2～3公分;花冠淡黃色,約莫於下午五點才盛開。莢果無毛,長約1.5公分。種子20～30粒。

產於亞洲熱帶地區;台灣分布於全島低海拔坡地及河邊草生地,稀有。

果莢內的黃色種子

花冠淡黃色,約莫於黃昏盛開。萼片被長毛。

生於低海拔坡地及河邊草生地

莢果無毛,包於宿存萼片內。

單葉,線形,長5～15公分。

紅花野百合（紅花假地藍）特有種

屬名　野百合屬

學名　*Crotalaria chiayiana* Y.C. Liu & F.Y. Lu

草本，密被毛。單葉，線狀披針形，長 2～4 公分，寬 6～8 公釐，先端漸尖。花紫紅色。莢果無毛。

　　特有種，分布於台灣中部中海拔山區之荒廢地及路旁。

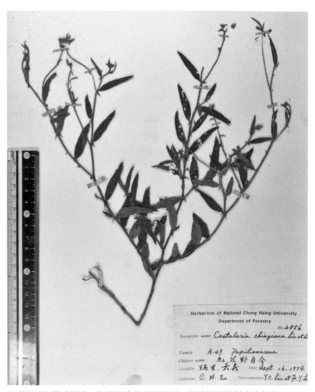

托葉披針形（方伊琳攝）

葉線狀披針形（方伊琳攝）

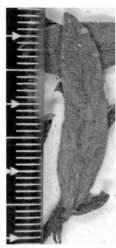

葉兩面密被毛（方伊琳攝）

紅花野百合模式標本；發現地點在瑞里地區，目前僅此份標本之紀錄。（方伊琳攝）

華野百合

屬名　野百合屬

學名　*Crotalaria chinensis* L.

草本，密被伏毛。單葉，長橢圓形至橢圓狀倒披針形，長 2～3 公分，寬 5～7 公釐，先端銳尖，上表面光滑或被毛，下表面被棕毛。花萼五中裂，長 8～12 公釐，密被白毛；花瓣乳黃色。莢果無毛，長 10～15 公釐。種子 15～20 粒。

　　產於印度東部至中國華南、馬來西亞及菲律賓；台灣分布於中南部低海拔之草生地。

單葉，長橢圓形至橢圓狀倒披針形，先端銳尖，上表面光滑，下表面被棕毛。

生於中南部低海拔之草生地。

花冠蝶形，黃色。

草本，密被伏毛。

雙子野百合

屬名　野百合屬
學名　*Crotalaria elliptica* Roxb.

葉背

多年生草本，被細毛。三出葉，頂小葉長橢圓形至倒卵形，長 15 ～ 25
公釐，寬 7 ～ 12 公釐，先端鈍，葉柄明顯被毛，托葉反捲。花萼五中裂，
長約 2 公釐；花瓣黃色。莢果長橢圓筒形，被毛。種子 2 粒。

　　產於中國華南；台灣分布於恆春半島低海拔草原。

三出葉，頂小葉長橢圓形至倒卵形。

莢果長橢圓筒形，被毛。

花瓣黃色

假地藍

屬名　野百合屬
學名　*Crotalaria ferruginea* Grah. & Benth.

多年生草本，匍匐或斜升，全株被白色長硬毛。單葉，長橢圓形至倒披針形，長 2 ～ 4 公分，寬 7 ～ 18 公釐，先端銳尖，葉背及中肋明顯被毛；托葉披針形，明顯易見。花萼五深裂，長約 1.7 公分；花瓣黃色。莢果長橢圓筒形，無毛。

　　產於印度至中國、馬來西亞及菲律賓；台灣分布於全島中低海拔之草生地及山坡路旁。

葉背及中肋明顯披毛

花瓣黃色。萼片被長毛。

莢果長橢圓筒形，果實先端具長喙，無毛。

全株被白色長硬毛。單葉。

托葉披針形，明顯易見。

西非豬屎豆

屬名　野百合屬
學名　*Crotalaria goreensis* Guill. & Perr.

直立的一年生或多年生草本，高約 80 公分，多分枝，全株被細短柔毛。三出複葉，小葉倒卵形至橢圓形，長 2.5 ～ 8 公分，寬 5 ～ 25 公釐，上表面無毛，下表面被短柔毛。總狀花序頂生，長達 25 公分，花 12 ～ 20 朵；花萼長 4 ～ 5 公釐，寬 2 ～ 3 公釐，被短柔毛；花冠黃色；花梗長約 3 公釐。莢果長 15 ～ 20 公釐，長橢圓形，幼時密被絹毛。種子長 2.5 ～ 4 公釐，橙色。

　　台灣歸化於恆春野地。

莢果短胖，被毛。
（許天銓攝）

種子橙色（許天銓攝）

三出複葉，小葉倒卵形至橢圓形。莢果長 15 ～ 20 公釐，長橢圓形，幼時密被絹毛。

花黃色（許天銓攝）

恆春野百合

屬名　野百合屬
學名　*Crotalaria incana* L.

半灌木，全株密被灰毛。三出葉，小葉橢圓形至倒卵形，長 5～6 公分，寬 2～3 公分，先端鈍，下表面被白毛。花萼五深裂，長約 1 公分；花瓣黃色，長約 1 公分。莢果下垂，長橢圓筒狀，長 3～4 公分，密被毛。

　　原產於美國；歸化於台灣南部低海拔之荒地及路旁。

莢果下垂，長橢圓筒狀，密被毛。

花瓣黃色，長約 1 公分。

三出複葉，小葉橢圓形至倒卵形，先端鈍，下表面被白毛。

全株密被灰毛。三出葉。

太陽麻

屬名　野百合屬
學名　*Crotalaria juncea* L.

直立亞灌木。單葉，互生，長橢圓狀披針形或長橢圓形，先端具短尖頭，基部圓楔形，兩面密生棕色絹狀短柔毛，托葉狹披針形。總狀花序，頂生或腋生，花序軸長 10～30 公分，散生毛茸，著花 12～20 朵；花大形，顯著，金黃色。莢果長橢圓形，長 3～4 公分，密生絹狀短柔毛。

　　原產印度；台灣於 1930年代引進作為綠肥。

花大形，顯著，金黃色。

台灣於 1930 年代引進作為綠肥

葉長橢圓狀披針形，先端具短尖頭。

線葉野百合

屬名　野百合屬
學名　*Crotalaria linifolia* L. f.

多年生草本，密被短絹毛。單葉，線形，長 2～5 公分，寬 2～5 公釐，先端尖，兩面被毛茸。花萼五裂，二唇化，上方 2 枚癒合；花瓣黃色，旗瓣倒卵形，先端略凹。莢果圓球形，無毛，直徑 4～5 公釐。種子 2 粒。

　　產於印度至中國華南；台灣分布於南部及澎湖之低海拔草生地，稀有。

莢果圓球形，無毛。

葉線形，先端尖，兩面被毛茸。

分布於台灣南部及澎湖低海拔草生地，稀有。

花瓣黃色，旗瓣倒卵形，先端略凹。

假苜蓿

屬名　野百合屬
學名　*Crotalaria medicaginea* Lam.

多年生草本，被細毛。三出葉，頂小葉倒卵形，長 7～10 公釐，先端凹。花萼五深裂，花瓣黃色。莢果圓球形，被毛，直徑約 4 公釐。種子 1～2 粒。

　　產於印度、澳洲及菲律賓；台灣分布於恆春半島及台東南部荒野之路旁。

莢果橢圓形，種子 1～2 粒。（謝佳倫攝）

三出葉，頂小葉基部鈍形。（謝佳倫攝）

在台灣僅有二筆紀錄，地點分別為鵝鑾鼻（1931 年）及台東卑南（1959 年）（謝佳倫攝）

黃豬屎豆

屬名　野百合屬
學名　*Crotalaria micans* Link

半灌木，被毛。三出葉，頂小葉長橢圓形，長 4 ～ 6
公分，寬 1.5 ～ 2.5 公分，先端尖。花萼五中裂，最
底部之萼片遠長於其餘 4 枚；花瓣黃色，旗瓣腎形，
其上偶有紫色斑紋。莢果長橢圓筒狀，垂下，長 2.5 ～
3.5 公分，被毛。

　　產於南美和墨西哥；台灣分布於中北部之中、低
海拔空曠地。

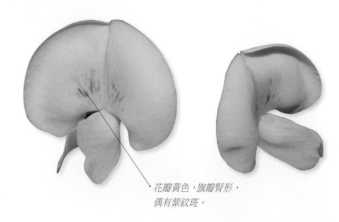

花瓣黃色，旗瓣腎形，
偶有紫紋斑。

三出複葉，葉背被毛。

半灌木，分布於中北部之中、低海拔空曠地。

頂小葉長橢圓形，先端尖。

莢果筒狀，長約 2 公分，被毛。

黃予百合(豬屎豆)

屬名　野百合屬
學名　*Crotalaria pallida* Ait. var. *obovata* (G. Don) Polhill

灌木，被倒伏毛。三出葉，頂小葉倒卵形至倒卵狀橢圓形，長 3～5 公分，寬 2～4 公分，先端圓至微凹，有小突尖，托葉早落。花萼五中裂，最底部之萼片稍大；花瓣黃色，旗瓣上常有紅色斑紋。莢果圓筒狀，下垂，近無毛，長約 4 公分。種子 20～30 粒。

　　產於熱帶地區；台灣分布於全島低海拔之開闊乾燥地。

花瓣黃色，旗瓣上常有紅色斑紋。

莢果圓筒狀，下垂，近無毛。

頂小葉倒卵形至倒卵狀橢圓形，先端圓至微凹。

頂小葉倒卵形至倒卵狀橢圓形，先端圓至微凹。

凹葉野百合

屬名　野百合屬
學名　*Crotalaria retusa* L.

草本。單葉，倒披針形，長 4～6 公分，寬 1.2～1.6 公分，被白色伏毛，先端凹；托葉線形，長 2 公釐。花萼裂片 5，不規則深裂；花瓣黃色，旗瓣上常有紅色斑紋。莢果長圓筒狀，下垂，長 2.5～3.5 公分。

　　產於亞洲熱帶地區；台灣分布於南部低海拔之荒地及路旁。

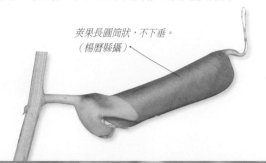
莢果長圓筒狀，不下垂。（楊曆縣攝）

花瓣黃色，旗瓣上常有紅色斑紋。（楊曆縣攝）

單葉，倒披針形，被白色伏毛，先端凹。（楊曆縣攝）

植株（楊曆縣攝）

分布於台灣南部低海拔荒地及路旁。（楊曆縣攝）

野百合

屬名	野百合屬
學名	*Crotalaria sessiliflora* L.

草本，被伏毛。單葉，線形至披針形，長 4 ～ 10 公分，寬 0.5 ～ 1 公分，先端銳尖；托葉甚小，剛毛狀。花萼五深裂，長 1 ～ 1.5 公分，密被棕黃色毛及白毛；花瓣藍紫色。莢果與萼片等長，無毛。種子 10 ～ 15 粒。

　　產於印度、馬來西亞、菲律賓及日本；分布於台灣全島低海拔路旁及開闊草生地。

花瓣藍紫色。花萼五深裂，長 1 ～ 1.5 公分，密被棕黃色毛及白毛。

分布於台灣全島低海拔路旁及開闊草生地。

單葉，線形至披針形。

鵝鑾鼻野百合 特有種

屬名	野百合屬
學名	*Crotalaria similis* Hemsl.

匍匐小草本，密被絹毛。單葉，卵形至橢圓形，長 3 ～ 8 公釐，寬 2 ～ 4 公釐，先端銳尖，上表面無毛，下表面被毛。萼片 5，被絹毛，長約 6 公釐，上方 2 枚中裂，下方 3 枚深裂；花瓣黃色。莢果長橢圓筒形，無毛，長約 1 公分。種子 10 ～ 22 粒。

　　特有種，分布於墾丁國家公園南部及東部海邊。

萼片 5，被絹毛，花瓣黃色。

植株

紫花野百合

屬名　野百合屬
學名　*Crotalaria spectabilis* Roth

直立草本，1～1.5公尺，植株常被白粉。單葉，倒披針形，長10～13公分，寬2～4公分，先端鈍，上表面無毛，下表面被毛；托葉卵形，顯著。花萼五深裂，長約1.2公分；花瓣黃色，基部有紫色條紋。莢果筒狀，無毛，長約5公分。種子20～30粒。

　　產於東半球熱帶地區；台灣於全島低海拔栽植及逸出。

種子黑熟，不整正。
（楊曆縣攝）

植株被白粉，單葉，倒披針形，上表面無毛。（楊曆縣攝）

花瓣黃色，基部有紫色條紋。（楊曆縣攝）

莢果筒狀，無毛，長約5公分。（楊曆縣攝）

砂地野百合

屬名　野百合屬
學名　*Crotalaria triguetra* Dalzell

半灌木，莖有稜，被毛。單葉，披針形或長橢圓形，長2～3公分，寬6～10公釐，先端鈍，葉背被毛；托葉甚小，明顯。花序梗頗長，花甚少，疏生；花萼五中裂，花瓣淺黃色。莢果筒狀，長約2公分，被毛。種子8～15粒。

　　產於亞洲熱帶地區；台灣分布於南部低海拔之草地及荒地，稀有。

花瓣淺黃色

花甚少，疏生於花梗上，花瓣淺黃色。

葉背被毛；托葉甚小，明顯。

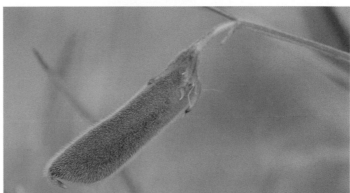

莢果筒狀，長約2公分，被毛。

半灌木，莖有稜，被毛。單葉。

大葉野百合

屬名	野百合屬
學名	*Crotalaria verrucosa* L.

草本，被毛；枝條方形，Z字形生長。單葉，微歪斜之卵形，長5～12公分，寬2～5公釐，先端銳尖，托葉葉狀。花萼五深裂，長5～10公釐；花瓣紫色。莢果橢圓筒形，被毛，長2.5～3.5公分。種子10～20粒。

產於亞洲熱帶地區；台灣分布於中南部低海拔之草地及荒地。

花瓣紫色

枝條方形，Z字形生長。

葉基具一葉狀托葉

南美豬屎豆

屬名	野百合屬
學名	*Crotalaria zanzibarica* Benth.

灌木，微被毛。三出葉，小葉披針形，長5～10公分，寬2～3公分，先端漸尖；托葉甚小，剛毛狀。花萼五中裂，光滑或僅邊緣有疏毛；花冠黃色，花心紫黑色。莢果長橢圓筒狀，下垂，長3～4公分，無毛。種子40～50粒。與黃野百合（見第165頁）常混淆，但黃野百合的小葉為倒卵形。

原產於東非；台灣於全島低海拔栽植並逸出於荒野。

小葉披針形，先端尖。

花瓣黃色，花心紫黑色。

灌木。於全島低海拔栽植並逸出於荒野。

莢果長橢圓筒狀，下垂，無毛。

黃檀屬 DALBERGIA

喬 木或蔓性灌木。奇數羽狀複葉，小葉互生。圓錐花序；花萼鐘形，五淺裂；花冠蝶形，花瓣具長柄；二體雄蕊或單體雄蕊，雄蕊 9+1 或 9。莢果扁平，長橢圓形，不開裂。種子 1～4 粒。

藤黃檀

屬名	黃檀屬
學名	*Dalbergia benthamii* Prain

蔓性灌木，枝條無毛。小葉 5～7 枚，長橢圓形，長 3～5 公分，先端鈍。圓錐花序，花枝密生褐毛，花白色。莢果扁平，長橢圓形。

　　產於中國華南及香港；台灣分布於全島之林緣及半遮陰處。

花冠蝶形，花白色，花枝被褐毛。（呂順泉攝）

小葉 5～7 枚，長橢圓形，先端鈍。

莢果扁平，長橢圓形。（呂順泉攝）

大型蔓性灌木

鳳凰木屬 DELONIX

喬 木。二回羽狀複葉。腋生總狀花序，聚集於枝條末端。萼片 5 枚，基部合生；花瓣 5 枚，離生，約略等長，具長柄；雄蕊 10 枚，離生。莢果線狀長橢圓形，扁平，革質，由縫線縱裂成 2 瓣。

　　台灣有 1 種。

鳳凰木

屬名	鳳凰木屬
學名	*Delonix regia* (Bojer *ex* Hook.) Raf.

葉具 9～25 對羽片，每一羽片具 10～40 對小葉；小葉橢圓形至長橢圓形，長 5～10 公釐，寬 2～5 公釐，稍歪斜，先端圓，兩面微被毛或光滑無毛。花瓣紅色，具黃色花斑；雄蕊紅色。莢果長 25～50 公分，寬 3～5 公分。

　　產於非洲馬達加斯加、東南亞、馬來西亞及新加坡一帶；台灣於全島低海拔栽植，並歸化於南部山野。

葉 9～25 對羽片，每一羽片 10～40 對小葉，小葉橢圓形至長橢圓形。

全台低海拔栽培，南部山野歸化。（楊智凱攝）

莢果

花瓣紅色，具黃色花斑；雄蕊紅色。（楊智凱攝）

木山螞蝗屬 DENDROLOBIUM

喬木或灌木。三出葉，具托葉及小托葉。繖形花序，腋生；花萼鐘形或筒狀，四深裂，最下面 1 枚最長；花冠蝶形；雄蕊 10 枚，單體雄蕊。莢果些微念珠狀，被毛，不開裂。

雙節山螞蝗 特有種

屬名	木山螞蝗屬
學名	*Dendrolobium dispermum* (Hayata) Schindl.

灌木，高可達 3 公尺；枝條圓柱形，無毛。頂小葉倒卵形，長 2 ～ 3 公分，寬 1 ～ 2 公分，先端鈍至尖，側脈 7 對左右，兩面被毛，托葉小於 6 公釐。花白色，長約 1 公分。莢果長 1.5 ～ 2 公分，1 ～ 2 節，被白絹毛。

　　特有種，分布於台灣南部低海拔之灌叢邊緣及路旁。

莢果長 1.5（1）～ 2 公分，1 ～ 2 節，被白絹毛。

花白色，長約 1 公分。

花白色，長約 1 公分。

喬木或灌木。三出複葉。腋生繖形花序。

小葉倒卵形，側脈約 7 對。葉背與葉柄被毛。

假木豆

屬名	木山螞蝗屬
學名	*Dendrolobium triangulare* (Retz.) Schindl.

灌木；枝條圓柱形，被長絹毛。頂小葉長橢圓形至倒卵形，長 5 ～ 7 公分，寬 3 ～ 4 公分，先端銳尖，上表面近光滑，下表面被毛，側脈明顯，托葉長 7 ～ 10 公釐。花白色至淡黃色。莢果長 1 ～ 1.5 公分，3 ～ 6 節，密生白絨毛。

　　廣泛分布於亞洲熱帶地區；台灣分布於南部中低海拔之灌叢及草原。

灌木，側脈清楚。

莢果長 1 ～ 1.5 公分，3 ～ 6 節，密生白絨毛。枝條圓柱形，被長絹毛。

白木蘇花

屬名　木山螞蝗屬
學名　*Dendrolobium umbellatum* (L.) Benth.

灌木；枝條圓柱形，被細柔毛。頂小葉倒卵狀長橢圓形至橢圓形，長 3.5 ～ 7 公分，寬 3 ～ 7 公分，先端鈍，上表面無毛，下表面被毛至近無毛。花白色。莢果長 2 ～ 4 公分，3 ～ 5 節。

　　產於非洲、澳洲、太平洋群島、波里尼西亞、印度、斯里蘭卡及馬來半島等地；台灣分布於蘭嶼、綠島及南部海邊之向陽山坡地。

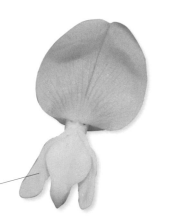

花冠白色

灌木

生於海邊向陽開闊地

花冠蝶形；雄蕊 10 枚，單體雄蕊。

莢果 2 ～ 4 公分，3 ～ 5 節。

頂小葉橢圓形，上面無毛，背面被毛至近無毛。

魚藤屬 DERRIS

攀 緣性木質藤本。奇數羽狀複葉，無小托葉。總狀或圓錐花序；花萼鐘形，五齒裂；花冠蝶形；雄蕊 10 枚，單體雄蕊或最上 1 枚離生。莢果橢圓形，兩側不開裂。

魚藤

屬名	魚藤屬
學名	*Derris elliptica* (Roxb.) Benth.

藤本，莖褐色，長可達 16 公尺。奇數羽狀複葉，互生，長 10 ～ 20 公分，寬 8 ～ 18 公分；小葉 7 ～ 15 枚，卵狀長橢圓形，幼時密被鏽色毛。總狀花序腋生或簇生於老枝條；花萼鐘形，扁平，被鏽色毛；花冠蝶形，桃紅色，旗瓣被鏽色細毛；雄蕊 10 枚，單體雄蕊。莢果橢圓形，長 3 ～ 4 公分，兩側具窄翼。種子圓腎形。

原產於熱帶亞洲、非洲、大洋洲；台灣栽植於低海拔山區。

雄蕊 10 枚，單體雄蕊。

花瓣桃紅色

奇數羽狀複葉，小葉 7 ～ 15 枚，卵狀長橢圓形，幼時密被鏽色毛。

藤本，莖褐色。總狀花序腋生或簇生於老枝條。

疏花魚藤 特有種

屬名	魚藤屬
學名	*Derris laxiflora* Benth.

莖枝無毛。小葉 5 ～ 7 枚，橢圓形，長 5 ～ 8 公分，寬 3 ～ 4 公分，先端鈍，葉背光滑無毛。圓錐花序腋生，花多數，小形，白色；旗瓣圓形，長 1 ～ 1.2 公分，先端圓鈍，邊緣內捲；翼瓣及龍骨瓣近似；雄蕊 10 枚。莢果橢圓形，扁平，兩側具略等寬之翅。

特有種，分布於台灣全島海拔 1,000 公尺以下之林緣及半開闊地。

旗瓣反捲，圓形，先端圓鈍，翼瓣及龍骨瓣近等長。

花多數，小形，白色，呈腋生的圓錐花序。（郭明裕攝）

盛開生態（郭明裕攝）

小葉 5 ～ 7 枚，橢圓形，先端鈍，葉背光滑無毛，莢果橢圓形，扁平，兩側具略等寬之翅。

蘭嶼魚藤

屬名　魚藤屬
學名　*Derris oblonga* Benth.

大藤本，莖枝近無毛。小葉 9 ～ 15 枚，長橢圓形至長橢圓狀披針形，長 4 ～ 6 公分，寬 1 ～ 2 公分，先端銳尖，背粉白。花粉紅色，花冠長約 1.2 公分，旗瓣邊緣內捲，光滑無毛。莢果橢圓形，長約 3 公分。

產於南亞；台灣分布於蘭嶼海岸林中。

莢果橢圓形，長約3公分，扁平，兩側具略等寬之翅。

小葉 9 ～ 15 枚，長橢圓形至長橢圓狀披針形。

葉背白色

大藤本。花粉紅帶白色，花冠長約1.2公分。（郭明裕攝）

三葉魚藤

屬名　魚藤屬
學名　*Derris trifoliata* Lour.

莖枝無毛。小葉 5 枚，偶為 3 枚，頂小葉卵形，長 5 ～ 10 公分，寬 2.5 ～ 4.5 公分，先端漸尖。花白色，微淡紅暈。莢果橢圓形，長 2.5 ～ 4 公分，具 1 枚種子。

產於東半球熱帶地區；台灣分布於南部、蘭嶼及綠島海岸和低山之闊葉林緣。

花白色，微淡紅暈。

莖枝無毛。小葉 5 枚，偶為 3 枚，頂小葉卵形。

莢果橢圓形，長 2.5 ～ 4 公分。

草合歡屬 DESMANTHUS

草本或灌木。二回偶數羽狀複葉，最基部的 1 對小葉間具腺體；托葉宿存，剛毛狀。頭狀花序；花萼鐘形，五齒裂；花瓣 5 枚，離生；雄蕊 5 或 10 枚，離生。

多枝合歡草

屬名	草合歡屬
學名	*Desmanthus virgatus* (L.) Willd.

半灌木，枝條無毛或被細柔毛。葉具 1 ～ 7 對羽片，6 對最常見，每一羽片具 10 ～ 25 對小葉；小葉線狀長橢圓形，長 4 ～ 8 公釐，寬 1 ～ 2 公釐，先端鈍或微凹，兩面無毛，葉緣具纖毛。莢果淡紅棕色，線形，長 5 ～ 9 公分。

　　歸化種，原產於美洲熱帶、亞熱帶；分布於台灣南部之乾河堤及干擾地。

頭狀花序，花萼鐘形，雄蕊 10，離生。（郭明裕攝）

莢果淡紅棕色，線形，長 5 ～ 9 公分。（郭明裕攝）

葉 1 ～ 7 對羽片，6 對最普遍，每一羽片 10 ～ 25 對小葉，小葉線狀長橢圓形。（郭明裕攝）

山螞蝗屬 DESMODIUM

草本或灌木。單葉或三至五出葉，小葉具小托葉。圓錐總狀花序；花萼鐘形或筒狀，上方 2 枚合生，最下 1 枚稍長；花冠蝶形；二體雄蕊，9+1。莢果扁平，腹面深收縮，成熟時斷裂成每節具 1 粒種子的莢節。

小槐花

屬名	山螞蝗屬
學名	*Desmodium caudatum* (Thunb. *ex* Murray) DC.

灌木，枝條無毛。三出葉，頂小葉披針形至倒披針形，長 7 ～ 12 公分，寬 2 ～ 3 公分，先端漸尖，無毛，葉柄有翼；托葉刺針狀，長 5 ～ 10 公釐。花黃色或綠白色。莢果長 5 ～ 7 公分，4 ～ 6 節，兩面收縮。

　　產於南韓、日本、琉球及中國、馬來西亞、喜馬拉雅至印度、斯里蘭卡；台灣分布於北部低海拔潮溼或半陰性灌叢中。

花黃色或綠白色

三出複葉，頂小葉披針形至倒披針形，先端漸尖，無毛，葉柄有翼。

三出葉，頂小葉披針形至倒披針。莢果 4 ～ 6 節，兩面收縮。

菱葉山螞蝗

屬名　山螞蝗屬
學名　*Desmodium densum* (C. Chen & X.J. Cui) H. Ohashi

莖疏被伸展的短柔毛。三出複葉，側生葉較小，頂小葉圓菱形，長 4 ～ 7 公分，寬 3.5 ～ 6 公分，先端急尖或鈍，全緣，兩面均有散生的柔毛，托葉線狀披針形。花紫白紅色。莢果 2 ～ 3 節。

　　產於中國甘肅及雲南；分布於台北雲森瀑布及台東都蘭山，稀有。

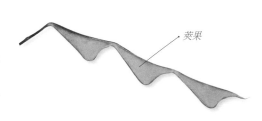
莢果

花紫白紅色

花梗甚長，花疏生。

小葉 3 枚，兩側葉較小，頂端者圓狀菱形，兩面均有散生的柔毛。

散花山螞蝗

屬名　山螞蝗屬
學名　*Desmodium diffusum* DC.

半灌木，枝條匍匐，密被短毛。三出葉，頂小葉卵形，長 4 ～ 7 公分，寬 2 ～ 5 公分，先端漸尖至銳尖，被毛，偶無毛，托葉長 5 ～ 6 公釐。花白紫色。莢果長約 3 公分，5 ～ 7 節，兩面收縮。

　　產於亞洲熱帶地區；台灣分布於全島中低海拔之潮溼或半陰性森林中。

葉

莢果 5 ～ 7 節，兩面收縮，長約 3 公分。

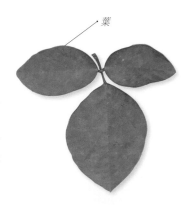
花白紫色

花序甚長。三出葉，頂小葉卵形。

大葉山螞蝗

屬名　山螞蝗屬
學名　*Desmodium gangeticum* (L.) DC.

半灌木，枝條疏被毛。單葉，長橢圓形，長 8 ～
11 公分，寬 3 ～ 5 公分，先端銳尖，上表面近
無毛，下表面被疏毛；托葉線形，長 7 ～ 10 公釐。
花粉紅色，偶為白色。莢果長 1.5 ～ 2 公分，5 ～
8 節，腹面收縮。

　　分布於台灣中南部之低海拔灌叢、荒地及草
生地。

偶有白花者

葉背面被疏毛

花大多為粉紅色

莢果 5 ～ 8 節，腹面收縮。

單葉，長橢圓形，上面近無毛。

細葉山螞蝗 特有種

屬名　山螞蝗屬
學名　*Desmodium gracillimum* Hemsl.

草本，被短白毛。單葉，三角狀心形，長 2 ～ 3 公分，寬 2 ～ 2.5 公分，
先端鈍，上表面疏被毛，下表面密被白毛；托葉披針形，長 4 ～ 5 公釐。
花白紫紅色或黃綠色。莢果長 2 ～ 3 公分，3 ～ 5 節，兩面收縮。

　　特有種，分布於台灣南部低海拔濕性及半陰性之次生林及灌叢中。

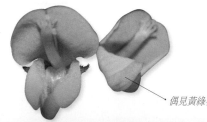

偶見黃綠花者

花白紫紅色

單葉，三角狀心形。

假地豆

屬名　山螞蝗屬
學名　*Desmodium heterocarpum* (L.) DC. var. *heterocarpum*

半灌木，枝條密被伏毛。三出葉，頂小葉長橢圓形至倒卵狀長橢圓形，長 2 ～ 3 公分，寬 1 ～ 2 公分，先端圓至凹，上表面被毛，稀無毛，葉脈微凸，下表面被灰毛；托葉披針形，長約 1 公分。花粉紅色，花序梗被鉤毛。莢果長 1.5 ～ 2 公分，4 ～ 7 節，腹面收縮，被鉤毛。

　　產於非洲及亞洲熱帶地區；台灣分布於全島中低海拔之森林、灌叢及草生地。

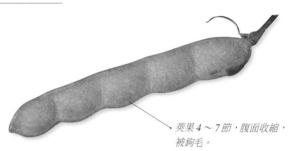

莢果 4 ～ 7 節，腹面收縮，被鉤毛。

總狀花序

花粉紅色，花序梗具鉤毛。

三出複葉，頂小葉長橢圓形至倒卵狀長橢圓形，先端圓至凹，上表面被毛，稀無毛，葉脈微凸，下表面被灰毛。

直毛假地豆

屬名　山螞蝗屬
學名　*Desmodium heterocarpum* (L.) DC. var. *strigosum* van Meeuwen

和承名變種（假地豆，見本頁）區別在於莖密被直毛，花序梗被直毛，莢果被直毛。

　　產於非洲及亞洲熱帶地區；台灣分布於全島低海拔之灌叢及荒廢地。

授粉者訪花後，花蕊露出之花。

與假地豆區別在於莖密被直立毛

花粉紅色，花序梗被直毛。（郭明裕攝）

三出葉。圓錐總狀花序，花密集。（郭明裕攝）

變葉山螞蝗

屬名　山螞蝗屬
學名　*Desmodium heterophyllum* (Willd.) DC.

小型匍匐性草本，被毛。三出葉，頂小葉橢圓形至卵狀長橢圓形，長5～18公釐，寬3～10公釐，先端圓，上表面被疏毛，下表面被密毛，葉緣多毛；托葉披針形，長約5公釐。花紫紅色，常單生或類纖房狀花序，花梗被鉤毛。莢果長1.5～2公分，4～6節，腹面收縮。

　　產於亞洲及澳洲；台灣分布於全島低海拔之開闊潮溼地。

萼片被長毛，花紫紅色，常單生或類纖房狀花序。

莢果4～6節，腹面收縮。

三出葉，頂小葉橢圓形，先端圓。.

營多藤（南投山螞蝗）

屬名　山螞蝗屬
學名　*Desmodium intortum* (Miller.) Urb.

攀緣性草本，被直毛及鉤毛。三出葉，頂小葉卵形至卵狀橢圓形，長4～6公分，寬2.5～3.5公分，先端銳尖，兩面被毛；托葉披針形，長約6公釐。花序長約6公分，花外之苞片甚大且先端具長芒尖，花白色、黃色或淡紫色。莢果長2～3公分，6～10節，兩面收縮。

　　原產美國；歸化於台灣全島中低海拔之林緣及荒廢地。

花序約6公分，花外之苞片甚大且先端具長芒尖。

三出葉，頂小葉卵形，兩面被毛，先端銳尖。

疏花山螞蝗

屬名　山螞蝗屬
學名　*Desmodium laxiflorum* DC.

半灌木，枝條匍匐，密被短毛。三出葉，頂小葉卵形至橢圓形，長4～7公分，寬2～5公分，先端銳尖，中肋明顯隆起，側脈約11對，托葉長5～6公釐。花紫色，花萼及花梗密生絨毛。莢果長約3公分，5～7節，兩面收縮。

　　產於亞洲熱帶地區；台灣分布於高雄、屏東及中部之低海拔，稀有。

萼片及花梗密生絨毛。（楊曆縣攝）

半灌木，枝條匍匐，密被短毛。花序甚長。（楊曆縣攝）

三出葉，脈約11對，中肋明顯隆起。（楊曆縣攝）

琉球山螞蝗

屬名　山螞蝗屬
學名　*Desmodium laxum* DC. subsp. *laterale* (Schindl.) Ohashi

草本，疏被毛。三出葉，頂小葉披針形，長5～10公分，寬1.5～3公分，先端漸尖，上表面有毛，下表面葉脈明顯，脈上有毛；托葉披針形，長5～7公釐。花紫色，花梗長5～12公釐。莢果長1～2公分，2～4節，腹面收縮，各節半菱形。

　　產於日本、琉球及中國；台灣分布於全島中低海拔之灌叢及森林。

莢果長1～2公分，2～4節，腹面收縮，各節半菱形。

頂小葉披針形，先端漸尖，上表面有毛，下表面葉脈明顯，脈上有毛。葉背無白點。

花紫色

草本，疏被毛。三出複葉。

細梗山螞蝗

屬名　山螞蝗屬
學名　*Desmodium laxum* DC. subsp. *leptopum* (Benth.) Ohashi

與琉球山螞蝗（見第 181 頁）區別在於葉歪卵形，無毛，脈不明顯，葉背具白點。

　　產於泰國、中南半島、菲律賓及馬來西亞、日本、琉球及中國華南；台灣分布於全島低海拔森林及灌叢。

花紫色

葉背具白點

植株與琉球山螞蝗相似

總狀花序

小葉山螞蝗

屬名　山螞蝗屬
學名　*Desmodium microphyllum* (Thunb. *ex* Murray) DC.

半灌木，微毛。三出葉，頂小葉橢圓形，長 5 ～ 10 公釐，寬 4 ～ 6 公釐，先端銳尖，上表面無毛，下表面微被伏毛；托葉線狀披針形，長 3 ～ 5 公釐。花粉紅色。莢果長約 1 公分，2 ～ 4 節，兩面深收縮。

　　產於亞洲；台灣分布於中南部及東部之中海拔山區。

花粉紅色

半灌木，微毛。三出複葉，頂小葉橢圓形，先端銳尖，上表面無毛。

多花山螞蝗

屬名　山螞蝗屬
學名　*Desmodium multiflorum* DC.

灌木，密被伏毛。三出葉，頂小葉倒卵形或橢圓形，長5～10公分，寬4～5公分，先端銳尖，兩面被毛；托葉披針形，長7～10公釐。花紫色。莢果長3～5公分，5～8節，兩面收縮。

　　產於喜馬拉雅山區至中國；台灣分布於中南部中海拔之灌叢及空地。

莢果5～8節，兩面收縮。

花紫色

三出複葉，頂小葉倒卵形或橢圓形，兩面被毛

灌木，密被伏毛。

圓菱葉山螞蝗

屬名　山螞蝗屬
學名　*Desmodium podocarpum* DC. subsp. *podocarpum*

灌木，密被毛。三出葉，頂小葉寬菱形，長3～8公分，寬2～5公分，先端銳尖。花粉紅色，長3～4公釐，花梗短於5公釐。莢果通常2節，長5～8公釐。

　　產於亞洲；台灣主要分布於中部中海拔之空曠地。

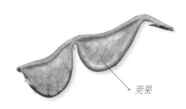
莢果

三出複葉，頂小葉寬菱形，先端銳尖。（林家榮攝）

灌木，密被毛。（林家榮攝）

花粉紅色，花梗短。（林家榮攝）

小山螞蝗

屬名　山螞蝗屬
學名　*Desmodium podocarpum* DC. subsp. *oxyphyllum* (DC.) Ohashi

與承名亞種（圓菱葉山螞蝗，見第 183 頁）區別在於其為草本，全株近無毛，頂小葉寬卵形，莢果 2 ～ 3 節，腹面深收縮。

　　產於亞洲；台灣主要分布於北部中海拔之潮濕及半陰性林地。

三出複葉，頂小葉寬卵形。

花粉紅色

莢果 2 ～ 3 節，腹面深收縮。

草本，全株近無毛。

腎葉山螞蝗

屬名　山螞蝗屬
學名　*Desmodium renifolium* (L.) Shindl.

匍匐性草本，無毛。單葉，腎形，長 1 ～ 1.5 公分，寬 2 ～ 2.5 公分，先端凹或截形，無毛；托葉甚小，線形，早落。花白色。莢果長 2 公分，3 ～ 5 節，腹面微縮，莢節長遠大於寬。

　　產於亞洲；台灣分布於南部低海拔之草地及灌叢。

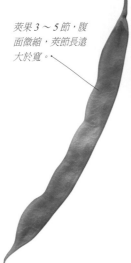

莢果 3 ～ 5 節，腹面微縮，莢節長遠大於寬。

花白色

匍匐性草本，無毛。單葉，腎形，先端凹或截形，無毛。

蝦尾山螞蝗

屬名　山螞蝗屬
學名　*Desmodium scorpiurus* (Sw.) Desv.

草本，具鉤毛。三出葉，頂小葉橢圓形，長1.5～3.5公分，寬0.8～3公分，先端鈍，兩面被毛。花粉紅色。莢果，圓柱形，長2～5公分，3～8節，兩面收縮，莢節長約為寬之3～4倍。
　　原產於熱帶美洲；台灣分布於中南部之低海拔荒地及路旁。

花粉紅色

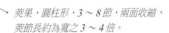

莢果，圓柱形，3～8節，兩面收縮，莢節長約為寬之3～4倍。

三出複葉，頂小葉橢圓形，先端鈍，兩面被毛。

草本，具鉤毛。三出複葉。

波葉山螞蝗

屬名　山螞蝗屬
學名　*Desmodium sequax* Wall.

灌木，可長至50～200公分，被鏽色鉤毛。三出葉，頂小葉菱形，長5～12公分，寬4～7公分，先端銳尖，前半部波狀緣，兩面微被毛；托葉披針形，約長5公釐。花粉紅色。莢果長4～5公分，8～12節，兩面收縮。
　　產於亞洲熱帶地區；台灣分布於全島中低海拔之空地。

花粉紅色

花序

被鏽色鉤毛。三出複葉，頂小葉菱形，先端銳尖，前半部波狀緣，兩面微被毛。

紫花山螞蝗

屬名	山螞蝗屬
學名	*Desmodium tortuosum* (Sw.) DC.

全株密被毛。三出複葉，頂小葉披針形至菱狀披針形，長 2.5～13 公分，寬 1.5～7 公分，鈍或圓頭，兩面被毛；托葉甚大，抱莖。頂生或腋生的總狀花序，花藍紫色，花梗被鉤毛。莢果長 0.8～3 公分，具 5～6 圓形莢節。

　　產於亞洲及非洲之熱帶地區；台灣分布於中部中低海拔地區。

具明顯大托葉

三出複葉，頂小葉披針形至菱狀披針形。

花紫紅色，花心具黃綠暈斑。

植株高可達 1 公尺餘

蠅翼草

屬名	山螞蝗屬
學名	*Desmodium triflorum* (L.) DC.

一年生草本，被細柔毛。三出葉，頂小葉倒卵形，長 6～10 公釐，寬 7～8 公釐，先端截形或凹，上表面無毛，下表面被毛，葉緣少毛，托葉長 3～4 公釐。花單生或二至三聚生，紫紅色。莢果長 8～15 公釐，2～5 節，腹面收縮。

　　產於亞洲熱帶地區；台灣分布於全島中低海拔之空地及草生地。

花紫紅色

花小，單生或二至三聚生。

一年生草本，被細柔毛，三出複葉。

西班牙三葉草(銀葉藤)

屬名　山螞蝗屬
學名　*Desmodium uncinatum* DC.

多年生草本，直立或斜上升，高 20 ～ 75 公分，莖基部多少木質化，具有多數分枝。小葉卵狀披針形、橢圓形或長橢圓形，長 2 ～ 10 公分，寬 1.5 ～ 4 公分，先端漸尖，中肋兩側具有白色大斑點或斑塊，上表面光滑或有倒伏性柔毛，下表面則密生柔毛。總狀花序，長 12 ～ 20 公分，頂生或腋生，被毛茸；花多數，白色或粉紅色；花冠長 7 ～ 8 公釐，旗瓣長圓形，先端圓。莢果，生長於直立而顯著的果梗上，8 ～ 9 節。

原產熱帶美洲；台灣於 1950 年代引進為牧草及綠肥，頗能適應台灣氣候，尤以砂質壤土為佳；分布於全島中低海拔林緣及荒廢地，南投清境農場到處可見。

葉中肋兩側具有白色大斑點或斑塊

莢果，生長於直立而顯著的果梗上，8 ～ 9 節。

直立或斜上升之多年生草本，莖基部多少木質化，具有多數分枝。

花冠長 7 ～ 8 公釐，旗瓣長圓形，先端圓。

絨毛葉山螞蝗

屬名　山螞蝗屬
學名　*Desmodium velutinum* (Willd.) DC.

半灌木，密被褐色絨毛。單葉，卵形，長 4 ～ 6 公分，寬 3 ～ 4 公分，先端銳尖至圓形，兩面被毛，微波狀緣，托葉鐮刀形。花紫紅色。莢果長 2 公分，4 ～ 5 節，腹面收縮，背面微縮。

產於亞洲及非洲之熱帶地區；台灣分布於南部低海拔之空地及溼地。

單葉，卵形，先端銳尖至圓形，兩面被毛，微波狀緣，托葉鐮刀形。

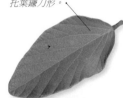

莢果 4 ～ 5 節，腹面與背面微縮。

半灌木，密被褐色絨毛。

花紫紅色

單葉拿身草

屬名　山螞蝗屬
學名　*Desmodium zonatum* Miq.

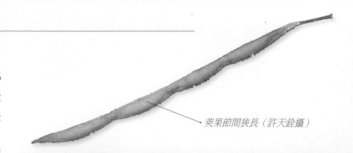

莢果節間狹長（許天銓攝）

半灌木，嫩部具細柔毛。單葉，長橢圓狀披針形，長 4 ～ 6
公分，寬 1.5 ～ 2 公分，先端尾狀銳尖，上表面無毛，下表
面被毛；托葉披針形，長約 5 公釐，宿存。花白色。莢果長
4 ～ 6 公分，4 ～ 8 節，兩面收縮。

　　產於印度、斯里蘭卡、緬甸、泰國、中南半島、馬來西
亞、爪哇、菲律賓及中國華南；台灣分布於北部及東部中海
拔之林緣。

花白色（林家榮攝）

葉為單葉（許天銓攝）

半灌木，嫩部具細柔毛。

扁豆屬 DOLICHOS

纏 繞性草本。花單生或數朵簇生於腋間；花萼鐘形，五齒裂，二唇化，上方 2 枚合生；花冠蝶形，旗瓣具附屬物；二體雄蕊。莢果扁平，具喙。

三裂葉扁豆 特有種

屬名　扁豆屬
學名　*Dolichos trilobus* L. var. *kosyuensis* (Hosokawa) Ohashi

三出葉，頂小葉卵形至橢圓形，長 1 ～ 2 公分，寬 1 ～ 2 公
分，先端銳尖，有小托葉；托葉宿存，披針形。花白色、粉
紅色至紫色。莢果長橢圓形，稍彎，長 5 ～ 7 公分。

　　特有變種，分布於屏東低海拔之灌木林中。

莢果扁平，具喙。

花紫紅色，小。花萼二唇化，上方 2
枚合生，花冠蝶形。

三出葉，有小托葉，頂小葉卵形至橢圓形。

山黑扁豆屬 DUMASIA

纏 繞性草本。三出葉，有小托葉。總狀花序；花萼筒狀，先端截形；花冠蝶形，旗瓣具距；二體雄蕊，9+1。莢果念珠狀，成熟時黑色。種子 1 ～ 3 粒。

苗栗野豇豆 特有種

屬名 山黑扁豆屬
學名 *Dumasia miaoliensis* Y.C. Liu & F.Y. Lu

莖細長，光滑無毛。頂小葉卵形，長 3 ～ 4.5 公分，寬 1.5 ～ 3.5 公分，先端截形至微凹，中肋突出，無毛。花黃色，花萼筒狀。莢果鐮刀狀，長 2.5 ～ 3 公分，光滑無毛。

特有種，分布於苗栗中海拔之森林邊緣。

花黃色，花萼筒狀。

花正面，花二唇化。

莢果鐮刀狀，光滑，長 2.5 ～ 3 公分。

頂小葉卵形，長 3 ～ 4.5 公分，寬 1.5 ～ 3.5 公分，光滑。

藤本，莖細長，光滑無毛。

台灣山黑扁豆 特有種

屬名　山黑扁豆屬
學名　*Dumasia villosa* DC. subsp. *bicolor* (Hayata) Ohashi & Tateishi

三出複葉，頂小葉卵圓形，長 3 ～ 6 公分，寬 1.5 ～ 2.5 公分，先端銳尖，上表面暗綠色，常具白斑紋，下表面灰綠色，被白灰色毛，有小托葉。總狀花序，花冠蝶形，黃色，旗瓣具距，花柱及子房柄短且具毛。莢果密生棕色柔毛，長 2 ～ 3 公分。

　　特有亞種，分布於台灣全島中低海拔坡地之次生林與灌叢中。

頂小葉卵圓形。葉下表面灰綠色，被白灰色毛。

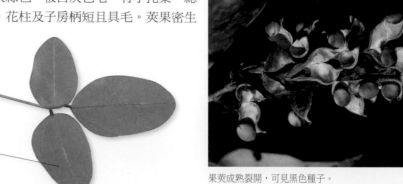
果莢成熟裂開，可見黑色種子。

花黃色，花冠蝶形。

葉上表面暗綠色，常顯白斑紋。

莢果密生棕色柔毛，長 2 ～ 3 公分。

野扁豆屬 DUNBARIA

藤本。三出葉，葉背面具腺點，稀具托葉。花單生，或少數成腋生之總狀花序；花萼鐘狀，五裂，上方 2 萼片合生，具黃色腺點；花冠蝶形，覆瓦狀排列，旗瓣近圓形或倒卵形，基部具耳，包圍翼瓣，翼瓣具耳；雄蕊 10 枚，合生成管狀，二體雄蕊。莢果扁平，成熟時彈開，果瓣捲繞。

麥氏野扁豆

屬名	野扁豆屬
學名	*Dunbaria merrillii* Elmer

頂小葉寬卵形或近菱形，長寬各 4 ～ 7 公分，先端漸尖，基部楔形，葉背被白密毛。總狀花序，花黃色，花心具紅暈。莢果長10 ～ 12 公分。

　　產於菲律賓；台灣分布於蘭嶼海邊灌叢中。

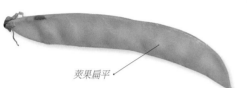

莢果扁平

頂小葉寬卵形或近菱形，先端漸尖。

葉背被白密毛

總狀花序，花疏生。果熟時黑色。

圓葉野扁豆

屬名　野扁豆屬
學名　*Dunbaria rotundifolia* (Lour.) Merr.

藤本。三出葉，頂小葉四方橢圓形，長寬各 1～3 公分，先端漸尖至銳尖，基部圓至楔形，被毛。花單生，黃色。莢果長 3～5 公分，纖毛緣。

　　產於亞洲及澳洲；台灣分布於中南部低海拔之空地、草生地及林緣。

頂小葉四方橢圓形，長寬各1～3公分。（郭明裕攝）

莢果纖毛緣，長3～5公分。（許天銓攝）

旗瓣基部有紅紋（許天銓攝）

開花植株（許天銓攝）

鴨腱藤屬 ENTADA

木質藤本或蔓性灌木。二回羽狀複葉，最先端小葉變形為卷鬚。穗狀花序；花萼鐘形，萼齒5；花瓣5枚，離生或基部癒合；雄蕊10枚，離生。莢果下垂，長常超過1公尺，扁平，厚，分節。

恆春鴨腱藤

屬名	鴨腱藤屬
學名	*Entada phaseoloides* (L.) Merr. subsp. *phaseoloides*

二回羽狀複葉，最先端小葉變形為卷鬚；小葉2～3對，稀4對，不等邊長橢圓形或倒卵狀橢圓形，長3～9公分，寬1～4公分，表面光滑無毛。莢果帶狀，平直或稍彎曲。種子黑或棕黑色，心形、圓形或橢圓形，中央部位凸起，直徑3～5公分，表面光亮伴有細微的網狀線紋，邊緣成溝狀。

分布於恆春半島海拔400公尺以下之闊葉林內或海邊。

花瓣5，雄蕊10，離生。

二回羽狀複葉，總葉柄頂端具2分岔之等長卷鬚，小葉2～3對。

穗狀花序

植株

莢果帶狀平直或稍彎曲（郭明裕攝）

越南鴨腱藤（鴨腱藤、
榼藤子）

屬名　鴨腱藤屬

學名　*Entada phaseoloides* (L.) Merr. subsp. *tonkinensis* (Gagnep.) H. Ohashi

常綠藤本，全株無毛。小葉 1 ～ 3 對，歪斜倒卵形至卵狀披針形，長 2 ～ 6 公分，寬 1 ～ 3 公分，革質。花淡黃色。莢果扁平，長 30 ～ 100 公分，寬 7.5 ～ 10 公分，略彎曲，有節。種子扁圓形，黑紫色，直徑 4 ～ 5 公分。

　　廣布於熱帶地區；台灣分布於嘉義以北之低海拔闊葉林中。

果莢成熟褐色

莢果扁平，略彎曲，有節。

花序總狀，甚長。（林家榮攝）

花淡黃色（林家榮攝）

小葉 1 ～ 3 對，歪斜倒卵形。（林家榮攝）

厚殼鴨腱藤（台灣鴨腱藤）

屬名　鴨腱藤屬
學名　*Entada rheedei* Spreng.

木質藤本。三回羽狀複葉，小葉 4～5 對，對生，歪斜倒卵形至卵狀披針形，長 2～6 公分，寬 1～3 公分。花白色。莢果節間明顯內縮，各節呈近圓形。

　　產於亞、非洲熱帶；分布於台灣嘉義以南之低海拔闊葉林中。

花序總狀，花密集。（林家榮攝）

春季開花，莢果翌年成熟。（林家榮攝）

莢果節間明顯內縮，各節呈近圓形。（郭明裕攝）

三回羽狀複葉，小葉 4～5 對。（林家榮攝）

大型木質藤本（林家榮攝）

豬仔笠屬 ERIOSEMA

草本。單葉，托葉線形。總狀花序，腋生；花萼鐘形，五淺裂；花冠蝶形，旗瓣倒卵形，基部具瓣柄與耳狀物，包圍翼瓣；雄蕊10枚，合生成管狀之二體雄蕊；雌蕊心皮1枚，柱頭頭狀，子房1室，子房上位。

豬仔笠

屬名	豬仔笠屬
學名	*Eriosema chinense* Vogels

全株被白毛。單葉，互生，長橢圓狀披針形，長2.5～3.5公分，寬5～7公釐，先端尖，兩面被白長毛，托葉線形。花黃色，旗瓣基部有紅斑紋。莢果稍膨大，橢圓形，先端有尾尖，長7～10公釐，密被長毛。

產於菲律賓、澳洲北部、昆士蘭、孟加拉、緬甸、印度、越南、馬六甲及中國；台灣分布於出風鼻及佳洛水，稀有。

花序總狀，花密集。旗瓣基部有紅斑紋。

托葉線形。莢果稍膨大，橢圓形，先端有尾尖，密被長毛。

莢果成熟時黑色。

單葉，互生，長橢圓狀披針形，兩面被白長毛，先端尖。

刺桐屬 ERYTHRINA

灌木或喬木，具刺。三出葉，具小腺體狀托葉。總狀花序，花常密生；花萼鐘形；花冠蝶形，早落；二體雄蕊，9+1，或10枚雄蕊合生至花絲中部。莢果膨大。

刺桐

屬名	刺桐屬
學名	*Erythrina variegata* L.

落葉性大喬木，具刺，易落。三出複葉，頂小葉寬卵形，長寬各10～15公分，先端突尖，無毛，小葉柄基部具1對蜜槽。總狀花序，開花時幾乎無葉片，花常密生；花萼鐘形；花冠蝶形，早落；二體雄蕊，9+1，或10枚雄蕊合生，花絲鮮紅色。莢果念珠狀，長15～30公分。

　　產於亞洲熱帶至波里尼西亞；台灣分布於南部平地、蘭嶼及小琉球。

落葉性大喬木，具刺，易落。開花時幾乎無葉片。

葉表光滑

花絲鮮紅色

山豆根屬 EUCHRESTA

灌木。奇數羽狀複葉。總狀花序；花萼合生成鐘狀或管狀，歪斜，五齒裂；花瓣5枚，覆瓦狀排列，花冠蝶形，旗瓣包圍翼瓣，翼瓣與龍骨瓣具瓣柄；雄蕊10枚，合生成管狀之二體雄蕊；雌蕊心皮1枚，花柱線形，柱頭頭狀。莢果卵球形，種子1粒。

台灣山豆根

屬名	山豆根屬
學名	*Euchresta formosana* (Hayata) Ohwi

灌木。小葉對生，5～7枚，橢圓形至披針形，長7～10公分，寬2.5～3.5公分，先端尾狀，兩面平滑。花白色。莢果核果狀，卵球形，長約2公分，成熟時黑色，不開裂，具種子1粒。

　　產於琉球及菲律賓；台灣分布於全島中低海拔山區之闊葉林中較遮蔭處。

小葉對生，5～7枚，橢圓形至披針形。莢果核果狀，成熟時為黑色。

花白色，花萼合生成管狀。

小灌木，總狀花序頂生，喜生於林內。

雄蕊10枚，合生成管狀，二體雄蕊。

佛來明豆屬 FLEMINGIA

草木或灌木。單葉或三出葉,葉背具腺點,無小托葉。圓錐花序、總狀花序或聚繖花序;花萼鐘形,五深裂,最底 1 枚裂片最長;花冠蝶形;二體雄蕊,9+1。莢果長橢圓形,種子 1 ～ 2 粒。

線葉佛來明豆(線葉千斤拔)

屬名	佛來明豆屬
學名	*Flemingia lineata* (L.) Roxb.

小灌木。三出葉,頂小葉倒披針形,長3～6公分;托葉披針形,長 5 ～ 6 公釐。圓錐花序,花紫紅白色;苞片小,線形,具腺毛。果實扁圓形,密被腺毛。

　　產於喜馬拉雅山區至東南亞及澳洲北部;台灣分布於南部低海拔之開闊草原,稀有。

花紫紅白色

萼片密生腺毛

果扁圓形,上密被腺毛。

分布於台灣南部低海拔開闊草原中,稀有。

大葉佛來明豆

屬名　佛來明豆屬

學名　*Flemingia macrophylla* (Willd.) Kuntze *ex* Prain

直立灌木，嫩枝具翼，被毛。三出葉，頂小葉橢圓形，長 10 ～ 15 公分，先端漸尖，葉柄明顯翼狀；托葉早落，長約 8 公釐。總狀花序，花白色，萼片上有黃色腺點，旗瓣綠色，有紅色斑塊或條紋。莢果長橢圓形，長 1.1 ～ 1.5 公分，膨腫狀，內有種子 2 粒。

　　產於印度至中國華南；台灣分布於全島低海拔山野及灌叢。

三出葉，頂小葉橢圓形。

總狀花序，花具紅色斑塊或條紋。

葉柄明顯翼狀

新鮮豆莢

直立灌木，可長至 1 ～ 2 公尺高。

菲島佛來明豆（菲律賓千斤拔）

屬名　佛來明豆屬
學名　*Flemingia prostrata* Roxb.

攀緣性灌木，全株被密毛。三出葉，頂小葉狹橢圓形，長 3 ～ 8 公分，先端銳尖或鈍；托葉早落，長約 7 公釐。總狀花序，腋生，花紫白色。果實具許多黃色腺點，長橢圓形，內有 2 粒種子。

　　產於菲律賓、中國及印度；台灣分布於全島低海拔草生地。

莢果熟時由綠轉為紅色

果實具許多黃色腺點

總狀花序，腋生，花紫白色。

三出複葉，頂小葉狹橢圓形。

攀緣性灌木，全株被密毛。

佛來明豆

屬名　佛來明豆屬
學名　*Flemingia strobilifera* (L.) R. Br. *ex* Ait.

直立灌木，50 ～ 150 公分高。單葉，卵形至長橢圓形，長 7 ～ 16 公分，先端銳尖，側脈 7 ～ 8 對，葉背被毛；托葉披針形，長約 5 公釐。聚繖花序，為圓形或腎形之苞片圍住；花白綠色，旗瓣基部有淡紅紋。莢果長約 2 公分，被細微的毛。

　　產於印度、中國及馬來西亞；台灣分布於南部低海拔灌叢、林緣及路旁。

葉背被毛，側脈 7 ～ 8 對。

花白綠色，旗瓣基部有淡紅紋。

莢果長約 2 公分，有細微的毛，包於腎形之苞片內。

苞片甚大

台產本屬惟一單葉者

乳豆屬 GALACTIA

纏繞性草本。三出葉,具小托葉。總狀花序,花序的節點上通常膨大;花萼鐘形,上方 2 枚癒合,微裂,下方 3 枚中裂,最底部 1 枚最長;花冠蝶形;二體雄蕊,9+1。莢果扁平。

田代氏乳豆

屬名	乳豆屬
學名	*Galactia tashiroi* Maxim.

纏繞性草本。三出複葉,頂小葉圓形或橢圓形,長寬各 1.5 ～ 2 公分,先端凹,背面密被伏毛。花序腋生,花粉紅色,花萼長 4 ～ 5 公釐。莢果線形,長 3 ～ 4 公分,寬 7 ～ 8 公釐。

　　產於琉球;台灣分布於恆春半島及東部、北部之離島、海邊。

花粉紅色

三出複葉,頂小葉圓形或橢圓形。

莢果線形(許天銓攝)

葉背密生毛

纏繞性草本。花序腋生。

偶有 5 枚小葉

細花乳豆

屬名	乳豆屬
學名	*Galactia tenuiflora* (Klein *ex* Willd.) Wight & Arn. var. *tenuiflora*

頂小葉長橢圓形至倒卵形，長 2 ～ 3 公分，寬 1.5 ～ 2.5 公分，先端凹，上表面近無毛，下表面被疏毛。花 2 ～ 10 朵，粉紅色，花梗細。莢果線形，長 3 ～ 6 公分，寬 5 ～ 7 公釐。

　　產於印度至馬來西亞、澳洲及中國華南；台灣分布於全島低海拔灌叢邊緣及路旁。

花冠蝶形，旗瓣基部常有綠斑。

頂小葉長橢圓形至倒卵形

莢果線形

毛細花乳豆

屬名	乳豆屬
學名	*Galactia tenuiflora* (Klein *ex* Willd.) Wight & Arn. var. *villosa* (Wight & Arn.) Baker

承名變種（細花乳豆，見本頁）區別在於葉上表面被絨毛，花 8 ～ 20 朵，花梗較粗。

　　分布於台灣南部低海拔灌叢中。

莢果扁平（郭明裕攝）

與細花乳豆區別在於葉上表面被絨毛，花 8 ～ 20 朵，花梗較粗。

皂莢屬 GLEDITSIA

落葉喬木，具刺。一回或二回羽狀複葉。總狀花序，常圓錐花序化；花兩性或單性，雌雄異株或雜性；花萼合生成筒狀，三至五裂；花瓣 3 ～ 5 枚，覆瓦狀排列，略等長；雄蕊 5 ～ 10 枚，離生；雌蕊心皮 1 枚，柱頭頭狀。莢果扁平，開裂或不開裂。

恆春皂莢 特有種

屬名	皂莢屬
學名	*Gleditsia rolfei* Vidal

一回偶數羽狀複葉，小葉 8 ～ 10 對，歪斜長橢圓形，長 2 ～ 3 公分，寬 1 ～ 1.5 公分，先端微凸，鈍齒緣，葉面無毛，葉柄微被毛。具兩性花及單性花，花綠色，花瓣被毛，花絲基部具絨毛。莢果稍呈鐮刀狀，不開裂，長 18 ～ 20 公分。

特有種，分布於恆春半島溪畔灌叢中。

雄花，雄蕊 5 ～ 10 枚，花絲基部具毛，花瓣被毛。

兩性花，雌蕊的柱頭頭狀。（郭明裕攝）

莢果稍鐮刀狀（郭明裕攝）

一回偶數羽狀複葉，小葉 8 ～ 10 對，歪斜長橢圓形。

大豆屬 GLYCINE

三出複葉至奇數羽狀複葉，小葉 3 ～ 7 枚，中肋突出，具小托葉。總狀花序；花萼鐘形，上方 2 枚合生，下方 3 枚中裂；花冠蝶形；單體雄蕊。莢果在種子間收縮。

扁豆莢大豆 特有種

屬名	大豆屬
學名	*Glycine dolichocarpa* Tateishi & H. Ohashi

多年生草本。枝條及葉柄的毛為逆向毛。頂小葉卵形至披針形，長 3 ～ 6 公分，表面密被白毛，先端銳尖。上方 2 枚萼片合生約三分之二。莢果線形，果實通常長 2.2 ～ 3.2 公分，內有種子 5 ～ 9 粒。

　　特有種，分布於台灣南、北部海岸，不常見。

花紫紅色

三出複葉。分布於台灣南、北部海岸。

枝條具逆向毛（郭明裕攝）

果實長 2.2 ～ 3.2 公分，內有種子 5 ～ 9 粒。（郭明裕攝）

毛豆（大豆、黃豆）

屬名	大豆屬
學名	*Glycine max* (L.) Merr. subsp. *max*

一年生草本，高 30 ～ 90 公分，莖粗壯，直立，密被褐色長硬毛。葉通常具 3 枚小葉，小葉寬卵形，紙質，葉柄長 2 ～ 20 公分。總狀花序，花通常 5 ～ 8 朵；花萼披針形；花冠紫色、淡紫色或白色。莢果肥大，稍彎，下垂，黃綠色，密被褐黃色長毛。種子 2 ～ 5 顆，橢圓形或近球形，種皮光滑，有淡綠、黃、褐及黑等多色。

　　原產於中國，中國各地均有栽種，亦廣泛栽種於全世界。

莢果肥大，稍彎，下垂，黃綠色，密被褐黃色長毛。

葉通常具 3 小葉，葉柄長 2 ～ 20 公釐，小葉寬卵形。

花紫色、淡紫色或白色。

台灣大豆 特有種

屬名　大豆屬

學名　*Glycine max* (L.) Merr. subsp. *formosana* (Hosokawa) Tateishi & H. Ohashi

一年生草本，全株覆褐毛。頂小葉線形至披針形，長 2 ～ 8 公分，先端鈍，中肋明顯隆起，兩面疏被毛。花序短於葉柄；花白色或紫色，上方 2 枚萼片合生至近頂。莢果線形，長 1 ～ 2 公分，密被長黃絨毛。種子 2 ～ 3 粒。

　　特有亞種，分布於台灣中、北部低海拔空地，稀有。

花小，白色或紫色。

頂小葉線形至披針形

莢果線形，長 1 ～ 2 公分，密被長黃絨毛。

花序長度短於葉柄

分布於台灣中、北部低海拔空地，稀有。

澎湖大豆

屬名 大豆屬
學名 *Glycine tabacina* (Labill.) Benth.

植株被疏伏毛。頂小葉長橢圓形至披針形，長約 0.5～6.5 公分，先端銳尖，上表面無毛，下表面近無毛或疏被伏毛。花萼鐘形，上方 2 枚合生至近頂，下方 3 枚中裂。莢果線形，長 2～4 公分。

　　產於澳洲至中國華南；台灣分布於馬祖、金門、澎湖群島及恆春半島平地之草生地及荒廢地。

三出複葉，頂小葉線形至披針形，先端鈍，中肋明顯隆起，兩面疏被毛。

花紫色，花徑 7～8 公釐。

莢果線形，長 2～4 公分，內有種子 3～9 粒。

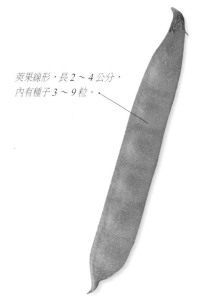

葉背面疏被伏毛

分布於馬祖、金門、澎湖群島與恆春半島平地之草生地及荒廢地。

闊葉大豆(一條根)

屬名	大豆屬
學名	*Glycine tomentella* Hayata

枝條上之毛平伸。頂小葉狹橢圓形，長 3～3.5 公分，先端銳尖，兩面被毛。花紫色或白紫色，上方 2 枚萼片合生約二分之一。莢果線形，長 1～2 公分。種子 2～5 粒。

　　產於澳洲、菲律賓、太平洋群島及中國華南；台灣分布於南部低海拔空曠地，並為金門之民俗植物。

莢果線形，被毛。

萼片合生至二分之一處（扁豆莢大豆合生至三分之二處）

分布於南部低海拔空曠地

枝條及葉柄的毛為平伸或順向毛

三出複葉，頂小葉狹橢圓形，先端銳尖，兩面被毛。

墨水樹屬 HAEMATOXYLUM

喬木。一回或二回偶數羽狀複葉，互生，葉腋具銳刺。花兩性，總狀花序；花萼基部合生，先端五裂，早落；花瓣 5 枚，覆瓦狀排列；雄蕊 10 枚，離生，花絲基部被毛；雌蕊心皮 1 枚，柱頭頭狀，子房 1 室，子房上位，邊緣胎座。

墨水樹

屬名	墨水樹屬
學名	*Haematoxylum campechianum* L.

小葉 2～4 對，倒卵形，長 2～3 公分，寬 1～2.5 公分，先端凹缺或截形，兩面無毛。花具香味，花萼黃色帶紫，花瓣鮮黃色。莢果鐮刀形，長 2～6 公分，寬 8～12 公釐。

　　由哥倫比亞或西印度群島引進台灣，於南部栽植及逸出。

莢果鐮刀形

小葉 2～4 對，倒卵形，長 2～3 公分，兩面無毛。

花具香味，花萼黃色帶紫，花瓣鮮黃色。

木藍屬 INDIGOFERA

至多年生草本或灌木。單葉、三出葉或奇數羽狀複葉，小葉 4～25 枚，托葉早落或宿存，具明顯葉枕與托葉離生。花兩性，總狀花序，花萼鐘形，花冠蝶形，二體雄蕊或單體雄蕊，花藥先端具短突起。莢果平直或圓筒形或四稜形不收縮。

此屬是藍色染料 Indigo 的來源。

花紅色

馬棘

| 屬名 | 木藍屬 |
| 學名 | *Indigofera fungeaua* Walp |

多年生直立灌木，株高可達 2 公尺，莖四方形，被毛。一回羽狀複葉，小葉 7～9 枚，對生，頂小葉橢圓形至倒卵形，長 2.5 公分，先端圓，兩面被有倒伏毛。總狀花序腋生，花序長 5～12 公分；花冠蝶形，紫紅色；二體雄蕊，9+1。莢果線狀圓筒形，長 2.3～3.3 公分，被白毛，朝下生長，先端具喙，內含種子 5～9 粒。

原產中國；台灣歸化於中海拔山區。

莢果線狀圓筒形，被白毛，朝下生長，先端具喙。

莖上被毛，四方形。花序甚長。

多年生直立灌木，株高可達 2 米。

貓鼻頭木藍 特有種

| 屬名 | 木藍屬 |
| 學名 | *Indigofera byobiensis* Hosokawa |

匍匐性草本，少分枝，被伏毛。羽狀複葉，小葉 5～7 枚，對生，長橢圓形，長 6～12 公釐，寬 4～6 公釐，先端銳尖，兩面被毛。花粉紅色，4～5 公釐長。莢果具四稜角，線形，長 1.5～2.5 公分，被伏毛。種子 5～7 粒。

特有種，分布於墾丁國家公園西南部之海邊。

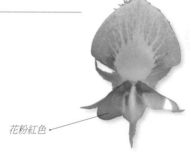

花粉紅色

莢果具四稜角，線形，被伏毛。

羽狀複葉，小葉 5～7，對生，長橢圓形，兩面被毛。

匍匐性草本，少分枝，被伏毛。

假大青藍

屬名　木藍屬
學名　*Indigofera galgeoides* DC.

灌木，嫩枝被伏毛。羽狀複葉，小葉 15 ～ 25 枚，對生，長橢圓形，長 15 ～ 25 公釐，寬 6 ～ 8 公釐，
先端鈍至圓，兩面被毛。花呈玫瑰紅色，長約 1 公分。果序直立生長，莢果線形，長 5 ～ 7 公分，
種子 15 ～ 18 粒。

　　產於中國；台灣分布於恆春半島低海拔之林徑或林緣，不常見，僅見於春日鄉士文村及車城鄉
四重溪。

莢果線形

羽狀複葉，小葉 15 ～ 25 枚，對生，長橢圓形。

花玫瑰紅色，長約 1 公分。

果序直立生長

灌木，嫩枝被伏毛。

腺葉木藍 特有種

屬名　木藍屬
學名　*Indigofera glandulifera* Hayata

多年生灌木，嫩枝被伏毛。三出葉，小葉橢圓形至披針形，長 8 ～ 22 公釐，寬 3.5 ～ 6 公釐，先端銳尖至鈍，兩面被毛，背面有腺點。花序比葉子短，花紅色。莢果橢圓形，長 1 ～ 1.8 公分，被毛，四稜，種子 2 ～ 5 粒。

　　特有種，分布於台灣南部恆春半島及台東紅葉村之平原草地。

花紅色

莢果橢圓形，被毛，四稜。

花序比葉子短

葉背面有腺點

三出葉，小葉橢圓形至披針形。

毛木藍

屬名　木藍屬
學名　*Indigofera hirsuta* L.

一年生至二年生草本，密被褐毛。羽狀複葉，小葉 5～7 枚，
對生，倒卵形，長 3～3.5 公分，寬 0.5～1 公分，先端圓，
兩面密被粗毛。花紅色，萼片被粗毛。莢果線形，長 2～4
公分，先端具尾刺，密被粗毛。種子 6～8 粒。
　　產於熱帶地區；台灣分布於全島中、低海拔空曠地。

果莢 ——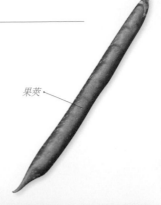

果熟轉為紅褐色

羽狀複葉，小葉 5～7 枚，對生，倒卵形，兩面密被粗毛。

花紅色，萼片被粗毛。

莢果線形，先端具尾刺，密被粗毛。

全株密被褐毛

細葉木藍

屬名	木藍屬
學名	*Indigofera linifolia* (L. f.) Retz.

一年生草本，密被銀白色毛。單葉，線形，長8～22公釐，寬3.5～
6公釐，先端銳尖，兩面被毛。花紅色，長約3.5公釐。莢果圓球
狀，徑約2公釐，密被銀白色絨毛，種子1粒。

　　產於印度、斯里蘭卡、馬來西亞、菲律賓、中國及澳洲；台
灣分布於中南部之平原空曠地。

花蕊尚未露出之花朵

花磚紅色，萼片長三角形。

結許多果實之植株

莢果圓球狀，密被銀白色絨毛，徑
約2公釐，種子1粒。

全株密被銀白色毛。單葉，線形。

黑木藍

屬名	木藍屬
學名	*Indigofera nigrescens* Kurz ex Prain

多年生草本至灌木，高可逾50公分，被伏毛。羽狀複葉，小葉13～17枚，
對生，長橢圓形，長1.5～2公分，寬8～12公釐，先端具小突尖，兩面
被毛。總狀花序甚長，長度大約羽葉的2倍，花密生，紅色，長7公釐，
花冠被黑毛。莢果狹長橢圓形，平直或先端微彎，長15～20公釐，被黑毛，
種子7～8粒。

　　產於印度、馬來西亞、中國華南及菲律
賓；台灣分布於南部低海拔空曠地，不常見，
曾被紀錄於藤枝、枋寮及奮起湖。

莢果狹長橢圓形，平
直或先端微彎，表面
上有黑毛。

花紅色，7公釐長，密生，花背面被黑毛。

多年生草本至灌木，高可逾50公分，被伏毛。羽狀複葉，小葉13～17枚，對生，長橢圓形，先端具小突尖，
兩面被毛。

長梗木藍

屬名	木藍屬
學名	*Indigofera pedicellata* Wight & Arn.

匍匐性灌木，高可達 50 公分，全株密生毛。三出葉，頂小葉倒卵形，長 7 ~ 10 公釐，寬 3.5 ~ 6 公釐，先端圓，上表面無毛，下表面被腺體。花序比葉長，花紅色，長 8.5 ~ 9.5 公釐。莢果具四稜角，長橢圓形，長 1.6 ~ 2.4 公分，表面被毛狀物，種子 5 ~ 8 粒。

產於印度；台灣僅分布於恆春半島海邊，以佳洛水及龍坑一帶尤多。

花紅色

莢果具四稜角，表面被毛狀物，長橢圓形。

匍匐灌木，全株密生毛，僅見於龍坑及佳洛水等地。

三出葉，頂小葉倒卵形。花紅色，長 8.5 ~ 9.5 公釐。

太魯閣木藍 特有種

屬名	木藍屬
學名	*Indigofera ramulosissima* Hosokawa

灌木，枝條近無毛，多分枝。羽狀複葉，小葉 5 ~ 7 枚，對生，倒卵形，長 3 ~ 8 公釐，寬 2 ~ 4 公釐，先端銳尖。總狀花序腋生，花序長 1.3 ~ 2.5 公分，花 6 ~ 12 朵；花長 3 ~ 3.5 公釐，表面上被許多毛狀物。莢果線形，長約 1.5 公分，種子 4 ~ 6 粒。

特有種，分布於太魯閣山區之岩石坡地，稀有。

花紅色

羽狀複葉，小葉 5 ~ 7 枚，不大，3 ~ 8 公釐長。

總狀花序，6 ~ 12 朵花；花被毛。

穗花木藍

屬名　木藍屬

學名　*Indigofera spicata* Forsk.

一年生草本，被灰色二岔伏毛。羽狀複葉，小葉 7 ～ 11 枚，
互生，倒披針形至倒卵形，長 1 ～ 2 公分，寬 4 ～ 7 公釐，
先端圓，上表面無毛，下表面被毛。花序與葉近等長，密生
60 ～ 80 朵小花，花紅色。莢果下垂，線形，具四稜，長 1 ～
2 公分，種子 8 ～ 10 粒。

　　產於印度、中國華南、中南半島至印尼；台灣分布於全
島中低海拔空曠地。

花紅色

穗狀花序

植株

莢果具四稜，下垂。

花序密生 60 ～ 80 朵小花，花紅色，花序與葉近等長。

野木藍

屬名　木藍屬
學名　*Indigofera suffruticosa* Mill.

直立小灌木，高90～150公分，全株被伏毛。羽狀複葉，長5～10公分，小葉9～
15枚，對生，倒披針形，長1～4公分，先端尾狀突尖，上表面無毛，下表面被毛。
花紅色。莢果彎曲如弓形，長1～1.5公分，被毛，種子6～8粒。
　　原產熱帶美洲；台灣歸化於全島低海拔之空曠地。

花冠蝶形，花藥先端具明顯之短突起。

花紅色

花序直立

莢果彎曲如弓形，長約1公分，被毛。

直立小灌木，全株被伏毛。羽狀複葉，小葉9～15枚，對生，倒披針形，上面無毛，背面被毛。

台灣木藍 特有種

屬名 木藍屬

學名 *Indigofera taiwaniana* T.C. Huang & M.J. Wu

一年生至二年生匍匐性草本，被二岔伏毛。羽狀複葉，小葉 4 ～ 6 枚，互生，橢圓狀倒披針形，長 8 ～ 18 公釐，寬 2.5 ～ 5 公釐，先端微凸，上表面近緣處被毛，下表面被毛。花紅色，長 5 ～ 6 公釐。莢果線形，具四稜，長 21 ～ 23 公釐，被毛，種子 7 ～ 10 粒。

　　特有種，分布於墾丁國家公園西南角之珊瑚礁岩及草地，稀有。

花紅色，長 5 ～ 6 公釐。

莢果具四稜，線形，長 21 ～ 23 公釐。

小葉 4 ～ 6 枚，互生，橢圓倒披針形，背面被毛，先端微凸。葉背被長毛。

一年生至二年生匍匐草本，本種與穗花木藍相近，惟本種小葉 4 ～ 6（vs. 8 ～ 10），葉緣具毛（vs. 光滑），花序有 20 ～ 30 朵小花（vs. 60 ～ 80 朵），可以茲區別。（呂順泉攝）

木藍

屬名　木藍屬
學名　*Indigofera tinctoria* L.

灌木，疏被絹毛。羽狀複葉，小葉 7 ～ 13 枚，對生，倒卵形，長 1 ～ 1.5 公分，寬 6 ～ 9 公釐，先端銳尖至截形，上表面無毛，下表面被毛。花紅色，腋生，長約 0.5 公分，近無柄。莢果長橢圓形至鐮刀形，種子 8 ～ 10 粒。

　　產於熱帶地區；台灣分布於中部、東南部及南部低海拔近溪流之空曠地。

灌木，疏被絹毛。

羽狀複葉，小葉 7 ～ 13 枚，對生，倒卵形。

花紅色，腋生，近無柄，長 0.5 公分左右。

三葉木藍

屬名　木藍屬
學名　*Indigofera trifoliata* L.

灌木，疏被伏毛。三出葉，小葉倒卵形，長 1 ～ 1.5 公分，寬 5 ～ 8 公釐，先端凹，兩面疏被毛，中肋光滑無毛。花紅色。莢果長橢圓形，長 1.2 ～ 1.5 公分，種子 6 ～ 8 粒。

　　產於印度、馬來西亞、菲律賓及澳洲；台灣分布於蘭嶼及綠島之山坡草地和海邊。

花冠外側被毛

生於綠島及蘭嶼的海邊沙灘或開闊地

三出葉，小葉倒卵形，長 1 ～ 1.5 公分。

脈葉木藍

屬名　木藍屬
學名　*Indigofera venulosa* Champ. *ex* Benth.

花淡紫色

灌木，無毛。羽狀複葉，小葉 9 ～ 15 枚，對生，卵形至倒卵形，長 2 ～ 2.5 公分，寬 1 ～ 1.5 公分，先端截形或微凹，上表面無毛，下表面被二叉伏毛，葉脈明顯。花疏生，淡紫色。莢果線形，長 4 ～ 5 公分，種子 10 ～ 12 粒。

　　產於中國；台灣分布於中北部中海拔山區之岩坡及路旁，谷關及佳保台尤多。

灌木，無毛，植株高可達 30 ～ 50 公分。（郭明裕攝）

羽狀複葉，小葉 9 ～ 15 枚，對生，卵形至倒卵形。

蘭嶼木藍

屬名　木藍屬
學名　*Indigofera zollingeriana* Miq.

灌木，高可達 1 公尺餘，被疏毛。羽狀複葉，小葉 9 ～ 11 枚，對生，長橢圓形，長 3 ～ 4.5 公分，寬 1.5 ～ 2 公分，先端銳尖，兩面被毛。總狀花序，直立，花序長可達 10 公分；花密生，紅色。莢果長橢圓形至線形，長 2 ～ 4 公分，種子 10 ～ 20 粒。

　　產於馬來西亞、菲律賓及中國華南；台灣分布於恆春半島、綠島與蘭嶼之珊瑚礁岩及海岸林。

灌木，高可達 1 公尺餘。

莢果長橢圓形至線形，長 2 ～ 4 公分。

總狀花序，花序長可達 10 公分；花密生，紅色。

羽狀複葉，小葉 9 ～ 11 枚，對生，長橢圓形。花序直立。

雞眼草屬 KUMMEROWIA

一年生草本匍匐性，枝條疏被逆向毛。三出葉，小葉先端中肋突出，葉脈顯明，直達邊緣；托葉小，膜質。花 1 ～ 3 朵簇生於葉腋，通常二型：閉鎖花及開放花；花萼鐘形，五中裂，上方 2 枚合生；花冠蝶形；二體雄蕊，9+1，花藥同型，丁字著生。莢果卵圓形，先端具短喙，不開裂。種子 1 粒。

圓葉雞眼草

屬名	雞眼草屬
學名	*Kummerowia stipulacea* (Maxim.) Makino

花色粉紅

枝條被毛。三出葉，無小托葉，頂小葉倒卵形，長 7 ～ 14 公釐，寬 3 ～ 9 公釐，先端圓至微凹，葉脈顯明，具緣毛，托葉三角形。花粉紅色，長約 5 公釐。莢果卵圓形，長約 2.5 公釐，先端具短喙，不開裂，種子 1 粒。

產於韓國、日本及中國；台灣分布於中部中海拔之坡地及路旁，馬祖亦產。

三出葉，葉脈顯明。花 1 ～ 3 朵簇生葉腋。

莢果卵圓形，先端具短喙，不開裂，種子 1 粒。

本種葉具緣毛，而雞眼草不具緣毛。

雞眼草

屬名	雞眼草屬
學名	*Kummerowia striata* (Thunb. *ex* Murray) Schindl.

一年生匍匐性草本，枝條被逆向毛。頂小葉長橢圓形，長 1 ～ 1.5 公分，先端銳尖至圓，常有突尖，葉背中肋被毛狀物，葉脈顯明，托葉宿存。花粉紅色，長約 5 公釐，花萼鐘形。莢果橢圓形，長約 3.5 公釐。

產於日本、韓國及中國；台灣分布於北部低海拔之空曠地。

中肋被毛，葉緣不具長緣毛或具極疏之長緣毛。

一年生匍匐草本，枝條被逆向毛

花粉紅色，長約 5 公釐。

葉脈顯明，葉先端常有突尖。

鵲豆屬 LABLAB

一年生攀緣性草本。三出葉，具小托葉。總狀花序，頂生；花萼鐘形，萼片 5，二唇化，上方 2 枚癒合，微裂，餘中裂；花冠蝶形；二體雄蕊，高低花絲互生，花葯同型，基生。莢果先端具長喙，種子白色。

鵲豆(肉豆)

屬名　鵲豆屬
學名　*Lablab purpureus* (L.) Sweet

攀緣植物，植株長可達 10 公尺。頂小葉寬卵形，長 6 ～ 7 公分，寬 5 ～ 6 公分，先端漸尖，葉柄 6 ～ 7 公分長。花粉紅色或白色。莢果略呈鐮刀形，長 7 ～ 12 公分，先端具長喙，種子 3 ～ 5 粒。

台灣全島中低海拔栽種及逸出。

莢果略呈鐮刀形，先端具長喙。

花序，花粉紅色或白色。
花序長可達 30 公分。

三出葉，頂小葉寬卵形，長 6 ～ 7 公分。

胡枝子屬 LESPEDEZA

多年生草本或小灌木。三出葉,無小托葉,小葉先端刺尖頭。花於葉腋簇生或成總狀花序,通常具閉鎖花;花萼鐘形,五裂,上方 2 枚合生;花冠蝶形;二體雄蕊,9+1。莢果紡錘狀球形,具喙,不開裂。種子 1 粒。
台灣有 5 種。

華胡枝子

屬名	胡枝子屬
學名	*Lespedeza chinensis* G. Don

匍匐或直立小灌木,高可達 1 公尺,枝條被毛。三出葉,頂小葉倒卵形至長橢圓形,長 1 ~ 1.8 公分,寬 3.5 ~ 7.5 公釐,先端截形至圓形,具刺尖頭,上表面無毛或被毛,下表面被硬毛。花序梗二型:一為長 0.3 ~ 1.5 公分之短花序梗(閉鎖花),另一為長 4 ~ 5 公分之長花序梗(開放花);花白色,長 7 公釐,花萼五深裂。莢果較萼片長,長約 4 公釐,卵圓形,具喙。

　　產於中國;台灣分布於中北部中低海拔之空曠地。

花白色,旗瓣基部有紫斑。

葉上表面近光滑無毛

莢果較萼片長,卵圓形,具長喙。

葉背被硬毛。葉形多變,此為倒卵形者。

莖直立或斜升

鐵掃帚（千里光）

屬名　胡枝子屬
學名　*Lespedeza cuneata* (Dum. Cours.) G. Don

多年生草本，多分枝，長可達 1 公尺，有時亦能生長為亞灌木狀。頂小葉倒披針形，長 1 ～ 2.5 公分，寬 2 ～ 4 公釐，先端圓，上表面近無毛，下表面被毛。花 2 ～ 4 朵叢生於葉腋，白色或淡黃色，旗瓣有紫色斑塊，長 6 ～ 7 公釐，花萼深五裂。莢果長約 3 公釐。

　　產於日本、中國、韓國、琉球、印度及澳洲；台灣分布於全島荒野。

旗瓣有紫色斑塊

頂小葉倒披針形，花 2 ～ 4 朵叢生於葉腋。

多分枝，長可達 1 公尺。

有時能長為亞灌木狀

大胡枝子

屬名　胡枝子屬
學名　*Lespedeza daurica* (Laxm.) Schindl.

半灌木，被白伏毛。頂小葉長橢圓狀倒卵形，長 8 ～ 12 公釐，寬 4 ～ 5 公釐，先端微凹，上表面無毛，下表面被毛，托葉長 4 公釐。花序梗被毛，有二型：一為梗極短（閉鎖花），另一則為長梗（開放花），長梗者較葉為長；花 2 ～ 6 朵叢生於葉腋，白色，旗瓣有豔紅色斑塊，花長 5 ～ 6 公釐，花萼五深裂。莢果長 3 ～ 3.5 公釐，與萼片近等長或較長些。

　　產於東俄羅斯、蒙古、中國、韓國及日本；台灣分布於西部海岸之背風處，亦產於馬祖。

花白色，旗瓣有豔紅色斑塊。

莢果與細梗胡枝子相比，毛較多。

花梗甚長

花序，2 ～ 6 朵叢生於葉腋。

頂小葉長橢圓狀倒卵形

毛胡枝子

屬名　胡枝子屬
學名　*Lespedeza formosa* (Vogel) Koehne

半灌木至灌木，高可達 2 公尺，被伏毛。頂小葉長橢圓形，長 2 ～ 5 公分，寬 1 ～ 2.5 公分，先端圓或微凹，上表面無毛，下表面被毛。花序甚長，長 7 ～ 8 公分；花紫紅色，長 1.2 ～ 1.8 公分。莢果長 0.5 ～ 1 公分。

　　產於中國；台灣分布於中南部中低海拔山區之空地及半遮蔭處。

花紫紅色，長 1.2 ～ 1.8 公分。

果序，莢果長 0.5 ～ 1 公分，被毛。

半灌木至灌木，高可達 2 公尺。

花序甚長，7 ～ 8 公分。頂小葉長橢圓形。

細梗胡枝子

屬名　胡枝子屬
學名　*Lespedeza virgata* (Thunb. *ex* Murray) DC.

半灌木。頂小葉長橢圓形，長 1 ～ 1.5 公分，寬 0.5 ～ 1 公分，先端圓，上表面無毛，下表面明顯被毛，托葉長 4 ～ 6 公釐。花梗有二型；萼片深五裂；花白色，長 4 ～ 5 公釐，旗瓣基部具紅斑塊。莢果長約 4 公釐，與萼片近等長。

　　產於日本、琉球、韓國及中國；台灣分布於北、中部中海拔之草生地。

花白色，長 4 ～ 5 公釐，旗瓣具紅斑。

英果約長 4 公釐，與萼片近等長。

花序梗非常細長

背面明顯被毛

托葉長 4 ～ 6 公釐，為台灣產本屬中最長者。

枝條細長

銀合歡屬 LEUCAENA

灌木或喬木。二回羽狀複葉，通常具腺體。頭狀花序，腋生。花數多，白色，輻射對生，近無柄；花萼筒狀鐘形，五齒裂；花瓣 5 枚，離生；雄蕊 10 枚，離生。莢果扁平，開裂，內外果皮不分離；種子橢圓形，扁平。

銀合歡

屬名	銀合歡屬
學名	*Leucaena leucocephala* (Lam.) de Wit

小喬木，高可達 10 公尺。二回偶數羽狀複葉，具 3 ～ 10 對羽片，每一羽片具 5 ～ 20 對小葉；小葉線狀長橢圓形，長 6 ～ 12 公釐，寬 1.5 ～ 5 公釐，先端銳尖，無毛，背面被白粉。花白色。莢果，直而扁平，長 12 ～ 18 公分，先端延伸成銳尖而硬的鳥喙狀尖突，種子 10 ～ 20 粒。

　廣泛分布於熱帶及亞熱帶地區；台灣於全島低海拔平野栽植及歸化。

莢果

頭狀花白色

為強勢的外來入侵植物

二回偶數羽狀複葉

百脈根屬 LOTUS

年生至多年生草本。五出葉，最底部之 1 對小葉位於葉柄基部，似托葉。花於腋間單生或繖形花序；花萼鐘形，五中裂，裂片約略等長；花冠蝶形；二體雄蕊，花絲長短相間。莢果線形，膨大。

百脈根

屬名	百脈根屬
學名	*Lotus corniculatus* L. var. *japonicus* Regel

多年生草本，枝條無毛。五出葉，最底部之 1 對小葉位於葉柄基部，狀似托葉；頂小葉倒卵形，長 7 ～ 15 公釐，寬 4 ～ 7 公釐，先端圓至銳尖，無毛。花序具 1 ～ 2 朵花，腋生；花黃色，長 8 公釐，旗瓣基部常有紅紋，花萼長 6 ～ 7 公釐，花梗長約 3 公分。莢果線形，直，長 2 ～ 2.5 公分。

產於東亞溫帶地區；台灣分布於北部平原之沙質地。

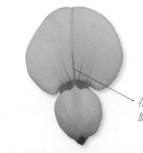

花序1～2朵花，腋生，花黃色，旗瓣基部常有紅紋。

五出葉，最底部 1 對小葉位於葉柄基部，似托葉，頂小葉倒卵形。

莢果線形，直，長 2 ～ 2.5 公分。

多年生草本，枝條無毛。常生於草地上。

蘭嶼百脈根（台東百脈根）

屬名	百脈根屬
學名	*Lotus taitungensis* S.S. Ying

多年生草本，肉質，枝條被毛。頂小葉倒披針形，長 1.5 ～ 2 公分，寬 4 ～ 6 公釐，先端鈍至微尖，近光滑無毛。花序具 1 ～ 4 朵花，腋生；花萼鐘形，五中裂，裂片約略等長；花瓣白色，基部常有紅紋。莢果長 4 ～ 5 公分，先端有鳥喙狀尖突。

產於菲律賓及琉球；台灣分布於蘭嶼及三仙台之海邊岩石上。

花序具 1 ～ 4 朵花

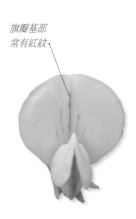

旗瓣基部常有紅紋

植株匍匐狀

莢果長 4 ～ 5 公分，先端有鳥喙狀尖突。

馬鞍樹屬 MAACKIA

落葉喬木。奇數羽狀複葉。圓錐花序，頂生；花萼鐘形，五齒裂；花冠蝶形，白色，旗瓣倒卵形或長橢圓狀倒卵形，包圍翼瓣，翼瓣長橢圓形；雄蕊 10 枚，合生成管狀之單體雄蕊；雌蕊心皮 1 枚，柱頭頭狀。莢果扁平，線狀長橢圓形，成熟時開裂。

台灣馬鞍樹 特有種

屬名	馬鞍樹屬
學名	*Maackia taiwanensis* Hoshi & H. Ohashi

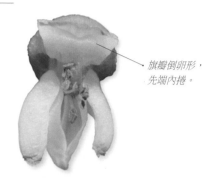

旗瓣倒卵形，
先端內捲。

小喬木，高可達 10 公尺。奇數羽狀複葉，小葉 7 ～ 15 枚，卵形至橢圓形，長 2.5 ～ 4.5 公分，寬 1 ～ 1.5 公分，先端銳尖，幼時密被黃白色毛，成熟時無毛。圓錐花序，頂生；旗瓣倒卵形，先端內捲；雄蕊 10 枚，合生成管狀之單體雄蕊。莢果長 3 ～ 8 公分，扁平，線狀長橢圓形，常扭曲，成熟時開裂。

　　特有種，分布於陽明山國家公園及大漢林道。

頂生圓錐花序

莢果扁平，線狀長橢圓形，常扭曲。

奇數羽狀複葉，小葉 7 ～ 15 枚，卵形至橢圓形。

為小喬木

賽芻豆屬 MACROPTILIUM

草本。三出葉。總狀花序;花萼鐘形,五中裂,上方2枚合生,較下方3枚短;花冠蝶形,旗瓣基部具2耳狀物;花柱上方膨大,一側密被毛。莢果成熟時開裂,果莢螺旋狀捲曲。

賽芻豆

屬名	賽芻豆屬
學名	*Macroptilium atropurpureus* (Moc. & Sesse *ex* DC.) Urban

多年生匍匐性草本。頂小葉倒卵形或菱形,長2～6公分,寬2～5公分,先端鈍,全緣至三深裂,兩面明顯被毛。花瓣深紫色,扭曲狀。莢果十分細長,直線形,長4～8公分,多毛。

　　原產於熱帶地區;台灣馴化於全島低海拔之空曠地及路旁。

花序,花深紫色,花瓣扭曲。

莢果十分細長,直線形,多毛。

與寬翼豆之區別在於本種為匍匐性草本,兩面明顯被毛。

苞葉賽芻豆

屬名	賽芻豆屬
學名	*Macroptilium bracteatum* (Nees & Mart.) Maréchal & Baudet

直立略具蔓性一年生草本。莖密被柔毛,株高可達100公分;三出葉,托葉長約5公釐,葉柄長1～4公分,葉片長3.5～6公分,寬3～4公分,兩面被柔毛。葉片通常三淺裂,先端鈍。總狀花序,頂生,花序長10～15公分,基部具一輪苞片;花淡紫紅色,基部具小苞片;萼片被柔毛,裂片5,等長。莢果線形,4.5～9公分長,內含種子10～18粒,褐色至黑色。

　　原生於南美,歸化台灣中南部。

花及果序

花序與葉腋連接處簇生苞片

花淡紫紅色

在中南部為強勢之歸化植物

小葉葉緣常有缺刻

寬翼豆

屬名	賽芻豆屬
學名	*Macroptilium lathyroides* (L.) Urban

一年生半直立至匍匐性草本。頂小葉狹卵形至狹橢圓形，長 3 ~ 8 公分，寬 1 ~ 3.5 公分，先端銳尖，全緣，上表面無毛，下表面疏被毛。花棕紅色。莢果線形，長 5 ~ 9 公分。

　　原產熱帶地區；台灣馴化於南部平原空曠處及路邊。

花棕紅色

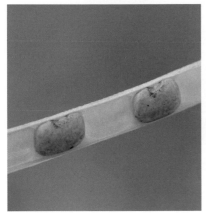

莢果內的種子

莢果線形，長 5 ~ 9 公分。

直立草本。葉上表面無毛。

長硬皮豆屬 MACROTYLOMA

草本。三出葉，有小托葉。花於腋間簇生；萼片 4 枚；花冠蝶形，旗瓣基部耳狀，並具二附屬物；二體雄蕊，9+1。莢果扁平，不分節。

　　台灣有 1 種。

長硬皮豆

屬名	長硬皮豆屬
學名	*Macrotyloma uniflorum* (Lam.) Verdc.

一年生纏繞性草本，被白色伏毛。頂小葉卵形至倒卵形，長 1 ~ 8 公分，寬 0.7 ~ 7.8 公分，先端銳尖至圓，兩面近無毛至密被毛。花 2 ~ 3 朵簇生，黃色。莢果線狀長橢圓形，長 3 ~ 3.5 公分。

　　產於亞洲及非洲；台灣分布於恆春平地之乾燥空曠處。

種子長圓形至腎形

莢果外被柔毛

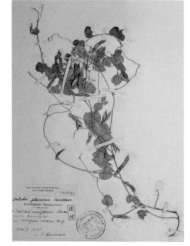

為纖細的纏繞性草本；花序腋生。

苜蓿屬 MEDICAGO

　　一年生至多年生草本。三出葉，小葉葉脈明顯，前半部細齒牙緣，中肋突出，托葉連生於葉柄上。腋生密集總狀花序；花萼鐘形，五深裂，裂片約略等長；花冠蝶形；二體雄蕊，9+1。莢果捲繞，成熟時不開裂。

褐斑苜蓿

屬名	苜蓿屬
學名	*Medicago arabica* (L.) Huds.

三出複葉，小葉倒心形至倒闊卵形，近等大，先端微凹或鈍圓，基部闊楔形，通常葉面中央有一深色的斑紋，邊緣具淺鋸齒或近全緣，上表面無毛，下表面稀被長柔毛；葉柄柔軟細長，疏被多節柔毛；托葉卵狀披針形，漸尖頭，邊緣深齒裂或淺撕裂成 6 ～ 8 條，先端狹三角形。莢果短圓柱形或近球形，逆時針方向旋轉 3 ～ 7 圈，無毛。

　　原產於地中海地區，發現於合歡山區之歸化植物，極有可能是隨外國蔬菜種子引入。

葉中央有一深色的斑紋

花冠鮮黃色，旗瓣闊倒卵形，先端微凹。

莢果捲繞

托葉卵狀披針形，漸尖頭，邊緣深齒裂或淺撕裂成 6 ～ 8 條，尖端狹三角形。

天藍苜蓿

屬名	苜蓿屬
學名	*Medicago lupulina* L.

一年生草本，被毛。頂小葉寬倒卵形，長 7 ～ 15 公釐，寬 5 ～ 15 公釐，先端圓至微凹；托葉近全緣，或齒裂狀。花腋生，黃色。莢果少刺，稍彎曲，被毛，種子 1 粒。

　　產於歐洲及亞洲；台灣分布於北部海邊及平地之沙質地。

頂小葉寬倒卵形

密集總狀花序，看似頭狀花序。

匍匐草本

果序，莢果稍彎曲，被毛。

小苜蓿

屬名	苜蓿屬
學名	*Medicago minima* (L.) Grufb.

一年生草本，高 5 ～ 30 公分，全株被伸展柔毛，偶雜有腺毛。羽狀三出複葉；托葉卵形，先端銳尖；小葉紙質，倒卵形，幾等大，長 5 ～ 8（～ 12）公釐，寬 3 ～ 7 公釐，先端圓或凹缺，具細尖，基部楔形，邊緣三分之一以上具鋸齒，兩面均被毛。花序頭狀，著花 3 ～ 6（～ 8）朵，疏鬆排列；花長 3 ～ 4 公釐；花萼鐘形，密被柔毛，萼齒披針形，等長，與萼筒等長或稍長；花冠淡黃色，旗瓣闊卵形，顯著比翼瓣及龍骨瓣長；花梗甚短或無梗。莢果球形，旋轉 3 ～ 5 圈，直徑 2.5 ～ 4.5 公釐，邊縫具 3 條稜，被長棘刺，通常長等於半徑，水平伸展，先端鉤狀；每圈有 1 ～ 2 粒種子。種子長腎形，長 1.5 ～ 2 公釐，棕色，平滑。

原產歐亞大陸及非洲，傳播到美洲；近來歸化於台灣野地。

花甚小，長 3 ～ 4 公釐。（郭夏君攝）

莢果球形，被長棘刺，先端鉤狀。（郭夏君攝）

全株被伸展柔毛，偶雜有腺毛。（郭夏君攝）

苜蓿

屬名	苜蓿屬
學名	*Medicago polymorpha* L.

一年生草本，無毛。頂小葉倒卵形，長 1 ～ 2 公分，寬 0.5 ～ 1.5 公分，先端圓至截形，托葉剪裂狀。花黃色。莢果有刺，刺先端彎曲，種子多粒。

產於歐洲及北非地區；台灣分布於北部低海拔之荒野。

生長於開闊之荒地

托葉

花冠蝶形，腋生，黃色。

莢果捲繞，果刺先端彎曲。

頂小葉倒卵形，長 1 ～ 2 公分，寬 5 ～ 15 公釐，先端圓形至截形。

紫苜蓿

屬名　苜蓿屬
學名　*Medicago sativa* L.

多年生草本，無毛。頂小葉倒卵形至倒披針形，長2～2.5公分，寬4～9公釐，先端圓至截形；托葉大，全緣。花紫色。莢果無刺，被毛，種子1～8粒。

　　原產於歐洲及西亞；台灣於全島栽植並逸出。

托葉大，全緣。（吳聖傑攝）

花紫色（吳聖傑攝）

密集總狀花序（吳聖傑攝）

頂小葉倒卵形至倒披針形（吳聖傑攝）

草木樨屬 MELILOTUS

　　一年生或二年生草本。三出葉，小葉狹長，葉脈明顯，中肋突出，細齒牙緣，托葉連生於葉柄上。總狀花序，腋生；花萼鐘形，五中裂，裂片約略等長；花冠蝶形；二體雄蕊，9+1。莢果表面皺摺，成熟時不開裂。種子1～2粒。

白香草木樨

屬名　草木樨屬
學名　*Melilotus albus* Medicus

三出葉，小葉橢圓形或披針狀橢圓形。花序長4～10公分；花冠白色，長4～5公釐，旗瓣較翼瓣稍長，與龍骨瓣幾等長。莢果卵球形，長3～3.5公釐，寬2～2.5公釐。

　　歸化於台灣東北部、觀霧及武陵等地區。

雄蕊 9+1

花白色，與台灣本屬其它黃花者易區別。

小葉橢圓形或披針狀橢圓形

印度草木樨

屬名　草木樨屬
學名　*Melilotus indicus* (L.) All.

二年生草本。頂小葉線形，長1～2.5公分，寬2～5公釐，先端銳尖，
僅前半部細齒牙緣。花黃色，長2～3公釐，旗瓣明顯長於翼瓣。
果球形，直徑2～3公釐，無毛。

　　由歐洲引進，歸化於台灣北部海岸及蘭嶼。

頂小葉線形

花黃色，長2～3公釐，旗瓣明顯長於翼瓣。

黃香草木樨

屬名　草木樨屬
學名　*Melilotus officinalis* (L.) Pall.

一年生至二年生草本。頂小葉倒卵形至倒披針形，長1～2.5公分，寬3～
6公釐，先端銳尖至圓，細齒牙緣。花黃色，長5～6公釐，旗瓣與翼瓣
約等長。莢果卵形，長約3公釐，被毛。

　　原產於歐洲，目前廣布於
溫帶地區；台灣歸化於東部及
北部海岸。

花黃色，長5～6公釐，
旗瓣與翼瓣約等長。

頂小葉倒卵形至倒披針形

腋出總狀花序

莖直立，多分枝。

草木樨

屬名　草木樨屬
學名　*Melilotus suaveolens* Ledeb.

二年生草本，高可達90公分。頂小葉窄橢圓形至倒披針形，長1～3公分，寬0.5～1公分，先端截形，細齒牙緣。花黃色，長3～4公釐，旗瓣明顯長於翼瓣。莢果橢圓形，徑3～4公釐，先端突尖。

　　產於日本、琉球、韓國及中國；台灣分布於北部海邊。

花黃色，長3～4公釐，旗瓣明顯長於翼瓣。

花萼鐘形，五中裂。

莢果橢圓形，徑3～4公釐，先端突尖。

頂小葉窄橢圓形至倒披針形，長1～3公分，細齒緣。

二年生草本，高可達90公分。

老荊藤屬 MILLETTIA

攀 緣性灌木或喬木。奇數羽狀複葉。腋生總狀花序或頂生圓錐花序；花萼鐘形，五裂，上方 2 枚合生，最底部 1 枚最長；花冠蝶形，紫紅色；二體雄蕊，9+1，或偶單體雄蕊。

台灣魚藤（蕗藤）

屬名 老荊藤屬
學名 *Millettia pachycarpa* Benth.

攀緣性灌木，被疏毛。小葉 9 ～ 13 枚，倒披針形，長 10 ～ 15 公分，寬 4 ～ 8 公分，先端漸尖，背面被絨毛，有小托葉。總狀花序腋生，被短柔毛。莢果球形，直徑 5 ～ 8 公分，木質，具小瘤，成熟時不開裂。

　　產於印度、東南亞及中國；台灣分布於北部及東部之中海拔灌木林中。

花冠蝶形，紫紅色。

果實

攀緣性灌木。小葉 9 ～ 13 枚，倒披針形。

小葉魚藤 特有種

屬名 老荊藤屬
學名 *Millettia pulchra* Kurz. var. *microphylla* Dunn

小喬木或大灌木，枝條被灰色絨毛。小葉 13 ～ 19 枚，頂小葉橢圓狀披針形，長 2 ～ 6 分，寬 1 ～ 3 公分，先端銳尖至圓，上表面無毛，下表面疏被短柔毛。總狀花序腋生，花紫紅色，旗瓣卵形，光滑無毛。莢果長橢圓形，長 4 ～ 8 公分，成熟時開裂。

　　特有變種，分布於恆春半島低山林緣。

花紫紅色，旗瓣卵形，光滑無毛。

特有變種，分布於恆春半島低山林緣。羽狀複葉，總狀花序腋生

莢果長橢圓形，長 4 ～ 8 公分。

含羞草屬 MIMOSA

草本、灌木或喬木，通常具刺。二回羽狀複葉，對觸摸敏感。圓球狀頭狀花序；萼片甚小或缺如；花瓣4～5枚，多少合生；雄蕊4或8枚，離生。莢果成熟時斷裂成每節1種子之莢節。

美洲含羞草

屬名　含羞草屬

學名　*Mimosa diplotricha* C. Wright *ex* Sauvalle

匍匐性半灌木，枝條具四稜，有四排倒刺。葉具3～7對羽片，每一羽片具10～25對小葉；小葉長橢圓形，長3～5公釐，寬1～2公釐，先端銳尖，兩面疏被毛。雄蕊8枚，花絲淡紫粉紅色。莢果長橢圓形，長1.5～3.5公分，微彎，邊緣具倒刺。

　　原產於熱帶美洲；台灣分布於中南部之低海拔平野。

圓球狀頭狀花序，花絲淡紫紅色。

成熟之果莢

莢果長橢圓形，邊緣具倒刺。

枝條具四稜，有四排倒刺。

刺軸含羞草

屬名	含羞草屬
學名	*Mimosa pigra* L.

二回羽狀複葉，羽軸具銳刺。羽片 4 ～ 8 對，
每一羽片有小葉 20 ～ 40；小葉線形，具緣毛。
圓球狀頭狀花序，花瓣 4 ～ 5 枚，雄蕊 8 枚。
莢果扁平，被毛。

　　原產南美洲，歸化於台灣中南部地區。

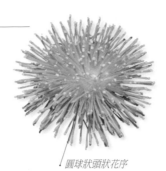

圓球狀頭狀花序

莢果扁平，被毛。

羽軸具銳刺

小羽片 4 ～ 8 對，每一羽片有小葉 20 ～ 40 對。

含羞草

屬名	含羞草屬
學名	*Mimosa pudica* L.

一年生至多年生草本，枝條疏被倒刺及反曲剛毛。葉具 2 對羽片，每一羽片
具 5 ～ 25 對小葉；小葉長橢圓形至鐮形，長 6 ～ 15 公釐，寬 1.5 ～ 3 公釐，
先端銳尖，邊緣常帶紫色，具纖毛緣，上表面無毛，下表面疏被毛。雄蕊 4 枚，
花絲紫粉紅色。莢果長橢圓形，平直，長 1.5 ～ 1.8 公分。

　　原產於熱帶美洲；台灣分馴化全島低海拔路邊及空曠地。

雄蕊 4，花絲紫粉紅色。

果實邊緣有刺（陳柏豪攝）

雄蕊 4，花絲紫粉紅色。

喜生於開闊之草原或荒地

血藤屬 MUCUNA

　　年生或多年生藤本，莖汁紅色。三出葉。總狀花序；花萼鐘形，五裂，上方 2 枚萼片合生；花冠蝶形，旗瓣包圍翼瓣；旗瓣長約為翼瓣之一半，具瓣柄，基部兩側具耳；翼瓣卵形或圓形，內彎；龍骨瓣最大，龍骨瓣與花柱連接。莢果通常被刺毛。

大血藤（恆春血藤）

屬名	血藤屬
學名	*Mucuna gigantea* (Willd.) DC.

木質藤本，枝條無毛。頂小葉半革質，長橢圓形，長 12 ～ 16 公分，寬 7 ～ 9 公分，先端尾狀突尖，無毛，具小托葉。總狀花序懸垂，花序梗長，花萼被少數剛毛，花冠淡綠色。莢果長 8 ～ 14 公分，沿縫線處具寬翼，近光滑無毛。

　　產於馬來西亞至波里尼西亞；台灣分布於恆春半島海岸林中，稀有。

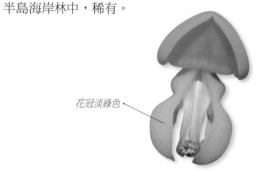

花冠淡綠色

花萼被少數剛毛

莢果長 8 ～ 14 公分，近光滑無毛。

總狀花序懸垂，花序梗長。

血藤

屬名	血藤屬
學名	*Mucuna macrocarpa* Wall.

木質藤本，枝條被鏽色柔毛。頂小葉半革質，橢圓形，長 12 ～ 15 公分，寬 6 ～ 7 公分，先端尾狀突尖，葉背鏽褐色毛，無小托葉。總狀花序長，懸垂，花冠深紫色。果扁平，長 7 ～ 15 公分，密被刺毛。

　　產於馬來西亞至波里尼西亞；台灣分布於中低海拔山區之潮濕空曠處、林緣及溪邊。

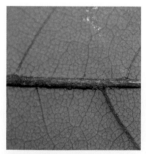

葉背被鏽褐色毛

總狀花序長，懸垂，花冠深紫色。

雄蕊合生成束

成熟果轉成紅褐色

果扁平，長 7 ～ 15 公分，密被刺毛。

蘭嶼血藤（薄葉血藤）

屬名　血藤屬
學名　*Mucuna membranacea* Hayata

莢果表面有許多摺折突起，突起處有許多刺毛。

木質藤本，枝條無毛。頂小葉膜質，倒卵狀菱形，長 2 ～ 9 公分，寬 4 ～ 6 公分，先端圓形至尾狀突尖，兩面被粗毛。總狀花序懸垂，花序梗長；花萼被長絨毛；二體雄蕊，9+1。莢果表面有許多摺折突起，突起處被許多刺毛。

　　產於亞洲熱帶地區；台灣分布於蘭嶼及綠島海邊森林中，稀有。

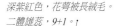
深紫紅色，花萼被長絨毛。
二體雄蕊，9+1。

木質藤本

總狀花序懸垂，花序梗長。

虎爪豆

屬名　血藤屬
學名　*Mucuna pruriens* (L.) DC. var. *utilis* (Wall. *ex* Wight) Burck

纏繞性草本，枝條被白色伏毛。頂小葉卵形，長 10 ～ 15 公分，寬 7 ～ 10 公分，先端銳尖，無毛。花白色或深紫色，花柱被毛。莢果長約 10 公分，表面被毛。

　　可能原產於爪哇，目前廣泛分布於熱帶地區；台灣於中南部低海拔栽植並逸出。

花柱被毛

纏繞性草本，枝條被白色伏毛。頂小葉卵形。

果長約 10 公分，表面被毛。

花深紫色

爪哇大豆屬 NEONOTONIA

攀 緣性灌木。三出葉。總狀花序，腋生；花萼鐘形，四中裂；花冠蝶形；雄蕊 10 枚，單體雄蕊，其中 1 枚較分離。莢果線形，沿種子間收縮。

爪哇大豆

屬名	爪哇大豆屬
學名	*Neonotonia wightii* (Arn.) J.A. Lackey

攀緣性灌木。三出葉，頂小葉卵形至橢圓形，長 3 ～ 15 公分，寬 2.5 ～ 10 公分，先端銳尖，兩面被毛。花白色，花心紫紅色。莢果長 2.5 ～ 3.5 公分，密被毛，種子 4 粒。

　　廣泛產於印度、斯里蘭卡、馬來西亞及爪哇；台灣分布於中南部之平原空曠地，馬祖亦有。

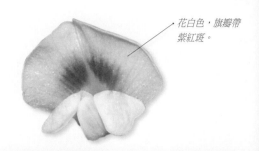

花白色，旗瓣帶紫紅斑。

攀緣性灌木。三出葉，頂小葉卵形至橢圓形。

葉兩面被直毛

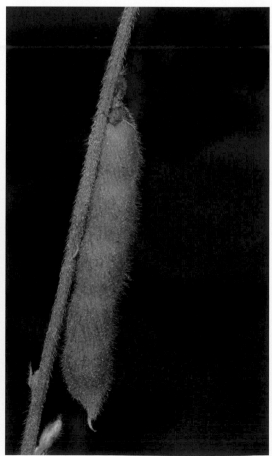

莢果長 2.5 ～ 3.5 公分，密被毛。

細枝水合歡屬 NEPTUNIA

草本。二回偶數羽狀複葉。穗狀花序近似頭狀，基部花為不孕性，餘為兩性花；花萼鐘形，五齒裂；花瓣 5 枚，基部合生；雄蕊 10 枚，離生。莢果簇生，扁平，直，成熟時開裂，內外果皮不分離。

細枝水合歡

屬名	細枝水合歡屬
學名	*Neptunia gracilis* Benth.

葉具 2 ～ 4 對羽片，每一羽片具 8 ～ 20 對小葉，對觸摸敏感；小葉長橢圓形，長 4 ～ 10 公釐，寬 1 ～ 2.5 公釐，先端銳尖。花瓣黃色，雄蕊黃色。莢果成熟時棕紅色，扁平，長 1 ～ 2 公分，先端尾狀。

分布於恆春半島荒地，稀有。

莢果棕紅色，扁平。

雄蕊離生，花黃色。

葉 2 ～ 4 對羽片，每一羽片 8 ～ 20 對小葉，小葉長橢圓形，對觸摸敏感。

直立水含羞草

屬名	細枝水合歡屬
學名	*Neptunia plena* (L.) Benth.

與其台灣同屬其他物種主要的差異在於莖直立，花梗下方具苞片及最下方羽片著生處具有腺體。

原產於美洲及亞洲，最近被發現歸化於台灣南部低海拔地區。

莢果扁平，具喙。（楊曆縣攝）

花兩形，在花序下半段不可孕，上半段花兩性，可孕。

直立草本（楊曆縣攝）

托葉（楊曆縣攝）

毛水含羞（毛水合歡）

屬名	細枝水合歡屬
學名	*Neptunia pubescens* Benth.

草本。二回偶數羽狀複葉，具 2 ～ 4 對羽片，每一羽片具 20 ～ 24 小葉；小葉先端鈍，具小突尖，緣毛明顯。頭狀花序；花瓣 5 枚，基部合生；雄蕊 10 枚，離生。莢果扁平，長約 1.5 ～ 2 公分。

　　原產美洲，歸化台灣南部。

花瓣 5 枚，基部合生；雄蕊 10 枚，離生。

二回偶數羽狀複葉，具 2 ～ 4 對羽片，每一羽片具 20 ～ 24 對小葉。

莢果扁平，長約 1.5 ～ 2 公分。

濱槐屬 ORMOCARPUM

灌木。奇數羽狀複葉，小葉先端中肋突出，有小托葉，托葉宿存。總狀花序；花萼鐘形，五中裂，上方 2 枚萼片合生，最底部 1 枚最長；花冠蝶形；二體雄蕊，每組雄蕊各 5 枚。莢果長橢圓形，成熟時不開裂。

濱槐

屬名	濱槐屬
學名	*Ormocarpum cochnchinense* (Lour.) Merr.

常綠灌木，莖枝無毛。奇數羽狀複葉，小葉 9 ～ 17 枚，頂小葉長橢圓形，長 2 ～ 2.5 公分，寬 0.5 ～ 1 公分，先端銳尖，無毛。花黃白色，其上有許多紅色條紋。莢果長 5 ～ 12 公分，2 ～ 4 節，無毛。

　　產於熱帶非洲、印度、中國華南、琉球及馬來西亞；台灣分布於北部和平島及蘭嶼、綠島海邊。

花黃白色，其上有許多紅色條紋。

分布於台灣北部和平島及蘭嶼、綠島海邊。

奇數羽狀複葉，小葉 9 ～ 17 枚，頂小葉長橢圓形，長 2 ～ 2.5 公分。

紅豆樹屬 ORMOSIA

喬木。奇數羽狀複葉。總狀花序頂生，花密集；花萼鐘形，五深裂，上方2枚萼片較短；花冠蝶形，翼瓣基部具1對不對稱之耳狀物；雄蕊10枚，離生。莢果膨大，先端尾狀。種子之種皮或假種皮鮮紅色。

台灣紅豆樹 特有種

屬名	紅豆樹屬
學名	*Ormosia formosana* Kanehira

莖枝嫩時被粗毛，成熟時無毛，樹皮光滑，枝綠色。小葉3～7，通常為5枚；頂小葉倒卵狀披針形，長5～10公分，寬1.5～3公分，先端漸尖，無毛。花白色，柱頭被毛。莢果木質化，長12～15公分。種子1～4枚，種皮鮮紅色。

　　特有種，分布於台灣中部低山地區之闊葉林中。

莢果木質化，長12～15公分；種子1～4枚，種皮鮮紅色。

莖無毛，樹皮光滑，枝綠色。小葉3～7，通常為5枚。

恆春紅豆樹 特有種

屬名	紅豆樹屬
學名	*Ormosia hengchuniana* T.C. Huang, S.F. Huang & K.C. Yang

莖枝嫩時被金黃色毛。小葉5～9，通常為7枚；頂小葉倒卵狀披針形，長4～12公分，寬3～5公分，先端銳尖至圓，葉背被褐毛。圓錐花序，頂生；花紅色，柱頭光滑無毛。莢果厚革質，長1～5公分，先端尾狀，無毛。種子卵圓形，紅色。

　　特有種，分布於恆春半島低山地區之闊葉林內。

小葉5～9，通常為7枚，葉背被褐毛。

莢果厚革質，先端尾狀。

花深紅色

圓錐花序，頂生。（郭明裕攝）

豆薯屬 PACHYRHIZUS

多年生草本，具塊莖。三出葉，具托葉及小托葉。總狀花序；花萼鐘狀，五裂，二唇化，上方 2 枚萼片合生；花瓣 5 枚，覆瓦狀排列，花冠蝶形，旗瓣倒卵形，基部具耳，包圍翼瓣，龍骨瓣與花柱連接；二體雄蕊，9+1。莢果密被毛，於種子間收縮。

豆薯

屬名	豆薯屬
學名	*Pachyrhizus erosus* (L.) Urban

攀緣性藤本，莖長可達 5 公尺，被倒伏毛。頂小葉寬菱形，長 3 ～ 15 公分，寬 6 ～ 16 公分，先端漸尖，前半部多少寬齒牙緣。花白色或紫色。莢果密被毛，長 6 ～ 16 公分，於種子間收縮，縫線處加厚。

原產於熱帶地區；台灣於全島低海拔山區栽植並逸出。

花紫色或白色

頂小葉寬菱形，前半部多少寬齒牙緣。

莢果密被毛，於種子間收縮。

農民栽植食用其肥大根莖

排錢樹屬 PHYLLODIUM

灌木。三出葉，具托葉及小托葉。總狀花序頭狀，4 ～ 8 朵花，為一葉狀苞片所包圍，然後再聚集成圓錐花序。花萼鐘形，四裂；花冠蝶形；雄蕊 10 枚，單體雄蕊。

排錢樹

屬名	排錢樹屬
學名	*Phyllodium pulchellum* (L.) Desv.

直立灌木，高可達 2 公尺，莖枝被細毛。頂小葉革質，卵狀長橢圓形至披針形，長 6 ～ 10 公分，寬約 3 公分，先端銳尖，側脈約 6 對，葉緣有毛，上表面無毛，下表面被柔毛。花白色。莢果長約 7 公釐，1 ～ 2 節。

產於亞洲及澳洲；台灣分布於中南部之低海拔路旁、草原及荒廢地。

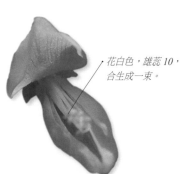
花白色，雄蕊 10，合生成一束。

葉狀苞片眾多而醒目

花為一葉狀苞片所包圍

直立灌木，三出複葉，頂小葉卵狀長橢圓形。

金龜樹屬 PITHECELLOBIUM

直立喬木。二回羽狀複葉。圓錐花序；花兩性，5數；花萼鐘形或漏斗狀；花瓣中部以下合生；單體雄蕊，突出，藥無腺冠；子房無柄或有柄，花柱絲狀。莢果舌狀、鐮刀形或盤旋狀，成熟時常開裂及扭曲。

金龜樹

屬名	金龜樹屬
學名	*Pithecellobium dulce* (Roxb.) Benth.

常綠喬木，高可達 15 公尺，枝條具 1 對由托葉演變而來之棘針。二回羽狀複葉，羽片 1，每一羽片上僅有小葉 1 對，小葉歪斜。圓錐花序，花兩性，花形小；花萼鐘形或漏斗狀；花瓣鑷合狀排列，中部以下合生，淡白綠色；單體雄蕊，突出，花藥直裂，無腺冠；雌蕊花柱絲狀，柱頭小頭狀，子房上位。莢果舌狀、鐮刀形或盤旋狀，成熟時常開裂且甚扭曲，縫線不厚。

　　分布於熱帶亞洲、美洲及東印度；台灣於 1645 年間由荷蘭人引進，目前歸化於南部野地。

花淡白綠色

葉二回，羽片 1 對，其上各具小葉 1 對。

南部可見歸化族群

節上具棘刺

水黃皮屬 PONGAMIA

喬木。奇數羽狀複葉，葉枕顯著。總狀花序；花萼杯狀，五齒裂，最底部 1 枚稍長；花冠蝶形；雄蕊 10 枚，單體雄蕊。莢果木質化，長橢圓形，扁平，成熟時不開裂。

　　台灣有 1 種。

水黃皮

屬名	水黃皮屬
學名	*Pongamia pinnata* (L.) Pierre

半落葉性喬木，高可達 10 公尺，無毛。奇數羽狀複葉，小葉 5 ～ 7 枚，卵形，些微歪斜，長 6 ～ 10 公分，寬 2.5 ～ 4.5 公分，先端鈍，全緣，光滑無毛。花粉紅色，花心黃綠色，花瓣外表被黑毛。莢果長約 6 公分，寬 2.5 ～ 3 公分。

　　產於中南半島、中國華南、琉球及澳洲北部；台灣分布於北部、南部海邊及小琉球、蘭嶼。

花粉紅，旗瓣中央黃綠色。

莢果扁平

圓錐花序，花瓣外被細小黑毛。

奇數羽狀複葉，小葉 5 ～ 7 枚，卵形。

豆菜屬 PSOPHOCARPUS

草本，爬藤或匍匐，稀直立，具塊莖。三出複葉。花單生或腋生的總狀花序；苞片小，常早落；小苞片大，膜質，宿存一段時間；花萼五齒裂；花冠淡紫色或紫色，旗瓣近圓形，基部具耳狀附屬物，翼瓣斜倒卵形，龍骨瓣先端彎曲，鈍；花藥同形；花柱內彎，柱頭球形，密生長柔毛，子房具短柄，胚珠 3 ～ 21。莢果長圓形，具 4 條縱向翅稜。種子卵形或長圓狀橢圓形。

翼豆（四稜豆、楊桃豆、四角豆）

屬名	豆菜屬
學名	*Psophocarpus tetragonolobus* (L.) DC.

一年生草本，莖叢生，無毛，株高 70 ～ 100 公分。三出複葉，小葉卵形，長約 10 公分，寬約 8 公分。總狀花序腋生，花淡紫白色。果實長約 20 公分，綠色，有四稜，稜有皺摺，種子 7 ～ 15 粒。

原產熱帶東南亞；台灣於 1910 年代引進。

旗瓣徑 2.5 ～ 3.5 公分，背面淺綠色，內面淺藍紫色。

果實有四稜，稜有皺摺。.

纏繞藤本，三出複葉，小葉卵形。

補骨脂屬 CULLEN

草本或灌木。單葉、三出葉至奇數羽狀複葉。花單生或成腋生之總狀花序；花萼寬鐘形，上方 2 枚萼片合生，中裂，下方三深裂，最底部 1 枚最大；花冠蝶形；雄蕊 10 枚，單體雄蕊。莢果為萼片包圍，表面具肋脈，成熟時黑色，無毛。台灣有 1 種。

補骨脂

屬名	補骨脂屬
學名	*Cullen corylifolium* (L.) Medik.

一年生草本，多分枝，高可達 1.5 公尺，莖枝具四稜，被毛及腺點。單葉，互生，卵形，長 6 ～ 8 公分，寬 4.5 ～ 5.5 公分，先端銳尖至截形，中肋突出，葉脈明顯，兩面被毛及暗色腺點。花淡紫色或白色。莢果長約 6 公釐。

廣布於印度、馬來半島、印尼及中國；台灣歸化於北部荒廢地。

單葉，互生，卵形。

總狀花序，花密生先端。

莢果密生（郭明裕攝）

直立，多分枝。

葛藤屬 PURERARIA

灌木或多年生纏繞性草本。三出葉，有小托葉。花密集簇生於腋生之總狀花序上，花序梗長；花萼鐘形，上方 2 枚萼片合生，微裂，下方三中裂，最底部 1 枚最長；花冠蝶形，旗瓣具距；雄蕊 10 枚，單體雄蕊。莢果長橢圓形或線形，成熟時彈開，果瓣捲繞。

大葛藤

屬名	葛藤屬
學名	*Pueraria lobata* (Willd.) Ohwi subsp. *thomsonii* (Benth.) H. Ohashi & Tateishi

大型纏繞性草本，莖枝被褐毛。頂小葉長橢圓狀卵形，長寬約相等，長 10 ～ 30 公分，寬 17 ～ 20 公分，先端銳尖，兩面被毛，通常三裂，亦有全緣者；托葉盾狀著生，披針形，長 1.5 ～ 2 公分。花粉紅紫色，下方萼片披針形。莢果長橢圓形，長 8 ～ 15 公分，密被褐色粗毛。

產於亞洲及太平洋群島；台灣分布於全島低海拔之灌木林緣及開放草生地，馬祖亦有。

花粉紅紫色，旗瓣具黃斑，萼片披針形。

地下根粗大 (楊曆縣攝)

花序總狀

頂小葉長橢圓狀卵形，長寬約相等，兩面被毛，通常三裂，亦有全緣者。

山葛

屬名	葛藤屬
學名	*Pueraria montana* (Lour.) Merr.

藤本，莖枝密生褐色粗毛。頂小葉菱狀卵形至披針狀卵形，長 10 ～ 16 公分，長大於寬，先端銳尖，偶而三裂，兩面被毛；托葉盾狀著生，披針形，長約 1 公分。花紫紅色，下方萼片披針形。莢果長橢圓形，長 2 ～ 4 公分，密被褐色粗毛。

產於亞洲；台灣分布於全島中低海拔之林緣、路旁、荒地、草生地。

莖枝密生褐色粗毛。頂小葉菱狀卵形至披針狀卵形，長大於寬，兩面被毛。

莢果長橢圓形，長 2 ～ 4 公分，密被褐色粗毛。

花密集生於長梗之總狀花序

分布於台灣全島中低海拔林緣、路旁、荒地、草生地。

假菜豆（熱帶葛藤）

屬名　葛藤屬
學名　*Pueraria phaseoloides* (Roxb.) Benth. var. *phaseoloides*

多年生藤本，莖枝密被褐色粗毛。頂小葉圓形至寬卵形，長4～7公分，寬3～6公分，先端銳尖，通常三裂，葉緣呈大波浪狀，兩面被毛；托葉基部著生，披針形，甚小。花淡藍色或淺紫色，下方萼片卵形。莢果線形，長5～8公分，被疏長毛。

　　產於亞洲；台灣分布於中南部低海拔之灌木林、路旁及荒廢地。

花淡藍色或淺紫色

頂小葉圓形至寬卵形，兩面被毛，通常三裂，葉緣有大波浪。

莢果線形，長5～8公分，被疏長毛。

爪哇葛藤

屬名　葛藤屬
學名　*Pueraria phaseoloides* (Roxb.) Benth. var. *javanica* (Benth.) Baker

三出複葉，頂小葉菱形、卵形或圓形，側生小葉較小，歪斜，全緣或不規則三裂，上表面淡綠色，下表面灰白色，密被長硬毛；托葉小，披針形。總狀花序腋生，長8～15公分，花淡藍色或紫紅色。莢果近圓柱形，直或稍彎曲，長7.5～8.5公分，寬約0.4公分，疏被緊貼的硬毛。

　　歸化於台中大坑及墾丁。

花淡藍色或紫紅色

莢果近圓柱形，直或稍彎曲，長7.5～8.5公分，疏被緊貼的硬毛。

頂小葉菱形、卵形或圓形；側生小葉較小，歪斜。

密子豆屬 PYCNOSPORA

灌木。三出葉，無小托葉。總狀花序；花萼鐘形，上方 2 枚萼片合生，微裂，餘 3 枚中裂；花冠蝶形；二體雄蕊，9+1。莢果長橢圓形，膨大，先端長喙狀，縫線處加厚，不分節，表面橫脈突起。

密子豆

屬名	密子豆屬
學名	*Pycnospora lutescens* (Poir.) Schindl.

多年生草本。三出葉，頂小葉卵形，長 1 ～ 3 公分，寬 1 ～ 2.5 公分，先端鈍或圓，葉緣具毛，葉背密被黃毛。花粉紅色。莢果長 1 ～ 1.5 公分，膨大，先端長喙狀，成熟時黑色，種子 6 ～ 8 粒。

　　分布於台灣全島低海拔之草原、荒廢地、灌叢或闊葉林旁。

莢果熟時轉黑（郭明裕攝）

莢果膨大，先端長喙狀。（郭明裕攝）

花粉紅色，二體雄蕊，9+1。（郭明裕攝）

三出葉，頂小葉卵形。（郭明裕攝）

括根屬 RHYNCHOSIA

草本。單葉或三出葉，具黃褐色腺點，無小托葉。總狀花序；花萼鐘形，上方 2 枚萼片合生，微裂，餘 3 枚深裂，最底部 1 枚最長；花冠蝶形；二體雄蕊，9+1。莢果於種間腹面深收縮，成熟時開裂。種子 1 ～ 3 粒。

小葉括根

屬名	括根屬
學名	*Rhynchosia minima* (L.) DC.

纏繞性草本，近無毛。三出葉，頂小葉倒卵形或菱形，長 1 ～ 2 公分，寬 1 ～ 2 公分，先端圓至截形，葉背僅葉脈被毛。花黃色，旗瓣基部有紅紋。莢果長橢圓狀鐮刀形，長約 1 公分。

　　產於熱帶地區及琉球；台灣分布於南部低海拔之草生地、荒廢地、灌叢及海邊。

三出葉，頂小葉倒卵形或菱形。

花黃色，旗瓣基部有紅紋。

莖纏繞或匍臥

莢果長橢圓狀鐮刀形，長約 1 公分。

絨葉括根

屬名　括根屬
學名　*Rhynchosia rothii* Benth. *ex* Aitch.

木質化攀緣性草本，密被短直毛。三出葉，頂小葉橢圓形至寬卵形，長 5 ～ 6 公分，寬 4.5 ～ 5.5 公分，兩面密被毛。花紫色或綠白色。莢果倒披針狀鐮刀形，長約 3 公分，先端具長尾尖。

　　產於印度、馬來西亞及爪哇；台灣分布於西部平原之開闊草地。

總狀花序，甚長。偶有白花者。

三出葉，頂小葉橢圓形至寬卵形，兩面密被毛。

花通常紅色（郭明裕攝）

莢果倒披針狀鐮刀形，長約 3 公分，先端具長尾尖。（郭明裕攝）

鹿藿

屬名　括根屬
學名　*Rhynchosia volubilis* Lour.

纏繞性草本，被短直毛。三出葉，頂小葉倒卵形，長 2.5 ～ 5 公分，寬 2 ～ 4 公分，先端漸尖至銳尖，兩面被毛。花黃色。莢果長橢圓形，長 1.2 ～ 1.5 公分，被毛，成熟時轉為紅色。

　　產於日本及中國；台灣分布於中低海拔之草地、灌叢、林緣、路旁及荒廢地。

花黃色

纏繞性草本，被短直毛。

莢果長橢圓，長 1.2 ～ 1.5 公分，被毛，熟時轉為紅色。

決明屬 SENNA

草本、灌木或小喬木。羽狀複葉，葉柄或葉軸具腺體。總狀花序；萼片 5，萼筒甚短；花瓣 5 枚，大都黃色，離生，約略等長；雄蕊 10 枚，離生，花藥縫線無毛。莢果，線形，有隔線。

台灣引進多種。

翼柄決明（翅果鐵刀木、翼果旃那）

屬名	決明屬
學名	*Senna alata* (L.) Roxb.

粗壯直立灌木，株高 3 ～ 5 公尺。一回羽狀複葉，長可達 60 公分，小葉 8 ～ 14 對，最先端之 1 對最大。總狀花序長可達 70 公分，花冠鮮黃色，具脫落性大苞片。莢果線形，有翼。

廣泛分布於熱帶地區；台灣栽植並逸出。

總狀花序，可達 70 公分，花冠鮮黃。

莢果有翼，線形。

一回羽狀複葉，長可達 60 公分，小葉 8 ～ 14 對，最頂端 1 對最大。

大花黃槐

屬名	決明屬
學名	*Senna* × *floribunda* (Car.) Irwin & Barneby

落葉性灌木，近無毛。偶數羽狀複葉，小葉 3 ～ 4 對，長橢圓形，長 5.5 ～ 7.5 公分，寬 2.5 ～ 3.5 公分，先端漸尖，葉柄具腺體。花黃色。莢果圓柱形，黃褐色。

台灣於全島中低海拔栽植並逸出。

花大而豔麗，普遍栽培。

偶數羽狀複葉，小葉長橢圓形，先端漸尖。花黃色。

望江南

屬名	決明屬
學名	*Senna occidentalis* (L.) Link

半灌木，近無毛。偶數羽狀複葉，小葉 3～6 對，卵形至卵狀長橢圓形，長 3～9 公分，寬 2～3 公分，先端銳尖。花黃色，雄蕊 7 枚，等長，退化雄蕊 3 枚。莢果膨大，線形，微彎，長約 12 公分。

原產於南美；廣泛歸化於台灣之開闊荒廢地。

花瓣 5，離生，約略等長。
雄蕊 10，離生。

莢果膨大，線形，微彎，長約 12 公分。

為野地常見的外來種

黃槐

屬名	決明屬
學名	*Senna sulfurea* (Collad.) Irwin & Barneby

大灌木至小喬木，嫩枝被剛毛。偶數羽狀複葉，小葉 4～6 對，橢圓狀披針形，長 4～9 公分，寬 2～4 公分，先端銳尖。花黃色。莢果扁平，長 12～17 公分。

產於印度、斯里蘭卡、中南半島至澳洲及玻里尼西亞；台灣於全島低海拔普遍栽植並逸出。

花黃色

莢果扁平，長 12～17 公分。

澎湖決明 特有種

屬名　決明屬
學名　*Senna sophera* (L.) Roxb. var. *penghuana* (Y.C. Liu & F.Y. Lu) S.W. Chung

灌木，高約 1 公尺，全株光滑無毛。偶數羽狀複葉，小葉 6 ～ 7 對，橢圓形，長 1.5 ～ 3 公分，寬 1 ～ 1.3 公分，歪基，先端有芒，葉背灰白；小葉柄極短，長約 0.5 ～ 1 公釐。繖房花序，花 6 ～ 8 朵，花黃色，雄蕊 7 枚，等長，退化雄蕊 3 枚。莢果近圓筒形。

　　特產澎湖。

花黃色。雄蕊 7，等長，退化雄蕊 3。

莢果近圓筒形

繖房花序具 6 ～ 8 朵花

偶數羽狀複葉，小葉橢圓形，基部歪斜。

直立灌木

決明

屬名　決明屬
學名　*Senna tora* (L.) Roxb. var. *tora*

半灌木，近無毛。偶數羽狀複葉，小葉 3 對，倒卵形至長橢圓形，長 2 ～ 5 公分，寬 1.5 ～ 2.5 公分，先端圓。花黃色，雄蕊 7 枚，等長，退化雄蕊 3 枚。莢果圓柱形，長 10 ～ 15 公分。

　　廣布於熱帶及亞熱帶地區；台灣歸化於中南部低海拔之坡地及沙質地。

花黃色

小葉 3 對，倒卵形至長橢圓形。

莢果圓柱形，長 10 ～ 15 公分。

田菁屬 SESBANIA

草本、灌木或喬木。偶數羽狀複葉,小葉歪斜,中肋突出。總狀花序;花萼寬鐘形,二唇狀或五齒裂;花冠蝶形;二體雄蕊,9+1。莢果線形,成熟時開裂,種子多數。

田菁

屬名	田菁屬
學名	*Sesbania cannabina* (Retz.) Poir.

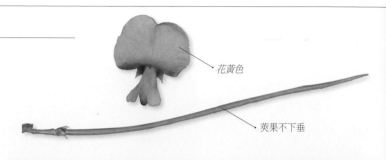

花黃色

莢果不下垂

一年生草本,幼枝被長柔毛,成熟時無毛。小葉 20 ～ 40 對,長橢圓形,長 1 ～ 2.2 公分,寬 2 ～ 3 公釐,先端銳尖。花 1 ～ 5 朵,黃色。莢果長 18 ～ 25 公分,直立或平展,下垂。

產於印度、馬來西亞、爪哇及菲律賓;台灣分布於全島低海拔空曠地,尤其新近干擾過之區域。

旗瓣外具斑點

小葉 20 ～ 40 對

印度田菁

屬名	田菁屬
學名	*Sesbania sesban* (L.) Merr.

灌木,無毛。小葉 10 ～ 20 對,線狀長橢圓形,長 1.6 ～ 2 公分,寬 3 ～ 5 公釐,先端銳尖。花 4 ～ 12 朵,花瓣黃色,具紫斑。莢果長 16 ～ 20 公分,下垂,扭曲。

廣布於熱帶及亞熱帶地區;台灣分布於全島低海拔空曠地,尤其近溪處。

花黃色

小葉 10 ～ 20 對

坡油甘屬 SMITHIA

偶數羽狀複葉，無小托葉。總狀或頭狀花序；花萼二唇狀，萼片前半部鋸齒緣或全緣；花冠蝶形；二體雄蕊，每組各 5 枚雄蕊。莢果包於宿存萼片中。

薄萼坡油甘

屬名	坡油甘屬
學名	*Smithia ciliata* Royle

一年生草本。小葉 6 ～ 9 對，倒披針形，長 5 ～ 12 公釐，寬 2 ～ 4 公釐，先端圓，具短突尖，毛緣。頭狀花序，花 12 朵或更多，萼片邊緣具纖毛，花白色。莢果包於萼片中，長 6 ～ 12 公釐，念珠狀，6 ～ 8 節。

　　產於印度及爪哇；台灣僅在藤枝及阿里山公路少數地點發現，稀有。

莢果包於萼片中

花白色，萼片邊緣具纖毛。

小葉 6 ～ 9 對，倒披針形，先端圓且具短突尖，葉緣具毛。

坡油甘

屬名	坡油甘屬
學名	*Smithia sensitiva* Ait.

一年生草本。小葉 3 ～ 6 對，長橢圓狀倒披針形，長 6 ～ 15 公釐，寬 3 ～ 6 公釐，先端圓、截形至微凹，剛毛緣，背面僅中肋被剛毛。花 1 ～ 6 朵，萼片表面有許多剛毛及腺點，花黃色。莢果長 6 ～ 8 公釐，4 ～ 6 節，腹面強烈收縮。

　　產於亞洲及非洲熱帶地區、馬來西亞及澳洲；台灣僅在新竹蓮花寺濕地及花蓮玉里等少數地點發現，稀有。

花色淡黃（許天銓攝）

萼裂片具平行脈，邊緣無毛，表面疏被剛毛。（許天銓攝）

莢果螺旋狀扭曲，藏於萼筒內，表面瘤狀。（許天銓攝）

小葉 3 ～ 10 對，具緣毛。（許天銓攝）

生長於濕潤草地（許天銓攝）

苦參屬 SOPHORA

喬木或灌木。奇數羽狀複葉。總狀或圓錐花序；花萼鐘狀，五齒裂或二唇狀，上 2 枚萼片合生；花瓣 5 枚，覆瓦狀排列，花冠蝶形，旗瓣圓形、橢圓形或倒卵形，包圍翼瓣，翼瓣與龍骨瓣近似；雄蕊 10 枚，離生或基部稍合生。莢果念珠狀，通常不開裂，莢節圓珠形。

苦參

屬名	苦參屬
學名	*Sophora flavescens* Ait.

半灌木，枝條微被毛。奇數羽狀複葉，小葉 9 ～ 15 枚，紙質，狹橢圓形，長 3 ～ 5 公分，寬 1 ～ 1.5 公分，先端圓，無毛或僅背面中肋被伏毛。花白色。莢果，種子 2 ～ 4 粒。

　　產於中國、日本、韓國及西伯利亞；台灣分布於全島低海拔山區之草生地或灌木叢。

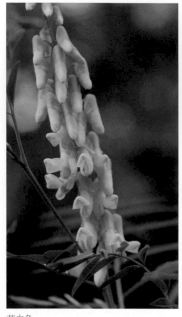

花白色

小葉 9 ～ 15 枚，紙質，狹橢圓形。

毛苦參

屬名	苦參屬
學名	*Sophora tomentosa* L.

小喬木，被灰色絨毛。小葉 15 ～ 19 枚，半革質，倒卵形，長 2.5 ～ 5 公分，寬 1 ～ 2 公分，先端圓，上表面被疏絨毛，下表面密生絨毛。花黃色，花梗密被絹毛。莢果，念珠狀，被絨毛，種子 6 ～ 8 粒。

　　廣布熱帶地區；台灣分布於南部之珊瑚礁岩上。

花黃色

果實呈念珠狀，被絨毛。

小喬木，被灰色絨毛。小葉 15 ～ 19 枚，半革質，倒卵形。

小花梗密被絹毛

筆花豆屬 STYLOSANTHES

多 年生草本或小灌木。三出葉，無小托葉，托葉形成托葉鞘。頭狀或穗狀花序，頂生；花萼筒狀，萼片5，等長；花冠蝶形，黃橘色；單體雄蕊，花葯二型。莢果膨大，具皺縮網紋，成熟時不開裂。

筆花豆

屬名	筆花豆屬
學名	*Stylosanthes guianensis* (Aubl.) Sw.

草本，常在節處長不定根，全株被毛。三出葉，頂小葉狹橢圓形，長2～3公分，寬0.6～1公分，先端漸尖，上表面無毛，下表面被毛。花萼筒狀，外被許多剛毛，花黃色。莢果膨大，長橢圓形，1～2節，具皺縮網紋，成熟時不開裂。

　　歸化種，原產於美洲熱帶，台灣分布於大肚山及恆春半島。金門亦產。

三出複葉，葉狹橢圓形。

莢果膨大，具皺縮網紋，不開裂。

花黃色，花萼筒狀，外被許多剛毛及腺毛。

全株被腺毛

葫蘆茶屬 TADEHAGI

單 葉，葉柄具翼，具托葉。總狀花序；苞片二型；花萼鐘形，萼片5，上方萼片完全癒合或僅先端二岔，長度最長；花冠蝶形；二體雄蕊，9+1。莢果狹橢圓形，腹面收縮。

葫蘆茶

屬名	葫蘆茶屬
學名	*Tadehagi triquetrum* (L.) Ohashi subsp. *pseudotriquetrum* (DC.) H. Ohashi

莖枝被毛。單葉，長橢圓形至披針形，長6～10公分，寬2～4公分，先端漸尖，上表面無毛，下表面脈上被毛，葉柄具翼；托葉大，長1～2公分。花粉紅色，萼片被毛。莢果長2～3公分，6～7節，多少彎曲，縫線上被白毛。

　　產於喜馬拉雅山區、中國及菲律賓；台灣分布於南部中低海拔之草生地及灌木林緣。

花粉紅色

單葉，葉柄具翼。托葉大，長1～2公分。

莢果具節（謝牡丹攝）

總狀花序甚長

灰毛豆屬 TEPHROSIA

多年生草本或灌木。單葉、三出葉或奇數羽狀複葉，葉及小葉先端中肋突出，無小托葉。總狀花序；花萼鐘形，萼齒 5，等長或等長；花冠蝶形；二體雄蕊，9+1，或偶單體雄蕊。莢果長橢圓形或線狀，扁平，被毛，成熟時開裂。台灣有 4 種。

白花鐵富豆

屬名	灰毛豆屬
學名	*Tephrosia candida* (Roxb.) DC.

灌木，莖枝被粗毛。奇數羽狀複葉，小葉 17 ～ 27 枚，長橢圓形，長 5 ～ 7 公分，先端銳尖，上表面無毛，下表面被毛。花白色。莢果長橢圓狀線形，長 6 ～ 9 公分，被毛。

原產於印度；台灣於全島低海拔栽植並歸化，見於荒廢地及新干擾區域。

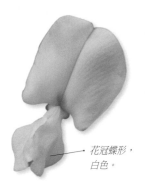
花冠蝶形，白色。

小葉背面被毛

莢果長橢圓線形，長 6 ～ 9 公分，被毛。

直立灌木

黃花鐵富豆

屬名	灰毛豆屬
學名	*Tephrosia noctiflora* Bojer *ex* Baker

半灌木，高可達 2 公尺，莖枝被褐毛。奇數羽狀複葉，小葉 15 ～ 19 枚，倒披針形，長 2 ～ 4 公分，先端截形至凹缺，上表面無毛，下表面被毛。花黃色、淡紫色至白紅色，外表被密毛。莢果長橢圓線形，微彎，長 4 ～ 5 公分。

產於非洲及印度；台灣於中北部平地及低地丘陵栽植並逸出。

莢果長橢圓線形，微彎。

花白泛紫紅暈

半灌木，植株可高達 2 公尺。

葉上面無毛，背面被毛。

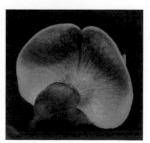
花外表被密毛

台灣灰毛豆

屬名　灰毛豆屬

學名　*Tephrosia obovata* Merr.

花紫紅色

多年生草本，莖枝密被毛。奇數羽狀複葉，小葉 11 ～ 13 枚，倒卵形，長 0.5 ～ 1 公分，先端截形至凹缺，兩面被毛。總狀花序腋生，花紫紅色。莢果長橢圓形，長 2 ～ 2.5 公分。

　　產於菲律賓；台灣分布於南部（台東及恆春）、小琉球及澎湖海邊。

莢果長橢圓形，長 2 ～ 2.5 公分。

葉背之伏毛

長於濱海地區

奇數羽狀複葉，小葉 11 ～ 13 枚，倒卵形，兩面被毛。

總狀花序花腋生

灰毛豆

屬名　灰毛豆屬
學名　*Tephrosia purpurea* (L.) Pers.

多年生草本，莖枝被毛。奇數羽狀複葉，小葉
9～17 枚，倒披針形至長橢圓狀倒披針形，長
1.5～2.5 公分，先端圓至截形，偶凹缺，上表
面無毛，下表面被毛。花白色。莢果線形，長
3～5.5 公分。

　　產於熱帶地區；台灣分布於中南部低海拔
之路旁、林緣、草生地及荒廢地。

花白色

葉背面被毛

莢果線形，長 3～5.5 公分。

葉先端圓至截形，偶凹缺。

分布於台灣中南部低海拔路旁、林緣、草生地及荒廢地。

野黃豆屬 TERAMNUS

纏繞性草本。三出葉。總狀花序；花萼鐘形，五中裂，約略等長；花冠蝶形，紫色；單體雄蕊，有葯雄蕊與退化雄蕊互生。莢果線形，先端具宿存之彎曲花柱。

野黃豆

屬名	野黃豆屬
學名	*Teramnus labialis* (L. f.) Sprengel

纏繞性草本，莖枝被粗毛。頂小葉橢圓形，歪斜，長 2～6 公分，先端漸尖，兩面被粗毛。花小，長約 5 公釐，腋生，白色，兼有淡紫色，萼片密生毛。莢果線形，長約 4 公分，先端具宿存之彎曲花柱。

　　產於熱帶地區；台灣分布於南部低海拔之乾燥空曠地。

花白色，兼有淡紫色，萼片密生毛。

莢果線形，先端具宿存彎曲花柱。

葉先端圓至截形，偶凹缺。

菽草屬 TRIFOLIUM

草本。三出葉，葉脈明顯，托葉連生於葉柄上。頭狀之穗狀花序，頂生，花密集；花萼筒形；花冠蝶形；二體雄蕊，9+1。莢果不開裂，膜質，為宿存之花瓣所包住。

黃菽草

屬名	菽草屬
學名	*Trifolium dubium* Sibth.

一年生草本。三出葉，頂小葉倒卵形，長 8～10 公釐，先端凹缺，鋸齒緣。花黃色。

　　原產於歐洲；台灣於中部中海拔山區栽植，逸出於路旁。

頂小葉倒卵形，先端凹缺，鋸齒緣。花黃色。

原產於歐洲，於台灣中部中海拔山區栽植，路旁逸出。

紅菽草

屬名	菽草屬
學名	*Trifolium pratense* L.

多年生草本，直立或斜上，莖枝疏被絨毛。三出葉，頂小葉卵形，長 3 ～ 5 公分，先端圓至截形或微凹，葉面上常有人字形白斑，側脈突出葉緣外。花紅色或紫色。

原產於歐洲；台灣於中部中海拔山區栽植，路旁常見逸出。

穗狀花序，許多粉紅小花密集成球形。

三出葉，頂小葉卵形，葉面上常有人字白斑。

三出葉，頂小葉卵形，葉面上常有人字白斑。

菽草(白花三葉草)

屬名	菽草屬
學名	*Trifolium repens* L.

匍匐性多年生草本，無毛。三出葉，頂小葉倒卵形，長 8 ～ 20 公分，先端凹缺，葉表常有白斑，前半部細齒牙緣。花白色。

原產於歐洲；台灣於北部平野及中部中、低海拔栽植並逸出。

頂生密集頭形穗狀花序，花白色。

頂小葉倒卵形，葉表常有白斑。

葫蘆巴屬 TRIGONELLA

匍 匍性草本。三出葉，小葉葉脈明顯，前半部鋸齒緣，葉脈深入齒端；托葉箭形，與葉柄合生。密集的總狀花序似頭狀花序，腋生；花萼鐘形，五深裂，約略等長；花冠蝶形，黃色、紫色至白色；二體雄蕊，9+1。莢果平直或彎曲。

彎果葫蘆巴

| 屬名 | 葫蘆巴屬 |
| 學名 | *Trigonella hamosa* Forssk. |

匍匐性草本，高約 30 公分，莖分枝。三出葉，小葉倒卵形，長 1.2 ～ 1.5 公分，寬 7 ～ 9 公釐，基部楔形，葉脈明顯，前半部鋸齒緣，葉脈深入齒端，上表面光滑，下表面被毛。密集的總狀花序似頭狀，腋生。

原產於蘇丹、埃及、阿拉伯半島，至中東及南非；歸化於花蓮，僅一次的紀錄。

小葉葉脈明顯，前半部鋸齒緣，葉脈深入齒端。腋生的密集總狀花序似頭狀。（吳明洲攝）

兔尾草屬 URARIA

多 年生草本或半灌木。單葉、三出葉或奇數羽狀複葉，小葉先端中肋突出，具小托葉。總狀花序頗長；花萼鐘形，外被剛毛；花冠蝶形；二體雄蕊，9+1。莢果 2 ～ 6 節，摺疊於宿存之萼片內。

圓葉兔尾草

| 屬名 | 兔尾草屬 |
| 學名 | *Uraria aequilobata* Hosokawa |

半灌木。三出葉，頂小葉倒卵形，長 1 ～ 4 公分，寬 1 ～ 3 公分，先端凹缺，兩面被毛。花粉紅色，萼片約略等長，花梗長 7 ～ 9 公釐。莢果 4 ～ 6 節。

產於香港；台灣分布於花蓮新城、南投眉原、台南玉井、台東鹿野溪等海拔低於 500 公尺之開闊荒地或草地，稀有。

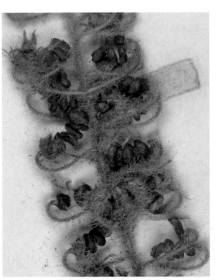

果莢內裂開，種子露出。（謝佳倫攝）

僅有 3 份的標本紀錄，分別於竹東橫山、內本鹿越嶺道的清水駐在所及花蓮新城，1984 年後未有正式的紀錄。（謝佳倫攝）

兔尾草

屬名　兔尾草屬
學名　*Uraria crinita* (L.) Desv. *ex* DC.

半灌木。三出葉至奇數羽狀複葉，小葉5～7枚；頂小葉長橢圓狀卵形，長8～12公分，寬4～6.5公分，先端銳尖。總狀花序，甚長；萼齒5，上方2枚稍短，花瓣紫藍色；二體雄蕊，9+1；花梗長8～10公釐。莢果3～7節。

　　產於印度、東南亞、中國及澳洲；台灣分布於全島平原空曠地、路旁及草生地。

花柱常彎曲

花紫藍色

總狀花序甚長

大葉兔尾草(貓尾草)

屬名　兔尾草屬
學名　*Uraria lagopodioides* (L.) Devs. *ex* DC.

灌木。三出葉或單葉，頂小葉卵形至橢圓形，長2.5～2公分，寬2～3公分，先端圓至些微凹缺，偶有尖尾刺，兩面被褐毛。總狀花序頗長；上方2枚萼片長約2公釐，下方3枚萼片長6～8公釐，最下方者最長；花瓣淡紫色；花梗長4～5公釐。莢果2節。

　　產於印度、菲律賓、中國及澳洲；台灣分布於中南部低海拔山區之荒野及路旁。

總狀花序，花紫紅色。

三出葉，頂小葉卵形至橢圓形，全株被褐毛。

亦有單葉者

羽葉兔尾草（線葉 貓尾草）

屬名　兔尾草屬
學名　*Uraria picta* (Jacq.) DC.

灌木。奇數羽狀複葉，小葉 5 ～ 7 枚，線形，長 5 ～ 9 公分，寬 7 ～ 10 公釐，先端銳尖，兩面被毛，上表面常有許多白色斑紋。萼齒 5，上方 2 枚稍短，上有許多腺毛；花瓣紫色。莢果 3 ～ 5 節。

　　產於非洲及亞洲；台灣分布於恆春半島之草生地及荒廢地。

種子白色

小葉 5 ～ 7 枚，線形。

花紫色，旗瓣具 1 對黃斑。

莢果 3 ～ 5 節。

蠶豆屬 VICIA

草本或草質藤本。羽狀複葉，先端成卷鬚。總狀花序；花萼鐘形；花冠蝶形，翼瓣龍骨瓣連合；二體雄蕊；花柱上方具叢生毛。莢果扁平，長橢圓形。

多花野碗豆

屬名　蠶豆屬
學名　*Vicia cracca* L.

多年生草本，微被毛。羽狀複葉，先端成卷鬚，小葉 18 ～ 24 枚，披針形，長 1.5 ～ 2 公分，寬 2 ～ 3.5 公釐，先端銳尖，中肋突出。花紫紅色，多朵密生。萼片 2 短 3 長，上方者較短。莢果長 2.5 ～ 3 公分，無毛。種子 5 ～ 8 粒。

　　產於歐洲及亞洲；台灣分布於低海拔山區之草地及荒廢地。

花紫紅色，多朵密集。

羽狀複葉，先端成卷鬚，小葉披針形。

產於歐洲及亞洲，分布於台灣低海拔山區草地及荒廢地。

小巢豆

屬名　蠶豆屬
學名　*Vicia hirsuta* (L.) S.F. Gray

花淡紫色，長
3～4公釐。

一年生草本，被粗毛。小葉 16～24 枚，長橢圓狀倒披針形，長 1.5～2 公分，寬 5～
7 公釐，先端截形，中肋突出。花淡紫色，長 3～4 公釐，萼片約略等長。莢果長約
8 公釐，密被粗毛。種子 2 粒。

　　原產於北半球溫帶地區；台灣分布於北、中部低海拔山區之草地及荒廢地。

小葉 16～24 枚，長橢圓狀倒披針形。

莢果長約 8 公釐，密被粗毛，種子 2 粒。

野碗豆

屬名　蠶豆屬
學名　*Vicia sativa* L. subsp. *nigra* (L.) Ehrh.

花紫白色
或淡粉色

一年生草本，被白柔毛。小葉 8～16 枚，倒卵形至倒披針形，長 8～18 公釐，寬 3～
6 公釐，先端凹缺，但中肋附近突尖。花紫白色，1～2 朵，萼片約略等長，近無花
梗或梗短。莢果長 4～5 公分，無毛。種子 6～10 粒。

　　產於北半球溫帶地區；台灣分布於全島中低海拔之路旁、河床及荒廢地。

葉末端具卷鬚，纏繞他物生長。

莢果長 4～5 公分，無毛，種子 6～10 粒。

烏嘴豆

屬名　蠶豆屬
學名　*Vicia tetrasperma* (L.) Schreber

一年生或二年生草本，被毛。小葉 6 ～ 10 枚，長橢圓形，長 1.2 ～ 1.7 公分，寬 3 ～ 4.5 公釐，先端鈍。莢果長 0.8 ～ 1 公分，無毛。種子 4 粒。

　　原產於北半球溫帶地區；台灣分布於中北部低海拔山區之路邊、草生地及空曠地。

小葉 6 ～ 10 枚，長橢圓形，先端鈍。花序具長梗。（蔡錫麒攝）

花紫色，具長花梗。（蔡錫麒攝）

豇豆屬 VIGNA

草本、草質藤本或半灌木。三出葉。花密集聚生在花序頂，龍骨瓣扭曲或不扭曲，花萼鐘形，花冠蝶形，二體雄蕊，花柱在柱頭下有叢生毛。果長且細小，內有許多種子。

腺藥豇豆

屬名　豇豆屬
學名　*Vigna adenantha* (G.F. Meyer) Maréchal, Mascherpa & Stainier

藤本。三出葉，頂小葉菱狀卵形，長 7 ～ 8 公分，寬 5 ～ 6 公分，先端銳尖。花紫色，龍骨瓣延伸成喙狀。莢果線狀長橢圓形，長 7 ～ 8 公分，無毛。種子 9 ～ 12 粒。

　　產於泛熱帶，分布於台灣南部低海拔之山野路旁，稀有。

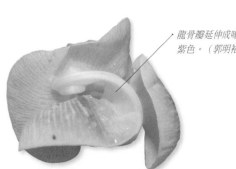

龍骨瓣延伸成喙狀，花紫色。（郭明裕攝）

三出葉，頂小葉菱狀卵形，長 7 ～ 8 公分。（郭明裕攝）

野紅豆

屬名	豇豆屬
學名	*Vigna angularis* (Willd.) Ohwi & Ohashi var. *nipponensis* (Ohwi) Ohwi & H. Ohashi

半灌木。頂小葉卵形，長 7 ～ 10 公分，寬 3 ～ 6 公分，先端銳尖至漸尖，通常三裂，被毛。花黃色。莢果線形，長 5 ～ 9 公分，無毛。種子 6 ～ 10 粒。

　　產於日本、韓國、中國、印度及喜馬拉雅山區；台灣分布於中南部中海拔灌木林緣。

頂小葉卵形，被毛，先端銳尖至漸尖。花黃色，龍骨瓣扭曲。（郭明裕攝）

和氏豇豆

屬名	豇豆屬
學名	*Vigna hosei* (Craib) Backer

多年生草質藤本。頂小葉卵形，長 3 ～ 7 公分，寬 3 ～ 5 公分，先端銳尖，被毛。花黃色，龍骨瓣不延伸成喙狀。莢果橢圓形，長 1 ～ 2 公分。種子 1 ～ 4 粒。

　　產於琉球、馬來西亞、新幾內亞及斯里蘭卡；台灣分布於全島低海拔荒廢地及路旁。

花黃色（郭明裕攝）

頂小葉卵形，被毛。果長 1 ～ 2 公分。（郭明裕攝）

長葉豇豆

屬名　豇豆屬
學名　*Vigan luteola* (Jacq.) Benth.

藤本,被逆向剛毛。頂小葉卵形,長3～5公分,寬1.5～2.5公分,先端尖,被毛。花黃色,長1公分,龍骨瓣不延伸成喙狀。莢果線形,長5～6公分,密被毛。種子6～10粒。

　　廣布於熱帶地區;台灣分布於全島低海拔之開闊地及海邊。

龍骨瓣不延伸成喙狀,花黃色,長1公分。

頂小葉卵形,被毛,先端尖。

莢果線形,長5～6公分,密被毛。

濱豇豆

屬名　豇豆屬
學名　*Vigna marina* (Burm.) Merr. .

藤本,無毛。頂小葉卵形,長4～7公分,寬2.5～5公分,先端鈍或圓,無毛。花黃色。莢果窄長橢圓形,長4～5公分,無毛,在種子間收縮,種子5～6粒。

　　廣布於全球熱帶地區;台灣分布於全島海邊沙質地。

花黃色

頂小葉卵形,無毛。

小豇豆

屬名	豇豆屬
學名	*Vigna minima* (Roxb.) Ohwi & Ohashi var. *minima*

一年生藤本。頂小葉卵形至三角形，長 2 ～ 9 公分，寬
1 ～ 4 公分，先端漸尖至銳尖，近無毛。花黃色，龍骨
瓣延伸成喙狀，花梗上具一腺體。莢果線形，胚珠數 9 ～
12，長 4 ～ 6 公分，無毛。

　　產於菲律賓、中國華南、日本及琉
球；台灣分布於全島低海拔之林緣、草
生地及路旁。

莢果線形，長 4 ～ 6 公分，無毛。

*花黃色，龍骨瓣延
伸成喙狀。*

花甚少，疏生於花梗上，花瓣淺黃色。

小葉豇豆

屬名	豇豆屬
學名	*Vigna minima* (Roxb.) Ohwi & Ohashi var. *minor* (Matsum.) Tateishi

承名變種（小豇豆，見本頁）區別在於
小葉橢圓形，長 1.5 ～ 2 公分，寬 1.5 ～
2 公分，先端圓至鈍；胚珠數 7 ～ 9。
　　產於台灣及琉球；台灣分布於北部
及南部之海邊草地。

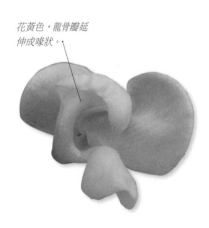

*花黃色，龍骨瓣延
伸成喙狀。*

與小豇豆區別在於小葉橢圓形，先端圓至鈍，長 1.5 ～ 2 公分。

毛豇豆

屬名　豇豆屬
學名　*Vigna pilosa* (Klein) Baker

一年生草本。三出複葉，頂小葉卵狀披針形，長 3.5 ～ 4 公分，先端漸尖。花冠蝶形，紫白色。莢果線形，長 7 ～ 8 公分，密被硬毛。

　　產於馬來西亞、印度及菲律賓；台灣分布於南部低海拔之乾燥荒廢地。

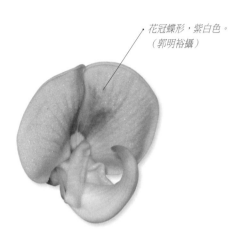

花冠蝶形，紫白色。（郭明裕攝）

莢果線形，密被硬毛，長 7 ～ 8 公分。（郭明裕攝）

綠豆

屬名　豇豆屬
學名　*Vigna radiata* (L.) Wilczek var. *radiata*

一年生直立草本，被逆向褐色疏長毛。頂小葉三角狀寬卵形，長 6 ～ 12 公分，寬 5 ～ 10 公分，先端銳尖，被疏長毛；托葉長於 6 公釐，寬於 4 公釐。花黃色。莢果向外伸展，細長，長 5 ～ 10 公分，被褐毛。

　　原產亞洲南部、印度，在熱帶及亞熱帶地區皆有種植；台灣於全島低海拔栽種，逸出於空曠地及路旁。

頂小葉三角狀寬卵形，長 6 ～ 12 公分。

花黃色

果細長，被褐毛，向外伸展。

台灣全島低海拔栽培，逸出於空曠地及路旁。

三裂葉豇豆

屬名　豇豆屬
學名　*Vigna radiata* (L.) Wilcaek var. *sublobata* (Roxb.) Verdc.

承名變種（綠豆，見第271頁）的區別在於：纏繞性莖枝；葉通常三深裂，每一裂片通常再三淺裂，較小，長3～5公分；莢果下垂，較小，長3～4公分。

　　產於亞洲熱帶地區；台灣分布於南部低海拔空曠地、灌木林緣及路旁。

莢果細長，被褐毛。

花黃綠色

纏繞性莖枝

葉通常三深裂，每一裂片通常再三淺裂。

曲毛豇豆

屬名　豇豆屬
學名　*Vigna reflexopilosa* Hayata

藤本，莖枝被逆向黃色刺毛。頂小葉菱狀卵形，長約8.5公分，寬約5公分，先端漸尖，兩面被刺毛；側生小葉較頂小葉稍大，歪斜。小苞片與萼片等長。莢果線形，長約7.5公分，糙澀。

　　產於東南亞、澳洲、斐濟、日本、琉球等地區；台灣分布於全島中低海拔草生地及荒廢地。

莢果線形，約長7.5公分，糙澀。

頂小葉菱狀卵形，長約8.5公分。

赤小豆

屬名　豇豆屬
學名　*Vigna umbellata* (Thunb.) Ohwi & Ohashi

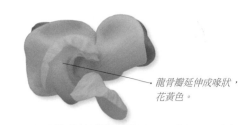

龍骨瓣延伸成喙狀，
花黃色。

藤本，被逆向毛。頂小葉寬卵形至披針形，長 3 ～ 10 公分，寬 3.5 ～ 6.5 公分，先端尾狀漸尖，被毛，全緣或三淺裂。花黃色，龍骨瓣延伸成喙狀，小苞片明顯長過萼片。莢果線形，長 6 ～ 9 公分，被毛，種子 8 ～ 12 粒。

　　原產於亞洲亞熱帶地區；台灣於全島中低海拔栽種，並逸出於荒廢地。

托葉

頂小葉寬卵形至披針形，全緣或三淺裂，先端尾狀漸尖。

莢果線形且被毛

野豇豆

屬名　豇豆屬
學名　*Vigna vexillata* (L.) A. Rich. var. *tsusimensis* Matsum.

多年生草本，疏被褐色毛。頂小葉三角狀披針形，長 6 ～ 10 公分，寬 8 ～ 15 公釐，先端漸尖，被毛。花紅紫色。莢果線形，長約 10 公分，密被褐色毛，種子 10 ～ 15 粒。

　　產於熱帶非洲、印度、馬來西亞、中國及澳洲；台灣分布於中海拔向陽之路旁。

除 1 枚雄蕊外，其餘全生成束。

花粉紅色

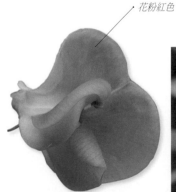

莢果被毛

纏繞草本，被毛。

丁葵草屬 ZORNIA

多年生草本。二出葉,小葉柄甚短,通常具腺點。總狀花序;花萼鐘形,萼片5,上方2枚合生,最長且最寬,最下方1枚較下方其餘2枚長;花冠蝶形,黃色;二體雄蕊;苞片將花朵包住,宿存。莢果扁平,腹面收縮,具橫隔,成熟時不開裂。

台灣有2種。

丁葵草

屬名	丁葵草屬
學名	*Zornia cantoniensis* Mohlenb.

蔓性草本,莖枝無毛。二出葉,小葉披針形,歪斜,長1～2.5公分,寬2～5公釐,先端銳尖至漸尖,兩面無毛,具緣毛,小葉柄甚短。苞片卵形。莢果2～6節,每節長3～4公釐,具刺。

廣布於熱帶地區;台灣分布於全島中低海拔之荒廢地及開闊草地。

花黃色或橘黃色,小,長8～10公釐。

花

廣布於台灣全島中低海拔荒廢地及開闊之草地

莢果2～6節,每節長3～4公釐,具刺。苞片卵形。

與眾不同的二出葉

台東葵草

屬名	丁葵草屬
學名	*Zornia intecta* Mohlenb.

直立草本,莖枝近無毛或被毛。二出複葉,小葉卵狀披針形,長1～2公分,寬3～6公釐,先端銳尖,兩面無毛,具緣毛,小葉柄甚短。苞片卵形。莢果5～6節,每節長2～2.2公釐,無刺。

產於印度、斯里蘭卡及越南,分布於台灣南部中、低海拔山區之向陽地。

花冠蝶形,黃色,具紅紋。

莢果5～6節,每節長2～2.2公釐,無刺。

二出葉,小葉柄甚短。

遠志科 POLYGALACEAE

草本、灌木或喬木。單葉，互生，全緣，有時退化為鱗片狀，無托葉。花兩性，左右對稱，成總狀花序或簇生；萼片5枚，2長3短，長者常花瓣狀；花瓣3或5枚，不等大，離生或合生，下面常具1枚龍骨狀，頂端常有流蘇狀之附屬物；雄蕊2～10枚，常8枚，花絲常合生；子房上位，2室。蒴果。

台灣有2屬8種。

特徵

花瓣3或5枚，不等大，離或合生，下面常具1枚呈龍骨狀，頂端常有流蘇狀附屬物。（瓜子金）

蒴果（小扁豆）

寄生鱗葉草屬 EPIRIXANTHES

寄生性草本。葉退化成鱗片狀，互生。穗狀花序，具苞片與小苞片；萼片5枚，宿存；花瓣3枚，基部合生；雄蕊2～5枚，花絲合生成鞘狀或部分分離，與花瓣合生；雌蕊心皮2枚合生，花柱1枚，子房2室，子房上位，中軸胎座。蒴果。

寄生鱗葉草

屬名	寄生鱗葉草屬
學名	*Epirixanthes elongata* Blume

寄生性小草本，高10公分。葉退化成小鱗片，互生。穗狀花序，頂生，長5～30公釐，密生花；小苞片條狀披針形；花淡黃色至白色，長約1.2公釐，萼片5枚，花瓣3枚，雄蕊5枚，花絲下部合生成鞘，並生於中間花瓣上。蒴果。

產於東南亞、印度至華南，台灣僅見於南仁山（恆春半島）。

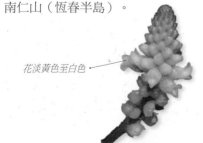

花淡黃色至白色

穗狀花序，頂生，長5～30公釐，密生花。

寄生性草本，葉退化成鱗片狀。

遠志屬 POLYGALA

葉 卵形、橢圓形或線形。總狀花序或花簇生；萼片 5 枚，2 長 3 短，長者常花瓣狀；花瓣 3 枚，等長，黃、白或紫色；雄蕊 8 枚。

巨葉花遠志 特有種

屬名	遠志屬
學名	*Polygala arcuata* Hayata

單葉互生，葉狹橢圓形，先端漸尖，不具突尖，長 4～9 公分，寬 1～3 公分，葉柄長 1～2.5 公分。總狀花序，腋生；花紫紅色，徑約 0.5 公分；下部花瓣龍骨狀，黃色，四至五側裂。

特有種，分布於台灣全島中海拔森林。

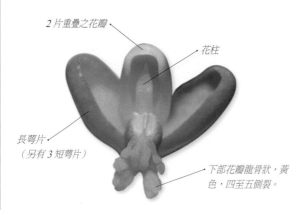

- 2 片重疊之花瓣
- 花柱
- 長萼片（另有 3 短萼片）
- 下部花瓣龍骨狀，黃色，四至五側裂。

萼片 5，花瓣 3。

葉狹橢圓形，先端漸尖，長 4～9 公分。

小花遠志

屬名	遠志屬
學名	*Polygala arvensis* Willd.

一年生草本，高 10～30 公分，莖多分枝。葉互生，厚紙質，橢圓形，長 1.5～3.5 公分，寬 0.6～1 公分，先端鈍，具銳尖頭，全緣，綠色，主脈上面微凹，背面稍隆起，側脈幾乎不見；葉柄極短，被短柔毛。總狀花序，長約 1 公分，腋生或腋外生，花序長度不及葉長，疏被柔毛，花 4～8 朵；花序基部具苞片 3 枚，苞片卵形，不等大；萼片 5 枚，外面 3 枚卵形，不等大，先端漸尖，內面 2 枚斜長圓形或長橢圓形；花瓣 3 枚，黃色，側瓣寬倒卵形，基部與龍骨瓣合生，無毛；龍骨瓣盔狀，先端具 2 束多分枝的雞冠狀附屬物；雄蕊 8 枚。蒴果近圓形。

產於東南亞、印度至華南、華西。陳志豪先生於台南之野地首次發現本種，為台灣之新紀錄種。

花瓣 3，黃色。（許天銓攝）

葉互生，厚紙質，橢圓形，具銳尖頭。（許天銓攝）

一年生草本，高 10～30 公分，莖多分枝。（許天銓攝）

華南遠志

屬名　遠志屬
學名　*Polygala chinensis* L.

一年生直立草本，高 10 ～ 25 公分，莖圓柱形。葉互生，紙質，倒卵形、橢圓形或披針形，長 2 ～ 8 公分，寬 1 ～ 1.5 公分，先端鈍，具短尖頭或漸尖，全緣，側脈少數，背面不明顯。萼片 5 枚，綠色，具緣毛，外面 3 枚卵狀披針形，長約 2 公釐，裡面 2 枚花瓣狀，鐮刀形，長約 4.5 公釐，先端漸尖；花瓣 3 枚，白色帶淡紅色，基部合生，側瓣較龍骨瓣短，龍骨瓣先端具 2 束條裂雞冠狀附屬物；雄蕊 8 枚。蒴果圓形。

　　產於東南亞至華南、華西及台灣中南部。

葉互生，橢圓形或披針形。

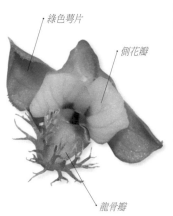

綠色萼片
側花瓣
龍骨瓣

龍骨瓣具條裂狀之附屬物

瓜子金

屬名　遠志屬
學名　*Polygala japonica* Houtt.

小草本。葉卵形、橢圓形、披針形至線形，長 1 ～ 3.8 公分，寬 2.5 ～ 9.5 公釐，網脈明顯，具許多小腺點，葉柄短於 1.5 公釐。萼片 5 枚，2 長 3 短，長者呈花瓣狀；花瓣 3 枚，等長，紫紅色；雄蕊 8 枚。蒴果圓，光滑無毛。

　　產於日本、琉球、中國、菲律賓、印度及新幾內亞；台灣分布於全島低海拔地區，常生於草生地。

果圓，光滑。

葉大多呈卵形

2 長萼片呈花瓣狀
龍骨瓣
花瓣 3，下面常具 1 枚呈龍骨狀，先端常具流蘇狀附屬物。
3 枚短萼片

小草本。分布於台灣全島低海拔地區，常生於草生地上。

圓錐花遠志

屬名 遠志屬
學名 *Polygala paniculata* L.

莖被具短柄之腺毛。葉披針形、線狀披針形或線形，長 6 ～ 19 公釐，寬 1 ～ 3 公釐，葉柄短於 1.5 公釐。總狀花序長可達 15 公分，小花梗長 0.5 ～ 1 公釐；萼片 5 枚，2 長 3 短；花瓣 3 枚，白色，龍骨瓣先端條狀裂；雄蕊 8 枚。蒴果長橢圓形，長約 2 公釐。

　　廣布於熱帶地區；台灣分布於全島低海拔之草生地。

花正面

花背面

龍骨瓣先端條裂狀

總狀花序長可達 15 公分。單葉，互生，披針形、線狀披針形或線形。

無柄花瓜子金

屬名 遠志屬
學名 *Polygala polyfolia* Presl

一年生草本，高 10 ～ 15 公分，莖多分枝，密被捲曲短柔毛。葉厚革質，長橢圓形，長 11 ～ 13 公釐，寬 2.5 ～ 5 公釐，具銳尖頭，全緣，無小腺點，側脈不顯著，葉柄短於 1.5 公釐。花密集生於葉腋，花序梗極短，基部具苞片 3 枚，苞片卵形；花藍紫色，龍骨瓣先端具二束多分枝的附屬物。

　　產於中國、中南半島、菲律賓、印度及東喜馬拉雅山區；台灣分布於全島低海拔之草生地。

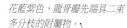
花藍紫色，龍骨瓣先端具二束多分枝的附屬物。

一年生草本，高 10 ～ 15 公分，莖多分枝，密被捲曲短柔毛。

花柱微彎

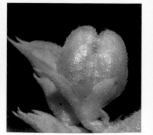
果實

小扁豆

屬名	遠志屬
學名	*Polygala tatarinowii* Regel

一年生直立草本，高 5 ～ 15 公分。單葉，互生，卵形，長 1 ～ 2 公分，寬 1 ～ 1.5 公分，先端銳尖，具小突尖頭，全緣，具緣毛；葉柄長 5 ～ 10 公釐，稍具翅。總狀花序頂生，花密，紫紅色，花瓣 3 枚，龍骨瓣先端圓，黃色或紅色。果實扁寬圓形。

產於印度、中國、菲律賓、緬甸北部、喀什米爾及日本；台灣分布於全島中海拔山區。

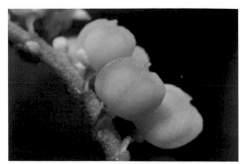

果實扁寬圓形

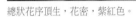
花瓣 3，龍骨瓣先端圓，黃色或紅色。

總狀花序頂生，花密，紫紅色。

一年生直立草本，高 5 ～ 15 公分。葉卵形，全緣，具緣毛。

齒果草屬 SALOMONIA

草本，莖具翼。穗狀花序，頂生，花序軸具翼；萼片 5 枚；花瓣 3 枚，下半部與雄蕊筒合生；雄蕊 4 ～ 6 枚，單體雄蕊；子房 2 室。蒴果，邊緣具細刺。

齒果草

屬名	齒果草屬
學名	*Salomonia ciliate* (L.) DC.

單葉，卵形至橢圓形，長 5 ～ 7 公釐，寬 2 ～ 3 公釐，無柄或近無柄。果實腎形。

廣布於日本北部及南韓至中國、菲律賓、印度、馬來西亞至澳洲熱帶地區；台灣分布於中北部之低海拔草生地。

穗狀花序，花軸具稜。

低海拔草生地可見，稀有。

果實表面具短刺（許天銓攝）

海人樹科 SURIANACEAE

喬木或灌木。葉互生，單葉或羽狀複葉，托葉小或無。花兩性，偶單性，雜性異株或雌雄異株。聚繖花序或圓錐花序，頂生或腋生，或單生和腋生。花下位，輻射對稱；萼片5（7）枚，離生，覆瓦狀或梅花形排列；花瓣5枚，或者很少數脫落，或者無，覆瓦狀排列，離生；雄蕊10枚，外輪雄蕊與花瓣對生，內輪有時不發育；花柱著生子房基部，柱頭棍棒狀或頭狀。果實為1～5個核果狀或堅果狀的單心皮果（聚合核果或聚合瘦果）。

台灣有1屬1種。

特徵

雄蕊10，外輪雄蕊與花瓣對生，內輪有時不發育。（許天銓攝）

聚合核果或聚合瘦果（許天銓攝）

海人樹屬 SURIANA

單葉，互生，無托葉。聚繖花序，稀單生，花序梗基部有節；苞片宿存，葉狀。花兩性，5瓣，萼片基部合生，萼片與花瓣同數，覆瓦狀排列；雄蕊10枚，有時5枚退化，花藥丁字著生，花盤不明顯；子房有5心皮，每心皮2胚珠，花柱絲狀。果實堅果狀，每花結果3～5枚，被宿存的花萼包圍。種子1枚。

海人樹

屬名　海人樹屬
學名　*Suriana maritima* L.

灌木或小喬木，高1～3公尺，嫩枝密被柔毛及頭狀腺毛，分枝密，小枝常有小瘤狀的疤痕。葉具極短的柄，常聚生在小枝的頂部，稍肉質，線狀匙形，長2.5～3.5公分，寬約0.5公分，先端鈍，基部漸狹，全緣，葉脈不明顯。聚繖花序，花2～4朵；花瓣黃色，覆瓦狀排列，倒卵狀長圓形或圓形，花絲基部被絹毛。果實有毛，近球形，長約3.5公釐，具宿存花柱。

泛熱帶分布，生長於沙地或珊瑚礁上；東沙島南北沙脊兩側和潟湖周邊的草海桐灌叢邊緣是海人樹主要分布範圍。

聚繖花序，花2～4朵，花瓣黃色。

果有毛，近球形，長約3.5公釐，具宿存花柱。（許天銓攝）

灌木或小喬木，高1～3公尺，嫩枝密被柔毛及頭狀腺毛。（許天銓攝）

大麻科 CANNABACEAE

喬木、灌木或攀緣草本。單葉，互生或對生，常為鋸齒緣。花單性或兩性，雌雄異株或同株。花單生或簇生或為穗狀花序、聚繖花序、圓錐花序，腋生。雄花萼4～5枚，分離，雄蕊4～5枚；雌花萼癒合，包圍子房；子房無柄，上位。瘦果或核果。

　　台灣有4屬10種。

特徵

單葉，鋸齒緣。（糙葉樹）

核果（沙楠子樹）

葎草之果實為瘦果（葎草）

雄花萼分離，雄蕊4～5枚。（山黃麻）

糙葉樹屬 APHANANTHE

落葉喬木。葉有明顯的羽狀脈與基部三出脈，托葉側生。雌雄同株，雄花成聚繖花序，雌花單生。核果橢圓球形。

糙葉樹

屬名	糙葉樹屬
學名	*Aphananthe aspera* (Thunb.) Planch.

落葉喬木；枝條、葉之兩面和葉柄具糙伏毛，極少為柔毛。葉長 5～10 公分，寬 3～5 公分，側脈 6～10 對，直達齒尖；葉面甚為粗糙，可磨擦金屬與骨角等。花小，單性，雌雄同株；雄花成聚繖狀繖房花序，生於新枝基部的葉腋；雌花單生於新枝上部葉腋。核果近球形或卵圓形，成熟時紫黑色，直徑約 0.8 公分，有平伏硬毛；果柄較葉柄短，很少近等長，有毛。

　　產於中國、日本及韓國；台灣分布於全島之低海拔地區。

果熟時紫黑色

幼果，表面有平伏毛。

枝條、葉之兩面和葉柄具糙伏毛。

幼葉，側脈 6～10 對，直達齒尖。

秋冬落葉，入春重發。

雌花單生於新枝上部葉腋

喬木，可見於郊山平野。

朴屬 CELTIS

喬木或灌木。葉具 3 或 5 基出脈。花雜性同株，雄花簇生，雌花單生。核果。

沙楠子樹（紫彈樹）

屬名　朴屬
學名　*Celtis biondii* Pamp.

落葉喬木，株高可達 10 公尺；小枝下垂，側芽鱗片外面有白且直之伏毛。單葉，互生，葉紙質，寬卵形或卵形，先端漸尖至長尾狀，基部略歪。花雜性同株，雄花簇生於新枝基部，兩性花或雌花著生於上部葉腋；花萼鐘狀，先端四或五裂；雄蕊 4 或 5 枚；雌蕊心皮 2 枚，合生，花柱 2 枚，子房上位，子房 1 室。核果，單生葉腋，近球形，直徑約 5 公釐，成熟時黃至橘紅色，果實及果梗被毛。

　　產於中國及日本西部；台灣分布於中部、南部、金門及馬祖低海拔之山脊、岩地及路旁。

未熟果

核果，熟時黃至橘紅色。

葉兩面被微糙毛

葉先端漸尖至長尾狀

石朴（台灣朴樹）

屬名　朴屬
學名　*Celtis formosana* Hayata

落葉喬木。單葉，互生；托葉早落；葉長卵形，先端漸尖至尾狀（當年生小枝基部者除外），基部明顯歪斜，上表面光滑，翠綠色，下表面幾近光滑，僅葉脈上具極疏之伏毛，全緣或細齒緣，稀粗鋸齒緣。花雜性同株，雄花簇生，無花瓣，雄蕊 4 ～ 5 枚，與萼片對生；雌花單生，子房上位。果實較大，直徑 6 ～ 9 公釐，果梗光滑。本種似朴樹（見第 286 頁），其幾近光滑之葉面、葉先端漸尖至尾尖可與之區別。

　　產於中國及琉球；台灣分布於低海拔至 1,500 公尺處。

雌花單生，子房上位。

葉下表面幾近光滑無毛

葉上表面光滑無毛，翠綠色。

雄花簇生，無花瓣，雄蕊 4 ～ 5 枚。

果梗光滑無毛

落葉喬木

小葉朴(石澀朴)

屬名　朴屬
學名　*Celtis nervosa* Hemsl.

葉近革質，長 4 ～ 5 公分，先端圓、鈍至銳尖，基部略微心形、圓至鈍，略歪或不歪，兩面被短剛伏毛或近光滑。果梗長度與鄰近之葉柄長度相近，果熟橘紅色。

　　產於中國南部；台灣分布於南部之珊瑚礁岩、開闊地、林緣或山脊。

果熟橘紅色

葉長 4 ～ 5 公分，兩面被短剛伏毛或近光滑，先端圓。

葉基部略微心形、圓至鈍。

菲律賓朴樹

屬名　朴屬
學名　*Celtis philippensis* Blanco

葉革質，卵形或闊卵形，長 8 ～ 18 公分，先端尖，基部截形，微凹，全緣，基生三出脈直達葉先端，無側脈。花序腋生，花黃綠色，雌蕊柱頭盤狀擴張。核果球形至膨圓形，微凸頭，果熟由綠轉紅。

　　產於中國、菲律賓、馬來西亞及澳洲熱帶地區；台灣分布於蘭嶼及綠島之森林中。

雌蕊柱頭盤狀擴張

葉全緣，三出脈。核果球形至膨圓形，微凸頭，成熟由綠轉紅。

朴樹(沙朴)

屬名　朴屬
學名　*Celtis sinensis* Pers.

落葉喬木，高可達 20 公尺；小枝暗褐色，密被毛，成熟後漸光滑。葉闊卵形、卵形至長橢圓形，長 5 ～ 9 公分，寬 3 ～ 4 公分，葉基歪斜，下表面密被柔毛及紅褐色多細胞毛，葉後半部全緣，前半部有粗鋸齒。雌花單生或叢生於上部葉腋，雄花呈聚繖花序著生於新枝基部。核果圓形或卵形，直徑 5 ～ 6 公釐，成熟時呈橙黃色或帶紅褐色。

　　產於中國南部；台灣分布於全島低至中海拔地區。

果圓形或卵形　　　　　　　　雄蕊 4 枚

兩性花

葉緣下半部全緣，上半部有粗鋸齒。

雌花或兩性花著生於上部葉腋，雄花著生於新枝基部。

葉下表面密被柔毛及紅褐色多細胞毛

葎草屬 HUMULUS

多年生或一年生之蔓性草本，莖粗糙，具倒鉤刺。單葉，對生，三至七裂，粗鋸齒緣。花單性，雌雄異株；雄花成圓錐狀之總狀花序，花被五裂，雄蕊 5 枚，直立；雌花少數，常 2 朵聚生，由大型宿存的苞片被覆，子房 1，花柱 2。瘦果扁球形，寬 0.5 公分。

葎草

屬名　葎草屬
學名　*Humulus scandens* (Lour.) Merr.

多年生纏繞性草本。單葉，對生，有長柄，柄長 5 ～ 20 公分；葉近掌狀五角形，直徑 7 ～ 10 公分，先端急尖或漸尖，基部心形，掌狀五深裂，稀為三或七裂，邊緣有粗鋸齒，兩面生粗糙剛毛。花單性，雌雄異株；雄花腋生，圓錐狀柔荑花序，長 15 ～ 25 公分，黃綠色，花萼五裂，雄蕊 5 枚，花藥大；雌花腋生，呈毬果狀穗狀花序，球形，具紫褐色苞片，背面被粗毛，邊緣被緣毛，子房 1，花柱 2。瘦果，果穗綠色，果實長寬皆約 0.5 公分，扁球形。

　　產於中國東北部及日本；台灣分布於全島低海拔荒野地區，常見。

雄花黃綠色，花萼五裂，雄蕊 5 枚，花藥大形。

雌花序生於葉腋，不易被發現。

雄花序為圓錐狀柔荑花序

單葉對生，有長柄，柄長 5 ～ 20 公分，葉近掌狀五角形。

山黃麻屬 TREMA

落葉灌木或喬木。葉基生三或五出脈，鋸齒緣。植株單性或雜性，成腋生之聚繖花序，花被片 4 ～ 5 枚。核果，具宿存花萼。

銳葉山黃麻（山油麻、細葉山黃麻）

屬名	山黃麻屬
學名	*Trema cannabina* Lour.

核果近球形，徑約 3 公釐，熟時橙黃色至紅色。

落葉性小灌木；枝條纖細，密生短粗毛。葉膜質至薄紙質，長橢圓狀卵形至卵狀披針形，長 4 ～ 9 公分，寬 1.5 ～ 4 公分，先端銳尖或尾狀銳尖，細鋸齒緣，背面密生剛毛。聚繖花序，腋生，植株單性或雜性，萼片 4 或 5 枚。核果近球形，直徑約 3 公釐，成熟時橙黃色至紅色。

產於中國、澳洲及馬來西亞；台灣分布於中、北部低海拔地區之次生林或開闊地。

雌花及初果

葉膜質至薄紙質，長橢圓狀卵形，先端銳尖或尾狀銳尖。

山油麻

屬名	山黃麻屬
學名	*Trema tomentosa* (Roxb.) Hara

大喬木，小枝被短絨毛。單葉，互生，心形至卵狀心形，長 7 ～ 17 公分，寬 3.8 ～ 8 公分，先端漸尖，基部心形，細鋸齒緣，上表面粗糙，葉背被直立絨毛，可見葉下表皮。本種與山黃麻（見第 288 頁）極為相似，惟葉背僅被稀疏或略密集之直立褐色短絨毛，而山黃麻之葉背密被綿毛，見不到葉下表皮。

產於非洲東部熱帶地區、印度、印尼、中國、琉球、馬來西亞、玻里尼西亞；台灣分布於全島低海拔之次生林或開闊地。

雌花，柱頭二歧，被毛。

小枝被短絨毛

分布低海拔山區

葉背僅被稀疏或略密集之直立褐色短絨毛

山黃麻

屬名　山黃麻屬
學名　*Trema orientalis* (L.) Blume

喬木，高達 20 公尺，胸徑達 80 公分，小枝與葉下表面密生絨毛和白色綿毛。葉卵形，長 10 ～ 18 公分，寬 5 ～ 9 公分，先端常漸尖或銳尖，基部心形，多少偏斜，葉緣有細鋸齒，側脈 4 ～ 6 對。聚繖花序，腋生；花雜性或兩性；雄花序長 1.8 ～ 2.5 公分，雄花具花被與雄蕊各 5 枚；雌花序長 1 ～ 2.5 公分，雌花具梗，花被片 4 ～ 5 枚，子房無柄，柱頭 2 歧，被毛。核果，成熟時黑色，具宿存的花被。

　　產於中國南部、印度、馬來西亞、澳洲、琉球及太平洋群島；台灣分布於全島低海拔之開闊地、伐木跡地及次生林中。

核果成熟時黑色，具宿存的花被。

雄花具花被與雄蕊各 5 枚

雌花，柱頭二歧，被毛。

小枝密生絨毛

葉邊緣有細鋸齒，側脈 4 ～ 6 對。

分布低海拔山區

葉下表面密生絨毛

胡頹子科 ELAEAGNACEAE

灌木或喬木，被銀色或褐色鱗片。單葉，全緣，無托葉。花單生或簇生、聚繖或總狀花序；花被成筒狀，白或黃色，二至六裂；雄蕊 4 或 8 枚，與花被筒合生；子房 1 室。核果。

台灣有 1 屬 10 種。

特徵

花被成筒狀，4 雄蕊與花被筒合生。（蓬萊胡頹子）

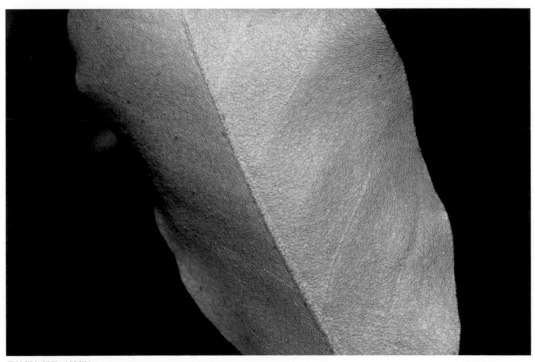

葉被銀色鱗片（椬梧）

胡頹子屬 ELAEAGNUS

特徵如科。

台灣胡頹子 特有種

屬名　胡頹子屬
學名　*Elaeagnus formosana* Nakai

攀緣灌木，偶直立，幼枝銀褐色。葉革質，葉緣反捲，倒卵形至倒披針形，或橢圓至狹橢圓形，長 4～11 公分，寬 2～5 公分。花白色，單生或 2～6 朵成總狀花序，花被筒杯狀四角狀，花柱光滑。果卵形，長 1.1～1.6 公分。似鄧氏胡頹子（見第 295 頁），但花被筒較長，果實亦較長。本類群葉及花之形態特徵在單株之間有相當範圍的連續性變化。

　　特有種，分布於台灣全島低海拔灌叢中。

果較鄧氏胡頹子長些

花白色，單生或 2～6 朵成總狀，花被筒杯狀四角狀。似鄧氏胡頹子，但花筒較長。

攀緣灌木，偶直立。

蓬萊胡頹子

屬名　胡頹子屬
學名　*Elaeagnus formosensis* Hatusima

攀緣灌木，幼枝銀褐色。葉革質，闊橢圓形至圓形，長 4 ～ 8 公分，寬 2.5 ～ 6 公分，先端鈍或圓。花鮮黃色，大型，鐘狀，單生或在短枝上成總狀花序，花柱被星狀毛。果實闊橢圓形至橢圓形。

　　特有種，分布於大漢山林道、恆春老佛山、赤牛嶺、大尖石山等，海拔 100 ～ 1,000 公尺山區，不常見。

雄蕊 4，與花被筒合生。

葉革質，闊橢圓至圓形，先端鈍或圓。

花鮮黃色，大型，鐘狀，單生或在短枝上成總狀花序。

果實

藤胡頹子

屬名　胡頹子屬
學名　*Elaeagnus glabra* Thunb.

灌木，枝銀褐色。葉紙質，橢圓形，長 5 ～ 10 公分，寬 2 ～ 3 公分，先端銳尖、鈍或圓，下表面疏被褐色（稀銀白色）鱗片，葉柄長達 1.6 公分。花銀褐色，單生於長枝且 2 ～ 8 朵成總狀花序生於短枝，花被筒漏斗形至長鐘狀。果實闊橢圓形至橢圓形，長 1.4 ～ 1.8 公分，成熟時橘紅色。

　　產於中國河南及長江流域以南各省、日本及琉球；台灣分布於低、中海拔之灌叢。

果闊橢圓形至橢圓形，長 1.4 ～ 1.8 公分，橘紅色。

葉紙質，橢圓形，長 5 ～ 10 公分，寬 2 ～ 3 公分。

花銀褐色，花被筒漏斗至長鐘狀，單生於長枝且 2 ～ 8 朵成總狀生於短枝。

慈恩胡頹子 特有種

屬名 胡頹子屬
學名 *Elaeagnus grandifolia* Hayata

攀緣灌木,幼枝銀褐色。葉革質,邊緣略反捲,
闊橢圓至橢圓形,長 6 ～ 12 公分,寬 3 ～ 6 公
分,先端銳尖,鱗片平展而完全覆蓋。花單生
於長枝且成總狀花序於短枝,漏斗狀,銀褐色,
花柱無星狀毛。果實闊橢圓至橢圓形,長 1.6 ～
1.8 公分,成熟時紅色。

　　特有種,分布於台灣中海拔山區之灌叢,
以東部為主。

花銀褐色,漏斗狀。

果

葉革質,邊緣略反捲,闊橢圓
至橢圓形,先端銳尖。

花柱無星狀毛

攀緣灌木

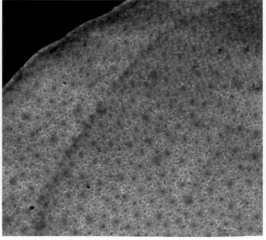

鱗片平展而完全覆蓋

蘭嶼胡頹子 特有種

屬名　胡頹子屬

學名　*Elaeagnus kotoensis* Hayata

葉闊卵形至圓形，長 4 ～ 9 公分，寬 4 ～ 6 公分，長為寬之 1.5 倍以下，葉背密被銀白色鱗片，多無褐色鱗片。花被筒鐘狀，長 4 ～ 6 公釐，裂片約與筒等長。本種與台灣胡頹子（見第 290 頁）較近緣。

　　特有種，分布於蘭嶼及綠島。

葉背密被銀白色鱗片，葉闊卵形至圓形。

花被筒鐘狀，長 4 ～ 6 公釐，裂片約與筒等長。

特有種，分布於蘭嶼及綠島。

椬梧

屬名　胡頹子屬
學名　*Elaeagnus oldhamii* Maxim.

灌木或小喬木，幼枝銀白色。葉紙質，倒卵形，長 3～6 公分，寬 1.3～2.5 公分，先端鈍、圓或微凹，鱗片多呈銀白色，葉柄長 3～5 公釐。繖形總狀花序；花白色，1～3 朵簇生於長枝葉腋及短枝苞片腋處。果實球形，直徑 7～9 公釐，成熟時紅色。

　　產於華南，分布於台灣全島低海拔灌叢中。

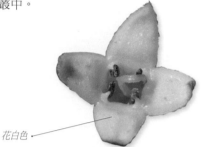

花白色

花

葉紙質，倒卵形，先端鈍、圓或微凹。

花 1～3 朵簇生於長枝葉腋及短枝苞片腋處

植株遠觀常泛銀灰色調

果球形，直徑 7～9 公釐，成熟時紅色。

葉背鱗片銀白

太魯閣胡頹子 特有種

屬名 胡頹子屬
學名 *Elaeagnus tarokoensis* S.Y. Lu & Yuen P. Yang

攀緣或直立灌木，幼枝銀褐色。葉近革質，橢圓形，長 2～5 公分，寬 1～2.5 公分，先端銳尖至鈍，葉柄長 3～5 公釐。花白色，單生於長枝上且 2～5 朵成總狀花序生於短枝上。果實闊橢圓形至近球形，長 8～10 公釐。本種與植梧（見前頁）相似，但葉為橢圓形，花長鐘狀，二者有所差異。

特有種，分布於太魯閣峽谷海拔 300～900 公尺山區。

果闊橢圓形至近球形，長 8～10 公釐。

葉近革質，橢圓形，先端銳尖至鈍。台灣特有種，分布於太魯閣峽谷 300～900 公尺間。

本種與植梧較近緣，然葉為橢圓形，花長鐘狀，與植梧有所差異。

鄧氏胡頹子 特有種

屬名 胡頹子屬
學名 *Elaeagnus thunbergii* Serv.

攀緣灌木，幼枝銀褐色。葉紙質，橢圓形，長 5～10 公分，寬 2～5 公分，先端銳尖至漸尖，葉柄長 0.8～1.8 公分。花白色，單生於長枝上且 2～6 朵成總狀花序生於短枝上。果實闊橢圓形至球形，長 1.1～1.4 公分，成熟時紅色。本類群分布廣泛，有些族群劃分困難。

特有種，分布於台灣海拔 3,000 公尺以下地區。

花白色

果闊橢圓形至球形，長 1.1～1.4 公分，紅色。

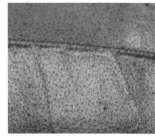

葉背鱗片銀褐色

花單生於長枝上或 2～6 朵成總狀生於短枝上。

葉紙質，橢圓形，先端銳尖至漸尖。

菲律賓胡頹子

屬名　胡頹子屬
學名　*Elaeagnus triflora* Roxb.

攀緣灌木，幼枝銀褐色。葉紙質，卵形、橢圓形或近圓形，長 5 ～ 12 公分，寬 4 ～ 6 公分，先端銳尖，葉柄長 0.6 ～ 1.1 公分。花白色，單生於長枝上且 2 ～ 5 朵成總狀花序生於短枝上。果實闊橢圓形至橢圓形。

　　產於菲律賓；台灣分布於蘭嶼之灌叢中，數量極少。

花白色

葉紙質，卵形、橢圓形或近圓形，先端銳尖。

果闊橢圓形至橢圓形

小葉胡頹子

屬名　胡頹子屬
學名　*Elaeagnus umbellata* Thunb.

直立灌木；幼枝平展，銀白色。葉紙質，倒卵形，長 2.2 ～ 5.5 公分，寬 1 ～ 1.6 公分，先端銳尖至鈍，葉柄長 3 ～ 5 公釐。花銀白色，於長短枝上均成 1 ～ 3 朵簇生。果實近球形，長 8 ～ 9 公釐，成熟時紅色。

　　產於義大利、亞洲西部、印度、中國、尼泊爾、中南半島、韓國至日本；台灣分布於北、中部之中高海拔灌叢中。

果近球形，長 8 ～ 9 公釐，紅色。

直立灌木；幼枝平展，銀白色。

花銀白色，於長短枝上均成 1 ～ 3 朵簇生，花冠筒長。

桑科 MORACEAE

喬 木、灌木、藤本或草本，具乳狀汁液。葉互生，稀對生，羽狀脈或掌狀脈，全緣或分裂；托葉 2，常早落。花序頭狀、柔荑狀或隱頭花序，腋生；花單性，雌雄同株或異株；花被片 4 ～ 5 枚，分離或癒合；雄蕊與花被片同數而對生，有時退化為 3、2 或 1 枚；子房上位，心皮 2，花柱 2 或 1。瘦果、堅果或核果，常密接成多花果。

台灣有 7 屬 41 種。

特徵

環形托葉痕（菲律賓榕）

隱頭花序內有許多小花（牛奶榕）

構樹的頭狀花序（構樹）

榕屬的花序為隱頭花序（愛玉子）

桑樹為柔荑花序（小葉桑）

本科的果實常成多花果（小構樹）

麵包樹屬 ARTOCARPUS

葉互生，全緣或分裂；托葉成對，抱莖。雌雄同株；雄花排列成穗狀，花被二至四裂，雄蕊 1 枚，花絲直立；雌花成頭狀花序，花被管狀。多花果。

麵包樹

屬名	麵包樹屬
學名	*Artocarpus communis* J. R. & G. Forster

葉革質，長 30 ～ 60 公分，全緣或三至九裂，中肋與側脈均極顯著。雄花序長 20 ～ 40 公分，雌花序橢圓形。多花果大，外有角形之瘤突。

　　產於太平洋群島；早期歸化於蘭嶼低海拔山區，目前台灣全島栽植。

為廣泛栽培的景觀樹木

多花果，熟時轉黃。

蘭嶼麵包樹(菲律賓猴面果)

屬名	麵包樹屬
學名	*Artocarpus xanthocarpus* Merr.

葉長橢圓形，長 8 ～ 13 公分，寬 3 ～ 5 公分，革質，全緣，光滑無毛，葉柄長 2 公分。雄花序長 1 公分，雌花序球形。多花果長 2 公分。

　　產於菲律賓；台灣分布於蘭嶼天池一帶。

多花果長約 2 公分

葉長橢圓形，革質，全緣，光滑無毛。

雌花序球形

構樹屬 BROUSSONETIA

落葉小喬木或灌木。葉互生，鋸齒緣，3～5掌狀脈，托葉膜質。雌雄同株或異株；雄花序穗狀，下垂，花被片四裂，雄蕊4枚，花絲於芽中反捲；雌花排成球形之頭狀花序，花被筒狀。多花果球形，由多數宿存之肉質花被及瘦果組成。

小構樹

屬名	構樹屬
學名	*Broussonetia monoica* Hance

落葉小喬木，枝條細，高2～4公尺。葉卵形至長卵形，長可達7公分，粗紙質，常三至五不規則凹裂，鋸齒緣，先端漸尖至尾尖。雌雄同株。雌花頭狀花序，被柔毛；花柱絲狀，綠或紅褐色。多花果球形，直徑0.8～1公分。

　　產於中國、韓國、日本及琉球；台灣分布於中、北部低海拔地區。

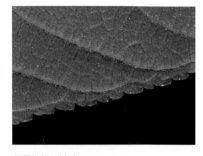

葉質粗糙，被毛。

為落葉灌木或小喬木

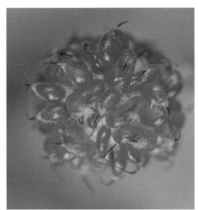

果成熟時紅色

雌花頭狀

構樹

屬名	構樹屬
學名	*Broussonetia papyrifera* (L.) L'Herit. *ex* Vent.

落葉中喬木，株高可達10公尺，富纖維，全株具乳汁。葉鋸齒緣，裂或不裂。雌雄異株，花單性，雄花萊黃，長穗狀，雄蕊4枚，白色至淺綠色，雌花頭狀花序。果實成熟時紅色，內有種子1。

　　產於中國、印度、泰國、馬來西亞、太平洋群島及日本；台灣於中、低海拔地區均可見。

雄花序穗狀

雌花序頭狀

葉形多變

果熟時橘紅色

水蛇麻屬 FATOUA

草本。葉互生，鋸齒緣；托葉側生，早落。聚繖花序，腋生；花單性，雌雄同株；雄花被裂片4，雄蕊4，花絲於芽中向內彎曲；雌花被裂片4～6，子房歪斜，柱頭單一，側生。瘦果歪斜扁球形，由宿存的花被片包被。

細齒水蛇麻

屬名	水蛇麻屬
學名	*Fatoua pilosa* Gaudich.

多年生草本，莖多分枝。葉膜質，三角狀卵圓形，小於5公分，先端銳尖，基部心形，具三出脈，細鋸齒緣，上表面疏生貼伏毛，下表面被柔毛。雌雄同株，聚繖花序，單生或成對腋生；花小，綠白色；雄花花萼（花被）合生為鐘狀，四裂，鑷合狀排列，如舟狀三角狀，外面上部被柔毛，具短梗，雄蕊4枚，與花萼（花被）對生；雌花心皮2枚，合生，無梗，花萼（花被）合生舟狀，四至六裂，柱頭單一。

　　產於菲律賓、摩鹿加群島及新幾內亞；台灣分布於全島低至高海拔山區。

花單性，雌雄同株，花序柄甚長。

葉膜質，三角狀卵圓形，葉小於5公分。

雌、雄花合生為一球狀之頭狀花序，雄花之雄蕊4枚，雌花之花柱單一。

小蛇麻

屬名	水蛇麻屬
學名	*Fatoua villosa* (Thunb.) Nakai

一年生草本，莖少分枝。葉長5～10公分，寬3～5公分，具牙齒緣，兩面被倒伏柔毛。雄花花被片4，雄蕊4；雌花柱頭單一，細長線條狀。瘦果略呈三角形，表面有微凸的斑點。

　　產於中國、日本及琉球；台灣分布於全島低海拔之草生地。

雄花內可見雄蕊4枚，雄蕊未開展時向內彎曲。

淡紅色者為雌花之花柱

葉牙齒緣，長5～10公分，寬3～5公分；葉及植株皆比細齒水蛇麻大。

榕屬 FICUS

葉互生或對生，托葉合生。隱頭花序外側為反曲而中空的花托壁，先端留一孔，內具多數苞片。花五型：雄花具花被片及 1～4（8）枚雄蕊，偶具退化雌蕊；雌花具花被片及子房；蟲癭花具花被片及子房；假兩性花除有蟲癭花構造外，並具 1 枚雄蕊；中性花僅具數枚匙狀之花被片，有時中間具不甚明顯之突起。瘦果細小。

菲律賓榕（金氏榕）

屬名	榕屬
學名	*Ficus ampelas* Burm. f.

小喬木，小枝光滑。葉薄革質或厚紙質，卵形、橢圓形或披針形，長 5～12 公分，寬 2～5 公分，基部微歪斜，少數具耳狀突出，兩面粗糙，三出脈，側脈 4～7 對。雌雄異株，花被片白色或淡粉紅色。隱花果直徑約 6 公釐。本種與澀葉榕（見第307頁）相似，但澀葉榕具較大的隱花果（約 8～12 公釐），果柄也較長（約 8～14 公釐），而本種的果柄僅長 5～6 公釐；在葉片質地上，澀葉榕較為粗糙。

產於菲律賓、琉球及馬六甲；台灣分布於中、低海拔之次生闊葉林。

隱頭花序縱剖面，花被片白色或淡粉紅色。

榕果果柄僅長 5～6 公釐

與澀葉榕相比較，菲律賓榕葉背有光澤感，脈紋較不清楚，葉最寬處在中部以上。

葉形變化大，有時呈劍形。

分布於台灣中、低海拔之次生闊葉樹林中。

大果藤榕(大果榕)

屬名　榕屬
學名　*Ficus aurantiacea* Griff. var. *parvifolia* Corner

常綠附生藤本。葉橢圓形
至菱狀卵形，長 2.5 ～ 6.5
公分，寬 1.5 ～ 4 公分，
先端圓或鈍，側脈 3 ～ 4
對。雌雄異株。隱花果橢
圓柱狀，徑 5 ～ 7 公分，
柄長 0.6 ～ 1.2 公分，成熟
時黃紅色，上有許多斑。
在恆春半島滿州地區的當
地人常取其果製作似愛玉
之飲品。

　　產於菲律賓；台灣分
布於屏東、花蓮、台東、
蘭嶼及綠島。

隱花果橢圓柱狀，柄長 0.6 ～ 1.2 公
分，徑 5 ～ 7 公分，熟時黃紅，上
有許多斑。

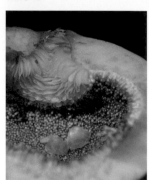

隱頭花序縱剖面，可見內有許多小
花苞。

常綠附生藤本。葉橢圓形、菱狀卵形，側脈 3 ～ 4 對。

大冇樹(黃果豬母乳、豬母乳、水同木)

屬名　榕屬
學名　*Ficus benguetensis* Merr.

小或中喬木。葉長橢圓形或倒卵形，長 10 ～ 20 公分，寬 4 ～ 8 公分，上表
面近光滑，下表面被褐色粗毛。雌雄異株，小花花被片紫紅色。隱花果密生
於樹幹基部，或分散在枝條上。

　　產於中國南部、印度、馬來西亞、琉球及小笠原群島；台灣分布於低海
拔之闊葉林，喜生於較濕潤及遮陰處。

隱花果縱剖面

著生於樹幹基部的隱花果

隱花果扁球形，表面有凸稜及白色斑點。

垂榕(白榕)

屬名 榕屬
學名 *Ficus benjamina* L.

大喬木,具下垂之氣生根,觸地可形成樹幹。葉橢圓或闊橢圓形,長6～14公分,寬3.5～8公分,先端尾狀,側脈多數,平行。雌雄同株。隱花果腋生,徑1～1.5公分,無柄,成熟時黃紅色。

　　產於中國北部、海南島、菲律賓、馬來西亞、印度及澳洲北部;台灣分布於中低海拔地區,多集中於恆春半島、蘭嶼及綠島。

與榕樹相似,但本種葉片先端尾狀,側脈多數,平行。

大葉雀榕(大葉赤榕)

屬名 榕屬
學名 *Ficus caulocarpa* (Miq.) Miq.

纏繞植物,可成大喬木,具氣生根,樹皮白色。葉長橢圓形,長15～20公分,寬7～9.5公分,側脈9～10對,葉柄長2～4公分。雌雄同株。隱花果單獨或成對生於葉腋,或數個成束著於老莖之短枝上;隱花果徑5～8公釐,柄長5～7公釐。本種似雀榕(見第313頁),但果實小很多,且果基有宿存之苞片。

　　產於印度、緬甸、爪哇、馬來西亞、菲律賓、琉球及日本南部;台灣分布於低海拔地區。

隱花果基部有宿存之苞片

葉長橢圓形,側脈9～10對。

果著生於無葉之老莖上

本種似雀榕,但果小很多。

對葉榕(克明榕)

屬名 榕屬

學名 *Ficus cumingii* Miq. var. *terminalifolia* (Elmer) Sata

灌木或小喬木。葉對生，厚紙質，線狀披針形或倒披針形至橢圓形，長 10 ～ 18.5 公分，寬 4 ～ 8 公分，兩面粗糙，先端銳尖或具短尾，基部歪斜，三出脈，波狀緣或鋸齒緣。雌雄異株。隱花果徑 0.8 ～ 1.5 公分，成熟時橘紅色帶有黃白色腺點。

　　產於菲律賓；台灣分布於蘭嶼及綠島之濱海地區。

隱花果徑 0.8 ～ 1.5 公分

葉對生

分布於蘭嶼、綠島之濱海地區。

果熟時橘紅或紅色

假枇杷

屬名 榕屬

學名 *Ficus erecta* Thunb. var. *erecta*

單葉，互生，倒卵形至披針形，長 8 ～ 20 公分，寬 4 ～ 10 公分，先端銳尖，基部鈍、圓或稀為心形，全緣，上表面無毛，葉柄長 1 ～ 4 公分。雄花花被裂片 5 ～ 6，雄蕊 2 ～ 3 枚；雌花花被 3 ～ 5，子房具柄，具短紅色花柱。隱花果單出，腋生，球形，徑 1 ～ 1.7 公分，柔軟，成熟時紫黑色；基部具宿存之苞片 3 枚，光滑無毛；柄長 1 ～ 2 公分，光滑無毛。本種與牛奶榕（見下頁）相似，惟其葉光滑無毛。

　　產於日本、琉球及韓國；台灣分布綠島及蘭嶼。

本種與牛奶榕相似，惟其葉及果光滑無毛。

牛奶榕

屬名	榕屬
學名	*Ficus erecta* Thunb. var. *beecheyana* (Hook. & Arn.) King

隱花果縱剖面

落葉灌木或小喬木。葉紙質，形狀變化大，橢圓形或菱形狀長橢圓形，長 10 ～ 20 公分，寬 4 ～ 10 公分，先端銳尖或尾尖，三出脈，側脈 5 ～ 10 對，被絨毛。雌雄異株，雄花多數。隱花果寬 1.5 ～ 2.5 公分，成熟時黃紅或橘紅色。

　　產於中國南部、琉球、印度及馬來西亞；台灣分布於中、低海拔之闊葉林。

葉橢圓形或菱形狀長橢圓形，長 10 ～ 20 公分。

隱花果表面被毛

黃毛榕（大赦婆榕）

屬名	榕屬
學名	*Ficus esquiroliana* Levl.

灌木或小喬木，枝條密被黃褐色長毛。葉厚紙質，寬卵形，長 11 ～ 17 公分，寬 8 ～ 15 公分，三至五淺裂或不裂，鋸齒緣，掌狀脈 5 ～ 7 條。雌雄異株。隱花果徑 1.5 公分，集中於枝先端的葉腋，密被長毛，柄短。

　　產於中國、寮國、緬甸、泰國北部及印尼；台灣發現於屏東之多納林道、尾寮山、大津瀑布、沙溪林道及魚池蓮花池一帶。

葉背脈上被黃褐色長毛

隱頭花序外表密被黃褐色毛

葉全緣至三或五裂皆有

隱頭花序縱剖面

天仙果（台灣榕）

屬名　榕屬
學名　*Ficus formosana* Maxim.

小灌木。葉薄紙質或膜質，葉形多變，常為倒披針形至長橢圓形，先端漸尖或尾狀，全緣，有時具疏牙齒緣，葉背白綠色，網脈不清楚。雌雄異株，少數同株。隱花果單獨腋生，卵形，微凸頭，表面具白斑，基部具 3 枚宿存之苞片。

　　產於中國南部及香港；台灣分布於低海拔闊葉林內之陰濕地區。

葉背白綠色

榕果卵形，微凸頭，表面具白斑。

葉形多變，常為倒披針形至長橢圓形，先端漸尖或尾狀，全緣。（楊智凱攝）

尖尾長葉榕（長葉榕）

屬名　榕屬
學名　*Ficus heteropleura* Blume

蔓性小灌木或小喬木。葉披針狀橢圓形，長 20 ～ 25 公分，寬 4 ～ 6 公分，先端尾狀，側脈 7 ～ 11 對。雌雄異株。隱花果寬 0.8 ～ 1.2 公分，成熟時橙紅色或深紅色，有瘤點。

　　產於阿薩姆、孟加拉、不丹、緬甸、泰國、中南半島及海南島；台灣分布於蘭嶼森林中，南仁山也有少數。

隱花果成熟時橙紅色或深紅色，有瘤點。

分布於台灣南端及蘭嶼

葉披針狀橢圓形，先端尾狀。

澀葉榕

屬名	榕屬
學名	*Ficus irisana* Elmer

常綠喬木。葉厚紙質，橢圓形或長卵形，長 6 ～ 12 公分，寬 3 ～ 6 公分，最寬處在中部以下，基部明顯歪斜，兩面密被粗糙毛，三出脈，側脈 5 ～ 6 對。雌雄異株，小花呈紅色。隱花果徑 8 ～ 12 公釐，成熟時紅色，有黃色斑點，具柄。

產於琉球及菲律賓；台灣分布於中、低海拔地區。

隱頭花序縱剖面，內部小花呈紅色。

隱花果成熟時紅色

為台灣低海拔常見之樹木

葉最寬處在中部以下，三出脈，側脈 5 ～ 6 對，基部明顯歪斜。

榕樹（正榕）

屬名	榕屬
學名	*Ficus microcarpa* L. f. var. *microcarpa*

常綠大喬木，具下垂之氣生根，觸地可形成樹幹。葉革質，倒卵形或橢圓形，長 5 ～ 8 公分，寬 1.5 ～ 9 公分，先端漸尖或銳尖，基部楔形，全緣，光滑無毛。雌雄同株。隱花果腋生，徑 0.5 ～ 1 公分，光滑無毛，成熟時紅色或紫黑色，無柄。在台灣其族群量甚大，以致於有許多的變種及園藝品種。有一變種葉較小，長 4 ～ 6 公分，名為小葉榕（var. *pusillifolia* J.C. Liao），偶見於台灣各地。

產於中國南部、日本南部、琉球、印度、菲律賓、馬來西亞、蘇門答臘、澳洲及紐西蘭；台灣於中、低海拔地區及蘭嶼廣泛分布。

隱花果腋生，光滑無毛，熟時紅或紫黑色，無柄。

有一變種葉較小，長 4 ～ 6 公分，名為小葉榕，偶見於台灣各地。

葉革質，光滑無毛，倒卵形或橢圓形，全緣。

厚葉榕（鵝鑾鼻藤榕）

屬名	榕屬
學名	*Ficus microcarpa* var. *crassifolia* (W.C. Shieh) J.C. Liao

蔓性或直立灌木。葉厚革質，倒卵形或橢圓形，長 5～9 公分，寬 3.5～5.5 公分，先端多為圓或鈍。

　　產於巴丹島、菲律賓；台灣分布於恆春、小琉球及蘭嶼濱海的岩石上。

葉倒卵形或橢圓形，先端圓或鈍。

可見於濱海地帶

九重吹（九丁榕、九丁樹）

屬名	榕屬
學名	*Ficus nervosa* B. Heyne *ex* Roth

大喬木。葉長橢圓形，長 8～15 公分，寬 2.5～5 公分，先端銳尖，基部楔形或鈍，兩面平滑，三出脈，側脈 7～11 對，葉柄長 1.5～2.5 公分。雌雄同株。隱花果，徑 1～1.5 公分，成熟時黃色或紅棕色，近無毛。

　　產於中國、印度、緬甸及馬來西亞；台灣分布於低海拔之闊葉林。

隱花果徑 1～1.5 公分，熟時黃或紅棕色，近無毛。

大喬木。葉長橢圓形，先端銳尖。

蘭嶼蔓榕

屬名 榕屬
學名 *Ficus pedunculosa* Miq. var. *pedunculosa*

常綠灌木或小喬木。葉長橢圓形，長 6 ～ 10 公分，寬 3 ～ 6 公分，先端尖，全緣，三出脈。雌雄異株。隱花果倒卵形，寬 1.2 公分，被短柔毛，成熟時暗紅色或鐵鏽色，柄長 2 ～ 3 公分。

產於菲律賓；台灣分布於東部、蘭嶼及綠島等濱海地區。

與鵝鑾鼻蔓榕之區別在於本種的葉為長橢圓形，先端尖。產蘭嶼及綠島。

鵝鑾鼻蔓榕

屬名 榕屬
學名 *Ficus pedunculosa* Miq. var. *mearnsii* (Merr.) Corner

小灌木。葉厚革質，倒卵形，長 4 ～ 10 公分，寬 2.5 ～ 8 公分，先端圓，兩面平滑，三出脈，基脈可達二分之一至三分之二處，側脈 4 ～ 6 對，全緣，葉緣常反捲。承名變種（蘭嶼蔓榕，見本頁）之區別在於葉倒卵形，先端圓。

產於菲律賓；台灣分布於恆春、台東、蘭嶼及綠島。

隱花果

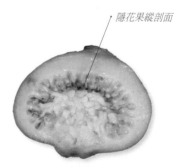

隱花果縱剖面

分布於台灣東部、蘭嶼及綠島等濱海地區。

葉厚革質，倒卵形，先端圓。

綠島榕

屬名　榕屬
學名　*Ficus pubinervis* Blume

灌木或小喬木，小枝被褐毛。葉橢圓形，先端具短尖，基部尖，三出脈，側脈 5 ～ 7 對。雌雄同株。隱花果，徑約 1.5 公分，成熟時黃綠色，光滑無瘤。

　　產於馬來西亞及菲律賓；台灣分布於蘭嶼、綠島之闊葉林。

葉橢圓形，側脈 5 ～ 7 對，光滑無毛。隱花果徑約 1.5 公分，熟時黃綠，光滑無瘤。

薜荔

屬名　榕屬
學名　*Ficus pumila* L. var. *pumila*

攀緣藤本。葉革質，卵形至橢圓形，先端鈍，側脈 5 對。雌雄異株。隱花果倒圓錐球形，徑 4 公分，上半部有白色斑點，成熟時暗紫色。

　　產於中國南部、海南島及日本；台灣分布於低海拔地區，常攀緣樹幹、石垣、牆壁而上，密生。

上半部具白斑

攀緣性，亦常見於民宅牆上。

愛玉子

屬名	榕屬
學名	*Ficus pumila* L. var. *awkeotsang* (Makino) Corner

承名變種（薜荔，見前頁）之區別在於本種之隱花果為闊橢圓形或長倒卵形，長6～8公分，且生育地之海拔較高。

　　產於中國；台灣分布於海拔1,000～1,800公尺之森林內。

果闊橢圓形或長倒卵形，被白斑。

葉背面脈浮凸

攀附於林中大樹上

蘭嶼落葉榕

屬名	榕屬
學名	*Ficus ruficaulis* Merr. var. *antaoensis* (Hayata) Hatusima & J.C. Liao

大喬木。葉叢生枝梢，闊卵形至卵狀橢圓形，先端銳尖或具短尾，基部圓或心形，三至五出脈，側脈3～5，葉柄長3～10公分。雌雄異株。隱花果集中於枝梢，球形或略扁，徑2.5～3公分，成熟時橘紅色。

　　產於菲律賓呂宋島，分布於恆春半島、來義山區及蘭嶼。

隱花果集中於枝梢，球形或略扁。

葉叢生枝梢

阿里山珍珠蓮

屬名　榕屬

學名　*Ficus sarmentosa* Buch.-Ham. *ex* J. E. Sm. var. *henryi* (King *ex* Oliv.) Corner

與珍珠蓮（見本頁）近似，但枝條被金毛，葉較大，長可達 21 公分，隱花果被茶褐色絨毛，然在台灣仍存有許多其與珍珠蓮之中間型個體。

　　產於中國；台灣分布於低海拔至 2,700 公尺處。

葉較珍珠蓮大，枝條及葉柄被金毛。

珍珠蓮（日本珍珠蓮）

屬名　榕屬

學名　*Ficus sarmentosa* Buch.-Ham. *ex* J. E. Sm. var. *nipponica* (Fr. & Sav.) Corner

攀緣藤本，幼枝被短毛。葉革質，披針狀長橢圓形，長 6 ～ 14 公分，寬 2.5 ～ 5 公分，先端漸尖，基部圓或鈍，三出脈，側脈 6 ～ 11，背面被黃褐色短毛。雌雄異株。隱花果光滑或被疏毛，寬 1 ～ 1.5 公分，成熟時暗棕色，宿存苞片三角狀卵形，柄短。

　　產於中國、韓國、日本及琉球；台灣分布於中、高海拔之森林。

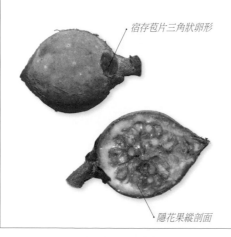

宿存苞片三角狀卵形

隱花果縱剖面

葉革質，披針狀長橢圓形。

稜果榕(大冇榕)

屬名　榕屬
學名　*Ficus septica* Burm. f.

喬木。葉闊卵形至橢圓形，長 15 ～ 25 公分，寬 10 ～ 12 公分，先端漸尖或銳尖，光滑無毛，全緣，側脈 7 ～ 10 對。雌雄異株。隱花果扁球形，表面有凸稜及白色斑點，成熟時黃綠色。

　　產於爪哇、菲律賓、小笠原群島及琉球；台灣分布於低海拔地區。

小或中喬木，果表面具稜及白斑。

葉長橢圓形或倒卵形，側脈 7 ～ 10 對。

雀榕(鳥榕)

屬名　榕屬
學名　*Ficus superba* (Miq.) Miq. var. *japonica* Miq.

大喬木，具氣根，樹皮黑褐色。葉長橢圓形，長 10 ～ 20 公分，側脈 7 ～ 10 對，葉柄長 3 ～ 7 公分，托葉早落。雌雄同株。隱花果，徑 1 ～ 1.5 公分，成熟時淡紅色，表面有斑點，基苞 3 枚早落，柄長 4 ～ 9 公釐。

　　產於日本、琉球、中國南部、海南島、香港、中南半島、泰國及馬來西亞；台灣分布於中、低海拔地區。

隱花果縱剖面

隱花果基部無宿存苞片，熟時淡紅色，表面有斑點。

淡水的雀榕老樹

葉基脈三出

濱榕（蔓榕、狹葉濱榕） 特有種

屬名　榕屬

學名　*Ficus tannoensis* Hayata var. *tannoensis*

蔓性或匍匐性小灌木。葉形變化大，披針形、倒卵形均有，有時具疏鋸齒緣或深裂，先端漸尖或銳尖；托葉披針形，長約 1 公分。雌雄異株。隱花果近梨形，寬 0.8 ～ 1 公分，成熟時黑色。

特有種，分布於台灣東部為多，蘭嶼也有分布。

葉形變化甚大

葉通常為狹披針形

托葉披針形，長約 1 公分。

菱葉濱榕 特有種

屬名　榕屬

學名　*Ficus tannoensis* Hayata fo. *rhombifolia* Hayata

承名變種（濱榕，見本頁）之主要區別在於葉菱形至提琴形，長 3 ～ 11 公分，寬 2 ～ 5 公分，先端漸尖，基部楔形。

特有地區型，產於台灣東部和南部之低海拔地區及蘭嶼、綠島。

榕果光滑

葉形、質地及植株變化大，此型產於蘭嶼及綠島。

與濱榕之主要區別在於葉菱形至提琴形；本島有些族群的葉較薄。

山豬枷(斯氏榕)

屬名	榕屬
學名	*Ficus tinctoria* Forst. f.

攀緣性灌木。葉革質,橢圓形或卵狀長橢圓形,基部歪斜,
表面被短剛毛,但有時脫落,呈近光滑狀。雌雄異株。隱花
果表面粗糙,徑 0.8 ～ 1.2 公分,成熟時黃紅或橘紅色。

產於海南島、菲律賓、大洋洲群島及澳洲北部;台灣分
布於南部、東部、蘭嶼及綠島等濱海之珊瑚礁岩上。

隱花果表面粗糙

攀緣狀灌木

葉革質,基部歪斜。

鈍葉毛果榕(鈍葉榕、安氏蔓榕)

屬名	榕屬
學名	*Ficus trichocarpa* Blume var. *obtusa* (Hassk.) Corner

蔓性灌木,常匍匐於岩石上。葉闊卵形或闊長橢圓形,長 8 ～ 11 公分,寬 5 ～
11 公分,先端鈍或圓,基部圓或心形,三至五出脈。雌雄異株。隱花果圓
形或倒圓錐形,寬 1.5 ～ 2 公分,成熟時橘紅色,被絨毛。

產於印尼、蘇拉威西島、松巴哇島、菲律賓等;台灣常見於綠島與蘭嶼
溪谷兩側,或臨海的山脊稜線上。

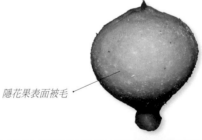
隱花果表面被毛

蔓性灌木

葉廣卵形,基部圓心形,果熟時轉紅。

越橘葉蔓榕 特有種

屬名	榕屬
學名	*Ficus vaccinioides* Hemsl.

匍匐性藤本，節上常發生不定根。葉厚紙質，倒卵狀橢圓形，長 0.6 ～ 3 公分，兩面疏被毛。雌雄異株。隱花果被柔毛，徑 0.6 ～ 1 公分，先端凸出，成熟時紅色或黑色，殆無柄。

　　特有種，分布於台灣中至低海拔之開闊地、河床及林緣。

隱花果被柔毛，先端凸出，殆無柄，果熟紅或黑色。

小藤本，節上常發生不定根。

隱花果成熟開裂，可見內部有許多小花及小果。

幹花榕

屬名	榕屬
學名	*Ficus variegata* Blume var. *garciae* (Elmer) Corner

大喬木。葉革質，卵形，長 10 ～ 20 公分，寬約 7.5 公分，先端銳尖或具短尾，基部鈍，側脈 7 ～ 14 對，兩面光滑無毛，全緣，有時波狀或具疏鋸齒，葉柄長 3 ～ 7 公分。雌雄異株。隱花果著生在主幹及枝條上，扁球形，寬 2.5 ～ 3 公分，具長柄。

　　產於琉球及菲律賓；台灣分布於全島及蘭嶼低海拔地區，多在河谷兩側。

隱頭花序縱剖面

隱花果扁球形

葉革質，卵形，先端銳尖或具短尾，側脈 7 ～ 14 對。

隱花果，繁生於大樹幹上

白肉榕

屬名　榕屬
學名　*Ficus virgata* Reinw. *ex* Blume

灌木或喬木，全株光滑無毛。葉卵狀橢圓形或長卵形，長 8 ～ 22 公分，寬 2 ～ 6.5 公分，先端漸尖或具短尾，基部歪斜，側脈 6 ～ 11 對。雌雄異株。隱花果徑 0.8 ～ 1 公分，成熟時紅褐色或黃褐色。

　　產於琉球、菲律賓、印尼、新幾內亞、索羅門群島、新赫布里底群島、新喀里多尼亞及昆士蘭；台灣分布於全島中、低海拔及蘭嶼和綠島。

隱頭花序縱剖面

全株光滑無毛。葉卵狀橢圓形或長卵形。

柘樹屬 MACLURA

喬木或灌木，小枝條常特化成刺狀。葉互生，全緣，托葉細小。雌雄異株；雄花序總狀，下垂，花被四裂，雄蕊 4 枚，花絲於芽中反曲；雌花序球形，花被四裂，子房 1 室。多花果球形。

柘樹（葨芝、黃金桂）

屬名　柘樹屬
學名　*Maclura cochinchinensis* (Lour.) Corner

直立或攀緣狀灌木，小枝之葉腋常具直刺。葉卵形至長橢圓形，長 3 ～ 8 公分，寬 2 ～ 2.5 公分，兩面無毛，側脈 7 ～ 10 對。雌雄花序皆球形。多花果，徑約 2 公分，成熟時黃色。

　　產於中國、日本、琉球、香港及印尼；台灣分布於低海拔至 1,400 公尺處。

果實球形

雄花序，花被片 4。

葉先端鈍或凹

桑屬 MORUS

落 葉喬木或灌木，不具乳汁。單葉，互生，三至五出脈，鋸齒緣，不規則凹裂或不裂；托葉側生，早落。雌雄同株或異株；柔荑花序，腋生，下垂；雄花花被片4枚或退化，雄蕊4枚或更少；雌花花被片4枚或更少，子房殆無柄，1室，柱頭二分岔。多花果成熟時紅色或深紫色，瘦果為肉質花被片包被。

小葉桑

屬名	桑屬
學名	*Morus australis* Poir.

中型喬木或灌木。葉卵形，長達15公分，寬6～9公分，膜質，先端尾狀，基部圓或心形，尖鋸齒緣，有時微裂，兩面近光滑或被疏軟毛，葉柄長1～2公分。雄花序長1.5～3公分，雄花花被片4枚，雄蕊4枚；雌花序球形，長約1公分，花柱細長，柱頭二裂。多花果橢圓形，成熟時紅色或暗紫色。

多花果

產於中國、韓國、日本及琉球群島；台灣分布於全島中、低海拔地區。

雄花序柔荑狀，花被4，雄蕊4。

果熟時轉紅

雌花序球形，長約1公分，花柱細長，柱頭二裂。

盤龍木屬 TROPHIS

藤 本。單葉，互生，全緣或疏牙齒緣；托葉細小，側生，早落。雌雄異株；雄花序穗狀，腋生，雄花被三至四裂，雄蕊3～4枚，具細小之退化雌蕊；雌花序頭狀，花被壺狀，花柱二裂。瘦果1～4個聚集，為肉質花被所包被，成熟時紅色。

盤龍木

屬名	盤龍木屬
學名	*Trophis scandens* (Lour.) Hooker & Arnott

莖粗糙。葉具短柄，長橢圓形或倒卵狀橢圓形，長5～12公分，寬2～4.5公分，側脈5～12對。雌雄異株；雄花序穗狀，長3～6公釐，花被三至四裂，雄蕊3～4枚；雌花序頭狀，徑約6公釐，花被壺狀，花柱二裂。瘦果1～4個聚集，為肉質花被所包被，成熟時紅色。

瘦果1～4個聚集，為肉質花被包被，熟時紅色。

產於中國東南部、菲律賓、馬來西亞、澳洲及太平洋群島；台灣分布於低海拔之森林。

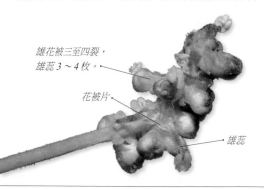
雄花被三至四裂，雄蕊3～4枚。
花被片
雄蕊

雌花，花柱二裂。

雄株，雄花序穗狀，長3～6公釐。

鼠李科 RHAMNACEAE

灌木或喬木。單葉，互生，稀對生，有托葉。聚繖、總狀或圓錐花序。花單性或兩性，雌雄同株；花柱淺裂；花萼四至五裂；花瓣細小，4～5枚，稀6或缺；雄蕊4～5枚，與花瓣對生，常為花瓣所包蓋；花盤多存；子房2～4室，埋於花盤內，與其合生或分離。核果或翅果。

台灣有6屬20種。

特徵

花萼四至五裂；花瓣細小，4～5枚，稀6或缺；雄蕊4～5枚，與花瓣對生，常為花瓣所包蓋。（光果翼核木）

果（桶鉤藤）

翅果（光果翼核木）

黃鱔藤屬 BERCHEMIA

攀 緣灌木，枝常具刺。葉羽狀脈，全緣。花簇生，常排成穗狀或總狀；花萼五至六裂；花瓣 5 枚，稀 6；子房埋於花盤中，不與其合生，2 室。核果。

阿里山黃鱔藤 特有種

屬名	黃鱔藤屬
學名	*Berchemia arisanensis* Y.C. Liu & F.Y. Lu

蔓性灌木，小枝光滑無毛。葉卵形，長 3.5 ～ 6.5 公分，寬 2 ～ 3.5 公分，光滑無毛，側脈 9 ～ 11 對。頂生假總狀花序或圓錐花序，長 5 ～ 15 公分，單一或基部具短歧花序，花 6 ～ 15 朵聚生，光滑無毛；花萼五裂，三角形；花瓣細小，5 枚；雄蕊 5 枚，與花瓣對生，常為花瓣所包蓋；花盤明顯；子房 2 室。果實具宿存之萼片。

　　特有種，分布於阿里山及合歡溪古道等地區。

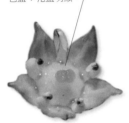
花萼五裂，裂片三角形；花瓣細小，5枚；雄蕊5枚，與花瓣對生，常為花瓣所包蓋；花盤明顯。

果序上具短歧果序，與台灣黃鱔藤常不具短分枝有所不同。果長橢圓形。

葉卵形，光滑無毛，側脈 9 ～ 11 對。

與台灣黃鱔藤近緣，但本種之花序較長，基部具短歧花序。

奮起湖黃鱔藤 特有種

屬名	黃鱔藤屬
學名	*Berchemia fenchifuensis* C.M. Wang & S.Y. Lu

蔓性灌木，小枝光滑無毛。葉卵形至長橢圓狀卵形，長 7.5 ～ 12.5 公分，寬 4 ～ 7.5 公分，側脈 14 ～ 17 對，葉背被毛。頂生大型之圓錐花序，長 30 ～ 40 公分。

　　特有種，僅發現於奮起湖及瑞里一帶山區。

葉背被毛

圓錐花序大型（楊曆縣攝）

葉卵形至長橢圓狀卵形，側脈 14 ～ 17 對。

台灣黃鱔藤

屬名　黃鱔藤屬
學名　*Berchemia kulingensis* Schneider

蔓性或直立灌木,小枝光滑無毛。葉卵形至闊卵形,長 2 ～ 6.5 公分,寬 1 ～ 3.5 公分,側脈 6 ～ 9 對。頂生總狀花序,長 3 ～ 5 公分,基部少分枝。核果長橢圓形,成熟時紅色。

　　產於中國南部、中南半島、印度及琉球;台灣分布於平地至海拔 2,000 公尺山區。

果成熟時紅色或紫色

花小,5 數。

與阿里山黃鱔藤相近,但花序較短,基部通常不會有短分枝。

果序鮮少有短歧的小果序

小葉黃鱔藤

屬名　黃鱔藤屬
學名　*Berchemia lineata* (L.) DC.

蔓性灌木,小枝略被毛。葉卵形至倒卵形,長 0.5 ～ 2 公分,寬 0.4 ～ 1.2 公分,側脈 5 ～ 7 對。總狀花序,長 2 ～ 4 公分,花 5 數。根及葉可入藥。

　　產於中國南部、喜馬拉雅山區及琉球;台灣分布於本島及蘭嶼低海拔山區或海岸叢林;由於低海拔地區多遭開發,本種的生育地漸次減少。

花小,5 數。

果實成熟紅色

蔓性灌木;葉小,約 1 公分。

開花甚為密集之植株

大黃鱔藤

屬名	黃鱔藤屬
學名	*Berchemia racemosa* Sieb. & Zucc. var. *manga* Makino

蔓性灌木，小枝光滑無毛。葉卵形或橢圓狀卵形，長 5～10 公分，寬 3～4.5 公分，側脈 9～12 對，下表面灰白色，光滑無毛。圓錐花序，頂生，長 10～25 公分或更長。果長橢圓形，長約 9 公釐，徑 3～5 公釐。

　　產於日本；台灣分布於中、高海拔山區。

果實成熟紅色

花序之一小分枝，可見細小白色之花瓣。

圓錐花序頂生，長 10～25 公分或更長。

果序大型

濱棗屬 COLUBRINA

聚繖花序，腋生。花萼五裂；花瓣 5 枚，有柄；雄蕊 5 枚；子房埋於花盤中，與其合生，3 室。蒴果，球形。

亞洲濱棗

屬名	濱棗屬
學名	*Colubrina asiatica* (L.) Brongn.

蔓性灌木。葉卵形，長 5～8 公分，寬 4～7 公分，先端銳尖，基部鈍或圓，三出脈，鋸齒緣，光滑無毛。花黃綠色，5 數，花徑約 4 公釐。蒴果近球形，直徑約 8 公釐，基部被宿存萼筒所包被。

　　產於中國南部、印度、非洲、馬來西亞、澳洲、菲律賓及太平洋群島；台灣分布於屏東、小琉球及蘭嶼之海岸一帶。

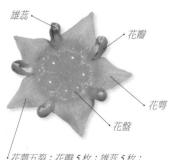
雄蕊
花瓣
花萼
花盤
花萼五裂；花瓣 5 枚；雄蕊 5 枚；子房埋於花盤中，與其合生。

果實腋生，近球形。

葉卵形，鋸齒緣，光滑無毛，三出脈。

馬甲子屬 PALIURUS

灌木，枝具刺。葉基生三出脈，托葉常呈刺狀。聚繖花序，花兩性，萼片5枚，花瓣5枚，雄蕊5枚，子房部分埋於花盤中，3室。堅果。

馬甲子

屬名	馬甲子屬
學名	*Paliurus ramosissimus* (Lour.) Poir.

有刺灌木，幼枝被鏽色絨毛。葉卵形至長橢圓形，長約4公分，寬約3公分，基生三出脈，下表面灰色。聚繖花序，腋生；花兩性，花盤圓形，五或十淺裂，萼片5枚，花瓣5枚，雄蕊5枚，花柱二裂。果實倒圓錐形。

產於中國、韓國及日本；台灣分布於全島低海拔地區，不常見，可於八里山區及苗栗的淺山見之，然民間常栽植作為藥用。金門亦產。

果實倒圓錐形

聚繖花序，腋生。

花兩性，花盤圓形，十淺裂，萼片5，花瓣5，雄蕊5，柱頭二裂。

葉基三出脈

核果盤形，果實為倒圓錐形，先端截斷而作淺三裂。

鼠李屬 RHAMNUS

灌木或喬木。花叢生於葉腋，或成總狀或圓錐花序，花萼四至五裂，花瓣4～5枚或缺，雄蕊4～5枚，花盤薄，子房3～4室。核果，呈漿果狀。

清水鼠李 特有種

屬名　鼠李屬
學名　*Rhamnus chingshuiensis* Shimizu var. *chingshuiensis*

小枝具刺。葉互生於長枝，叢生於短枝，闊橢圓形至橢圓狀披針形，長3～6公分，寬2.5～3公分，細鋸齒緣，側脈4～6對，葉背腋窩具疏毛。花2～5朵簇生於當年生枝條基部，花梗光滑。果實球形。
　　特有變種，僅分布於清水山。

葉背腋窩具疏毛

葉叢生於短枝，側脈4～6對，花2～5朵簇生於當年生枝條基部。

塔山鼠李 特有種

屬名　鼠李屬
學名　*Rhamnus chingshuiensis* Shimizu var. *tashanensis* Y.C. Liu & C.M. Wang

與承名變種（清水鼠李，見本頁）之主要差異在於小枝的刺較少且細，葉先端較銳，成熟葉長橢圓狀披針形，長4～10公分，寬1.5～3公分，芽鱗較短，葉柄長5～20公釐。
　　特有變種，分布於台灣海拔1,900～3,000公尺山區。

果集生於當年生的短枝上

葉先端較銳，成熟葉長橢圓狀披針形

鈍齒鼠李

屬名	鼠李屬
學名	*Rhamnus crenata* Sieb. & Zucc.

冬芽裸露，無芽鱗，幼枝與幼葉被褐色短柔毛。葉長橢圓狀卵形至長橢圓狀倒卵形，長 5 ～ 10 公分，寬 2 ～ 5 公分，不明顯細鋸齒緣，側脈 7 ～ 9 對。繖形花序，被直毛，花序梗長約 1 公分，花兩性，5 數，柱頭三裂，花梗長約 5 公釐。果實近球形，光滑無毛，成熟時紅色。

　　產於中國、韓國及日本；台灣分布於中海拔雲霧帶。

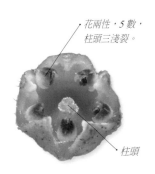

花兩性，5 數，柱頭三淺裂。

柱頭

繖形花序，被直毛。

葉長橢圓狀卵形至長橢圓狀倒卵形，不明顯細鋸齒緣，側脈 7 ～ 9 對。

果實近球形，光滑，成熟時紅色。

桶鉤藤 特有種

屬名	鼠李屬
學名	*Rhamnus formosana* Matsumura

冬芽裸露，無芽鱗。葉常一大一小互生，葉形及大小富變化，常呈長橢圓形，長 6 ～ 12 公分，寬 3.5 ～ 5 公分，鋸齒緣，側脈 6 ～ 7 對。花簇生於葉腋，花單性，5 數；花萼卵狀三角形；花瓣細小，湯匙狀，與雄蕊對生；花盤五角形。

　　特有種，分布於台灣低、中海拔地區。

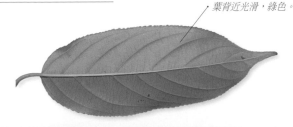

葉背近光滑，綠色。

花瓣

雄蕊

花萼

花萼卵狀三角形；花瓣細小，湯匙狀，與雄蕊對生；花盤五角形。

果熟呈紅紫色

葉常一大一小互生，葉形及大小富變化，常呈長橢圓形。

變葉鼠李

屬名　鼠李屬
學名　*Rhamnus kanagusuki* Makino

低矮灌木，高不及 30 公分；小枝圓形，先端常刺狀。葉橢圓形至倒卵狀橢圓形，長 3 ～ 13 公釐，寬 2 ～ 6 公釐，全緣或 2 ～ 5 齒緣，側脈 2 ～ 3 對，葉梗常呈紅色。花單性，綠色，4 數。

　　產於琉球；台灣分布於東部及中央山脈。

葉橢圓形至倒卵狀橢圓形，
全緣或 2 ～ 5 齒緣。

結果枝

雄花，花 4 數。

低矮灌木，高不及 30 公分；小枝圓形，先端常刺狀。

中原氏鼠李 特有種

屬名　鼠李屬
學名　*Rhamnus nakaharae* (Hayata) Hayata

小枝光滑無毛，無刺。葉膜質，長橢圓狀卵形，長 5 ～ 16 公分，寬 3 ～ 6.5 公分，圓齒狀鋸齒緣，下表面灰白色，側脈 4 ～ 7 對。花 5 ～ 6 朵簇生，花 4 數，花柱四裂，反捲。果實成熟時紫色。

　　特有種，分布於台灣中海拔山區。

果熟紫色

葉膜質，長橢圓狀卵形，圓齒狀鋸齒緣。

花單性，雌花花柱四裂，反捲。

小葉鼠李

屬名　鼠李屬
學名　*Rhamnus parvifolia* Bunge

小枝具刺。葉膜質，橢圓形至橢圓狀倒卵形，富變化，長1～3公分，寬1～
1.5公分，細鋸齒緣，齒10個以上，側脈3～5對。花單性，腋生，4數，
柱頭二裂。

　　廣泛分布於東亞；台灣分布於中、南部中高海拔山區。

雌花，柱頭二裂，
可見退化雄蕊。

葉形及大小富變化，此為橢圓形者，尺寸也較大些。

葉也有呈倒卵狀橢圓形者

畢祿山鼠李 特有種

屬名　鼠李屬
學名　*Rhamnus pilushanensis* Y.C. Liu & C.M. Wang

落葉灌木，小枝偶具刺。葉偶叢生於短枝，橢圓至長橢圓狀
披針形，長4～8公分，寬1～3公分，細鋸齒緣，側脈3～
4對。花簇生，單性，常雌雄異株，4數，柱頭三至四裂，
花梗被毛。

　　特有種，分布於台灣北、中部之中海拔山區。

雌花，柱頭
通常四裂。

雄花，雄蕊4枚。

側脈3～4對，葉背光滑無毛。

葉橢圓形至長橢圓狀披針形，細鋸齒緣。

雀梅藤屬 SAGERETIA

灌木，小枝具刺或無刺。葉近對生。圓錐花序；花萼五裂，花瓣 5 枚，有柄；雄蕊 5 枚；子房埋於花盤中，不與其合生；無花梗。核果。

雀梅藤

屬名　雀梅藤屬
學名　*Sageretia thea* (Osbeck) M. C. Johnst. var. *thea*

灌木，具針尖。葉卵形或闊卵形，長1～5公分，寬 0.8～3公分，先端略鈍，基部圓或近心形，側脈 3～5對，葉背被毛。圓錐狀穗狀花序，長2～5公分，被長柔毛；花徑約 3 公釐，子房 3 室。果實近球形，直徑約5 公釐，成熟時紫黑色。

　　產於印度、中國及菲律賓；台灣分布於低至中海拔灌叢中。

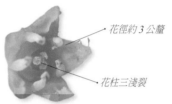
花徑約 3 公釐
花柱三淺裂

穗狀花序，花序軸被毛。

核果近球形，直徑約 5 公釐。

葉卵形或闊卵形，先端略鈍，基部圓或近心形，葉背被毛。

灌木，枝上具針尖。

台灣雀梅藤 特有種

屬名　雀梅藤屬

學名　*Sageretia thea* (Osbeck) Johnst. var. *taiwaniana* (Masamune) Y.C. Liu & C.M. Wang

與承名變種（雀梅藤，見前頁）之不同在於葉小，僅長 1～2 公分，寬 0.5～1 公分。
　　特產於花蓮太魯閣之石灰岩山區。

未熟果

開花之植株。特產於花蓮太魯閣石灰岩山區。

果熟呈紫黑色或紅色；與雀梅藤之不同在於葉較小。

巒大雀梅藤 特有種

屬名　雀梅藤屬

學名　*Sageretia randaiensis* Hayata

蔓性灌木，小枝具刺。葉長橢圓形，長 9～16（20）公分，寬 5～8 公分，先端尾狀漸尖或突尖，細鋸齒緣，側脈 7～10 對，兩面光滑無毛，下表面灰白色。圓錐花序長達 15 公分，花序軸被毛；花小，徑約 1.5 公釐。核果近球形，直徑約 5 公釐，成熟時紫黑色或紅色，分核 2 枚。
　　特有種，分布於台灣北、中部之中海拔山區。

蔓性灌木，小枝具刺。花序為大型圓錐花序。

葉長橢圓形

花小，徑約 1.5 公釐；花序軸被毛。

翼核木屬 VENTILAGO

蔓性灌木。葉互生，略成兩排。圓錐花序，花萼五裂，花瓣 5 枚，雄蕊 5 枚，花盤五裂，子房埋於花盤中。翅果。

翼核木 特有種

屬名　翼核木屬
學名　*Ventilago elegans* Hemsl.

蔓性灌木，幼枝微被毛，枝略呈之字形。葉橢圓形至倒卵形，長 2 ～ 3 公分，寬 1 ～ 1.5 公分，先端銳尖至鈍，側脈 3 ～ 6 對，葉柄長約 1 公分。花 2 ～ 3 朵腋生，花徑約 1 公釐；花萼 5，三角形；花瓣小，與雄蕊對生，子房埋於花盤中；花梗長 1 ～ 1.5 公分。翅果，全長約 1.8 公分。

　　特有種，分布於恆春半島、東部與東北部海岸附近。

枝條略呈之字形

果具翼

花萼 5，三角形；花瓣小，與雄蕊對生；子房埋於花盤中。

攀緣性藤本

光果翼核木

屬名　翼核木屬
學名　*Ventilago leiocarpa* Benth.

蔓性灌木，幼枝被毛，後即脫落，枝略直。葉長卵形至長橢圓形，長 5 ～ 6 公分，寬約 3 公分，先端尾狀漸尖，不明顯鋸齒緣，側脈 4 ～ 7 對。花生或聚繖花序狀，花徑約 5 公釐。翅果長 3 ～ 5 公分。

　　產於亞洲熱帶地區；台灣分布於低海拔灌叢中。

花盤五裂
花瓣 5
雄蕊 5
花萼五裂
柱頭

果具翼

蔓性灌木，幼枝被毛，後即脫落，枝略直。葉長卵形至長橢圓形。

花 5 數，花柱二裂。

薔薇科 ROSACEAE

喬木、灌木或草本。單葉或複葉，互生，稀對生；托葉成對，稀缺。花序呈多種類型；花兩性，輻射對稱；花萼與子房癒合或分離，萼片 4 ～ 5，具花盤；花瓣 4 ～ 5 枚，稀缺；雄蕊多數，周位，常離生；子房 1 至多數，心皮離生或合生，花柱離生或合生。核果、梨果、蓇葖果或由多數瘦果形成聚合果（集生果）。

台灣有 25 屬 115 種。

特徵

由數枚或多枚小核果集生在果托上而成聚合果（集生果）（玉山懸鉤子）

瘦果（日本水楊梅）

核果（假皂莢）

梨果（豆梨）

萼片 4 ～ 5，具花盤；花瓣 4 ～ 5 枚；雄蕊多數，常離生；花柱離生或合生。

龍牙草屬 AGRIMONIA

多年生草本，具地下莖。奇數羽狀複葉，具大小不等之小葉；托葉葉狀，常具齒或成裂片狀。總狀花序，基部有 1 ～ 2 分枝；花黃色，花盤上方邊緣具許多鉤刺，萼片 5 枚，花瓣 5 枚，雄蕊 5 ～ 15 枚，雌蕊 2 枚。瘦果，包埋於花盤中。

龍牙草

屬名	龍牙草屬
學名	*Agrimonia pilosa* Ledeb.

莖高 30 ～ 100 公分，植株被長硬毛。奇數羽狀複葉，具大小不等之小葉，小葉通常 5 ～ 7 枚，莖上部為 3 枚；小葉疏被直柔毛，粗鋸齒緣，上表面綠色，下表面灰綠色。穗狀之總狀花序，頂生，多花，近無柄；苞片細小，常三裂；花黃色，花徑 5 ～ 9 公釐，花瓣 5 枚，雄蕊 10 枚，心皮 2。果托具 5 縱溝紋，上緣具鉤刺。

產於中國、日本、琉球、西伯利亞及喜馬拉雅山區；台灣分布於中、北部低海拔地區。

奇數羽狀複葉，具大小不等之小葉。

花黃色

赤楊葉梨屬 ARIA

落葉喬木或灌木。單葉，側脈直達葉緣。繖房花序；萼片 5 枚，脫落性；花瓣 5 枚，白色；雄蕊約 20 枚；子房下位，花柱 2 ～ 5，常基部合生。果實小，球形或梨形。

台灣有 1 種。

赤楊葉梨

屬名	赤楊葉梨屬
學名	*Aria alnifolia* (Sieb. & Zucc.) Decne.

落葉喬木。葉卵形或橢圓形，長 5 ～ 10 公分，寬 3.5 ～ 7 公分，先端突銳尖，基部心形或圓形，重鋸齒緣，平行側脈 8 ～ 10，直達葉緣，光滑或下表面脈上有毛，葉柄略呈紅色。繖房花序，花白色，花徑 1.3 ～ 1.6 公分；萼片 5 枚，三角形；花瓣 5 枚；雄蕊約 20 枚；花柱 2，常基部合生，基部具毛。果實小，球形或梨形。

產於中國、日本及韓國；台灣分布於花蓮清水山一帶之中海拔山區，稀有。

花白色，花徑 1.3 ～ 1.6 公分；萼片 5，三角形；花瓣 5。

晚春開花

平行側脈 8 ～ 10，直達葉緣。

舖地蜈蚣屬 COTONEASTER

常 綠或落葉，灌木或小喬木。單葉，全緣；托葉鑿形，早落。花單生或成頂生之繖房花序；花萼與子房合生，裂片 5，宿存；花瓣 5 枚；雄蕊 15 ～ 20 枚；心皮 2 ～ 5，子房下位，花柱 2 ～ 5。梨果，卵球形。

細尖枸子

屬名	舖地蜈蚣屬
學名	*Cotoneaster apiculatus* Rehder & E.H.Wilson

落葉性小灌木，高可達 2 公尺。葉革質，卵圓形或近圓形，長 0.6 ～ 1.5 公分，寬 0.5 ～ 1 公分，先端細尖；成熟葉上表面光滑，下表面僅葉脈和葉緣較多毛。花單生或 3 朵簇生，花直立，花瓣 5 枚，深紅色，花絲紅色。果實近球形，成熟時紅色。

產於華中、華西，分布於中央山脈中、高海拔之草生地及林緣，如南湖大山及合歡山。

果實成熟橘色或紅色

下表面僅葉脈和葉緣較多毛

花瓣直立，花通常微開。

花單生或 3 朵簇生，花直立，花瓣 5，深紅色。

泡葉枸子

屬名	舖地蜈蚣屬
學名	*Cotoneaster bullatus* Bois

高可達 2 公尺。葉片長圓卵形或橢圓卵形，長 3.5 ～ 7 公分，寬 2 ～ 4 公分，先端漸尖，有時急尖，基部楔形或圓形，全緣，上表面有明顯皺紋並呈泡狀隆起，無毛或微被柔毛，下表面具疏生柔毛，沿葉脈毛較密，有時近無毛。聚繖花序，花 5 ～ 13 朵，直立，不開展。果實球形或倒卵形。本種形態近似小西氏枸子（見第 335 頁），但可由兩者的葉形及花朵的數量區分之。

產於華中、華西，分布於台灣北、中及東部海拔 1,800 ～ 2,700 公尺之山區。

果序，果實成熟時紅色，微被毛。

花不完全開展

葉長 3.5 ～ 7 公分

葉背常被白柔毛

清水山枸子 特有種

屬名 舖地蜈蚣屬
學名 *Cotoneaster chingshuiensis* Kun C. Chang & Chih C. Wang

落葉灌木，高達 2 ～ 3 公尺。葉革質，卵形、卵圓形或長卵形，長 6 ～ 28 公釐，寬 4 ～ 15 公釐，先端漸尖，葉背密被淡黃色長柔毛，側脈 3 ～ 5。花單生或 2 ～ 4 朵呈繖房狀，花序軸及花梗密被毛，花徑 4 ～ 7 公釐，花梗長 0.5 ～ 1.5 公釐。果實倒卵形，成熟時紅色或橘紅色。本種形態近似小西氏枸子（見下頁），但本種的花序具 1 ～ 4 朵花，花梗較短、葉較小及葉背密被淡黃色長柔毛可與之區分。

特有種，主要分布於太魯閣國家公園清水山海拔約 2,100 公尺之山區。

花半展（張坤城攝）

落葉灌木，葉革質。（張坤城攝）

矮生枸子

屬名 舖地蜈蚣屬
學名 *Cotoneaster dammeri* Schneid.

常綠匍匐性小灌木。葉革質，橢圓至長橢圓形或近圓形，長 0.9 ～ 3 公分，寬 0.5 ～ 2.2 公分，上表面光滑無毛，下表面略帶白色，幼時密被白色柔毛，老時逐漸脫落至疏被毛；側脈於上表面凹入，於下表面略凸起；細脈明顯，於上表面呈顆粒狀下凹。花多單生，稀 2 ～ 3 朵簇生；花瓣 5 枚，稀 6 或 7 枚，開花時平展，白色；花柱 5 枚，稀 4 或 6 枚；花梗長 7 ～ 15 公釐。果實近球形，直徑 4 ～ 7 公釐，成熟時紅色，小核 4 ～ 5 枚。本種和玉山舖地蜈蚣（見第 336 頁）很相似，但可以從花部形態與果實的小核數區分。

分布於中國湖北、四川及雲南諸省；台灣分布於北部、中部海拔 2,600 ～ 3,000 公尺山區。

和玉山舖地蜈蚣很相似，但本種的花柱通常為 5。

葉片革質，橢圓至長橢圓形或近圓形，葉面光滑無毛；花多單生。

常綠匍匐性小灌木，可見於塔塔加及合歡山等山區。

平枝舖地蜈蚣

屬名　舖地蜈蚣屬
學名　*Cotoneaster horizontalis* Decne.

植株主幹稍直立後平伸或匍匐地面，枝條則大多平展。葉圓形，長 5 ～ 14 公釐，寬 4 ～ 9 公釐，近膜質，秋冬轉紅後掉落。花單朵散生，花瓣基部深紅色，先端粉紅色，花藥白色，花絲紅色，花柱 2（3）。果實卵形，成熟時紅色，先端略尖，基部圓。

　　產於華中、華西，分布於南湖大山及合歡山等高海拔山區，見於陽光適中之冷杉林緣、裸岩或草生地邊坡。

果實（張坤城攝）

葉片薄、邊緣不反捲。本種花瓣暗紅色且直立。（張坤城攝）

小西氏栒子（小西氏鐵樹、台灣舖地蜈蚣）　特有種

屬名　舖地蜈蚣屬
學名　*Cotoneaster konishii* Hayata

莖直立。葉紙質，菱狀卵形，長 1.3 ～ 5 公分，寬 1 ～ 3.5 公分，先端銳尖至漸尖，下表面密被曲毛。繖房花序，腋生，花 3 ～ 8 朵，白色。果實橢圓形。

　　特有種，分布於台灣中海拔山區之闊葉林。

葉長不超過 5 公分（林家榮攝）

葉互生，菱狀卵形。（林家榮攝）

繖房花序腋生，花 3 ～ 8 朵。（林家榮攝）

玉山舖地蜈蚣 特有種

屬名	舖地蜈蚣屬
學名	*Cotoneaster morrisonensis* Hayata

莖平臥。葉革質，倒卵形、卵形或橢圓形，長 0.7 ～ 2 公分，寬 0.5 ～ 1.2
公分，先端圓或凹缺，幼時下表面密被曲毛，成熟時被糙毛，葉緣向下反捲。
花白色，花柱 2 ～ 3，花梗長 1.5 ～ 5 公釐。果實橢圓形，小核 2 ～ 3 枚。
　　特有種，分布於台灣中、高海拔之草生地或裸岩上。

花白色，花柱 2 ～ 3。

葉革質，倒卵形、卵形或橢圓形，先端圓或凹缺。

莖平臥。果實成熟時紅色。

樂山舖地蜈蚣 特有種

屬名	舖地蜈蚣屬
學名	*Cotoneaster rokujodaisanensis* Hayata

匍匐性灌木，幼枝被柔毛。葉厚革質，闊橢圓形，長 0.8 ～ 1.2 公分（可至 2.7 公分），
先端鈍或凹，上表面具光澤，幼時下表面疏被毛，成熟葉光滑無毛，葉緣向下反捲。
花瓣 5 枚，基部淡紅色，平展，雄蕊 15 ～ 20 枚，花柱 2 或 3。果實橢圓形。
　　特有種，分布於苗栗樂山之中海拔向陽坡。

*花瓣基部淡紅色為其與玉山
舖地蜈蚣之主要區別。*

葉厚革質，闊橢圓形。

果實橢圓形

粉紅花舖地蜈蚣 特有種

屬名 舖地蜈蚣屬

學名 *Cotoneaster rosiflorus* Kun C. Chang & F.Y. Lu

半落葉性灌木。葉紙質，倒卵形或卵圓形，長 0.4 ～ 3 公分，寬 0.4 ～ 1.7 公分，先端尖或鈍，葉緣略反捲，葉背被絨毛。花常單生，花瓣粉紅色，近乎直立；花絲、花藥皆呈粉紅色；花柱 3 ～ 5，心皮 3 ～ 5；花梗長 1.6 ～ 3 公釐，被毛。果實橢圓形，成熟時紅色。本種形態近似玉山舖地蜈蚣（見前頁）或平枝舖地蜈蚣（見第 335 頁），但其花瓣直立或微開展，花瓣與花絲粉紅色及花柱與小核 3 ～ 5 等特徵可與之區分。

　　特有種，分布於台灣海拔 2,500 ～ 3,500 公尺山區之岩壁上。

葉背被絨毛

果橢圓形

花藥粉紅色

花瓣粉紅色

花絲粉紅色

花柱 3 ～ 5

果實成熟時紅色

葉紙質，倒卵形或卵圓形，先端尖或鈍，葉緣略反捲。

高山栒子

屬名	舖地蜈蚣屬
學名	*Cotoneaster subadpressus* T.T. Yu

果實成熟時紅色

匍匐性矮灌木，幼枝密被毛。葉厚革質，近圓形或寬卵形，長4～8公釐，寬3～6公釐，先端圓或急尖，幼葉被毛，成熟時僅下表面中肋處被毛。花基部紅色，先端白色。果實近球形或長橢圓形。

產於中國四川至雲南，分布於台灣合歡山之矮箭竹草生地及灌叢。

花基部紅色，先端白色，為其與它種之主要區別。

葉近圓形或寬卵形，先端圓或急尖，幼葉被毛。

蛇莓屬 DUCHESNEA

多年生匍匐性草本，具走莖。三出複葉，莖生及地生，具長柄；小葉菱狀卵形，粗鋸齒緣，小葉柄短；托葉與莖生葉柄離生，與基生葉柄略合生，有缺刻。花單生，萼片5枚，具與其互生之5枚副萼，花瓣5枚，黃色，雄蕊20～30枚，雌蕊多數。瘦果，扁卵形，集生成聚合果。

台灣蛇莓（皺果蛇莓）

屬名	蛇莓屬
學名	*Duchesnea chrysantha* (Zoll. & Mor.) Miq.

萼片5，花瓣5，黃色。

多年生匍匐性草本，具走莖。葉深綠色，小葉倒卵形至菱形，長可達2.5公分，寬1.5～2公分，重鋸齒緣，兩面疏生毛。花單生，萼片5枚，具與其互生之5枚副萼，花瓣5枚，黃色，雄蕊20～30枚，雌蕊多數。與蛇莓（見下頁）相近，但本種之聚合果圓形，果托白色，花萼與聚合果長度比幾達一比一，瘦果表面有皺紋。

產於中國、日本、東南亞至印度，台灣見於全島草地、路旁。

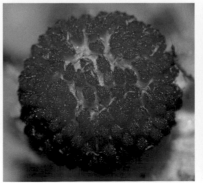

頂小葉線形

果托白色，瘦果表面有皺紋。

花萼與聚合果長度幾乎相等

蛇莓

屬名 蛇莓屬
學名 *Duchesnea indica* (Andr.) Focke

萼片 5 枚，花瓣 5 枚，黃色。

莖被長軟毛，節上長芽。三出複葉，小葉近菱形、圓卵形、卵形或倒卵形，長 1 ～ 3 公分，寬 0.8 ～ 1.5 公分，鈍鋸齒緣，兩面被毛。花單生，花瓣 5 枚，黃色，倒卵形，先端凹。聚合果卵狀橢圓形，果托紅色，花萼長度只及聚合果的三分之一至二分之一，瘦果表面平滑。

　　產於中國、中南半島、菲律賓、爪哇及印度；台灣分布於全島低至中海拔之草生地或路邊。

聚合果卵狀橢圓形，果托紅色，瘦果表面平滑。

三出複葉，小葉近菱形。

枇杷屬 ERIOBOTRYA

常　綠灌木或喬木。單葉，粗鋸齒緣，側脈平行而直達葉緣鋸齒，托葉披針形。圓錐花序，頂生，被綿毛；萼片 5 枚，宿存；花瓣 5 枚，白色，先端凹；雄蕊約 20 枚；子房下位，被毛，花柱 2 ～ 5，離生。梨果，橢圓形或球形。

　　台灣有 1 種，區分為三型。

台灣枇杷(山枇杷)

屬名 枇杷屬
學名 *Eriobotrya deflexa* (Hemsl.) Nakai fo. *deflexa*

常綠喬木，幼莖被紅褐色毛。葉革質，長橢圓或橢圓形，長 13 ～ 25 公分，寬 4 ～ 5.5 公分，先端銳尖，粗鋸齒緣，成熟葉兩面光滑無毛。花被鏽色絨毛，花瓣先端深凹，花柱 3。

　　產於中國廣東至越南，分布於台灣全島低、中海拔闊葉林中。

花瓣 5，先端凹入。

雄蕊約 20

花柱 3

頂生圓錐花序

葉長橢圓或橢圓形，先端銳尖。

武威山枇杷 特有種

屬名　枇杷屬

學名　*Eriobotrya deflexa* (Hemsl.) Nakai fo. *buisanensis* (Hayata) Nakai

常綠小喬木。葉長橢圓形至披針形，長 9 ～ 15 公分，寬 1.5 ～ 3 公分，兩端銳尖。

　　特有地區型，分布於恆春半島及台東之森林。

葉長橢圓形至披針形，兩端銳尖。

恆春山枇杷 特有種

屬名　枇杷屬

學名　*Eriobotrya deflexa* (Hemsl.) Nakai fo. *koshunensis* (Kaneh. & Sasaki) H.L. Li

常綠小喬木。葉倒卵狀長橢圓形，長 7 ～ 14 公分，寬 3 ～ 6 公分，先端鈍，基部銳尖。

　　特有地區型，分布於恆春半島之低海拔叢林中。

梨果球形

花瓣 5，白色，花柱 3，雄蕊約 20。

葉倒卵狀長橢圓形，先端鈍，基部銳尖。

蚊子草屬 FILIPENDULA

多年生草本，具地下莖。羽狀複葉，頂小葉掌狀中裂或淺裂，托葉披針形或卵形。聚繖狀繖房花序頂生，雌雄異株，花單性，花盤杯狀，萼片 5 枚，花瓣 5 枚，白色或粉紅色，雄蕊 20 ～ 40 枚，雌蕊 5 ～ 15 枚，成一輪。

台灣蚊子草 [特有種]

屬名	蚊子草屬
學名	*Filipendula kiraishiensis* Hayata

莖略被毛。羽狀複葉，小葉 4 ～ 6 對，頂小葉最大，掌狀中裂或淺裂，小葉極不規則鋸齒緣或重鋸齒緣，托葉鋸齒緣。聚繖花序，頂生，花單性，花盤杯狀；花萼五裂，杯狀；花瓣 5 枚，白色或粉紅色；雄蕊 20 ～ 40 枚；雌蕊 5 ～ 15 枚，成一輪。

特有種，分布於台灣中、高海拔山區。

花瓣 5，白色或粉紅色；雄蕊 20 ～ 40 枚。

果實

特有種，分布於台灣中、高海拔山區。

羽狀複葉，小葉 4 ～ 6 對，頂小葉最大，掌狀中裂或淺裂。

草莓屬 FRAGARIA

多年生草本，具走莖。三出複葉，基生，小葉鋸齒緣；托葉膜質，與葉柄基部合生。花單生或數朵成總狀花序；萼片 5 枚，具 5 枚副萼；花瓣 5 枚，白色；雄蕊多數，成一輪，宿存；心皮多數，離生，花柱側生。瘦果多，小，生於膨大肉質果托上，形成聚合果。

台灣草莓 [特有種]

屬名	草莓屬
學名	*Fragaria hayatae* Makino

多年生匍匐性草本，莖橫走地表，全株密被毛茸。葉基生，三出複葉，具長柄，柄長 2 ～ 5 公分；小葉闊卵形，粗鋸齒緣，長 1.5 ～ 3 公分，寬 1 ～ 2.5 公分，先端鈍，基部楔形，厚紙質，葉緣有銳尖鋸齒，葉面凹凸而粗糙，兩面皆被毛茸。花單生或 2 ～ 4 朵成總狀花序；萼片 5 枚，具 5 枚副萼片；花瓣 5 枚，白色；雄蕊多數，成一輪；心皮多數，離生。瘦果著生於膨大肉質的果托上，聚合果圓球形，成熟時紅色。

特有種，分布於台灣全島中、高海拔之疏林或路旁。

花瓣白色；雄蕊多數，成一輪；心皮多數，離生。

瘦果著生於膨大肉質的果托上，聚合果圓球形，成熟時紅色。

水楊梅屬 GEUM

基 生葉為奇數羽狀複葉或假羽狀複葉，叢生，頂小葉較大；莖生葉為三出複葉，互生，托葉常與葉柄合生。花單生或成繖房花序；花兩性，輻射對稱，週位花；花萼5枚，副花萼5枚；花瓣5枚；雄蕊多枚；雌蕊心皮多枚，離生，花柱絲狀。瘦果，花柱宿存。

日本水楊梅

屬名	水楊梅屬
學名	*Geum japonicum* Thunb.

一年或越年生草本，株高可達50公分，被短柔毛及粗硬毛。莖生葉為三出複葉，葉柄被粗硬毛，頂小葉最大，卵形或廣卵形，長3～8公分，寬4～9公分，葉緣有不規則粗大鋸齒，淺裂或不裂；托葉葉柄合生，呈包莖狀。花單生於葉腋或呈繖房狀，萼片與副萼片各5枚，花瓣5枚，黃色，雄蕊多數，心皮多數。聚合果卵球形或橢球形，瘦果被長硬毛，花柱宿存部分光滑，頂端有小鉤；果托被長硬毛，長約2～3公釐。

產於日本及中國，台灣僅見於南投能高山天池附近及福壽山區之合歡溪。

花瓣5枚，黃色；雄蕊多數，心皮多數。

聚合果卵球形，瘦果被長硬毛，花柱宿存部分光滑，頂端有小鉤，果托被長硬毛。

莖生葉互生，三出複葉。

基生葉叢生。

蘋果屬 MALUS

落 葉喬木，枝具刺，芽被毛。單葉，鋸齒緣，有柄，托葉鑿形。繖形總狀花序，腋生；萼筒鐘狀或壺形，完全與子房合生，萼片5枚；花瓣5枚，白色；雄蕊15～50枚；子房下位，花柱2～5，基部合生。梨果，球形，具宿存之花萼。

台灣蘋果（山楂、台灣林檎）

屬名	蘋果屬
學名	*Malus doumeri* (Bois.) A. Chev.

花瓣5；雄蕊多數；花柱5，基部合生。

落葉喬木，幼幹常具棘刺。葉卵形至長橢圓形，長8～13公分，寬3～6公分，先端銳尖，基部圓或鈍，不規則鋸齒緣。繖房花序，頂生；花白色，花柱5；花梗粗短，長1～2.5公分。梨果，球形，具宿存之花萼，成熟時黃色，具澀味，略可食。

產於中國南部、越南及寮國；台灣分布於全島海拔700～2,300公尺山區之闊葉林。

梨果，球形，具宿存花萼，成熟時黃色。

花白色，成繖形總狀花序，腋生。

葉卵形至長橢圓形，先端銳尖，基部圓或鈍，不規則鋸齒緣。

湖北海棠

屬名 蘋果屬
學名 *Malus hupehensis* (Pamp.) Rehder

落葉小喬木，莖不具刺。葉卵形，長 5 ～
10 公分，先端銳或漸尖，基部楔形至鈍，
稀圓，細尖鋸齒緣。繖形花序，花 4 ～ 6
朵，白色或粉白色，花柱 3 或 4。果實近
球形，表面斑點甚少。

　　產於中國；台灣分布於思源埡口一帶
之闊葉林。

托葉與葉柄連生

花白色或粉白色，花柱 3 或 4。

葉卵形，先端銳或漸尖，基部楔形至鈍，稀圓，細尖鋸齒緣。

小石積屬 OSTEOMELES

灌木，小枝幼時有毛。奇數羽狀複葉，小葉 7 ～ 15 枚，全緣；托葉線形至披針形，早落。繖房或聚繖花序，頂生；萼片 5 枚，反捲，宿存；花瓣 5 枚，白色；雄蕊 15 ～ 20 枚；心皮 5，略癒合，花柱 5，分離。梨果，內有 5 枚小堅果。

小石積

屬名 小石積屬
學名 *Osteomeles anthyllidifolia* Lindl.

常綠小喬木。奇數羽狀複葉，葉軸具窄翅；小葉 4 ～ 5 對，卵形或橢圓形，長
約 4 公釐，寬約 3 公釐，先端圓，具突尖頭，基部鈍，歪斜，兩面被直毛，無
柄。花萼被柔毛。果實橢圓形，長約 1 公分，宿存萼片直立；果梗長約 8 公釐，
密被柔毛。

　　產於中國南部、日本及
琉球；台灣僅生長於蘭嶼及
恆春半島之海濱。

花白色，花瓣 5，
雄蕊 15 ～ 20 枚。

葉軸具窄翅，小葉 4～5 對，卵形或橢圓形，先端圓，
具突尖頭。

奇數羽狀複葉，對生。

華西小石積

屬名　小石積屬
學名　*Osteomeles schwerinae* C.K. Schneid.

落葉或半常綠灌木，莖直立，高約 4 公尺，幼枝疏被直毛。葉叢生短枝端，葉軸具翼；小葉 7～15 對，橢圓形至長橢圓狀倒卵形，長 3～5 公釐，寬 2～3 公釐，先端鈍且略凹，下表面疏生直毛，近無柄。果實卵形或近球形，直徑 6～8 公釐，宿存萼片反捲。

　　產於華西，台灣僅知分布於南投丹大林道約 6 公里處。

花白色，雄蕊 15～20 枚。（林家榮攝）

葉軸具翼，小葉 7～15 對。（林家榮攝）

繖房或聚繖花序（林家榮攝）

石楠屬 PHOTINIA

常緑木本植物，莖無刺。單葉，互生，托葉鑿形。繖房或短圓錐花序，頂生；萼片 5 枚，下半部與子房合生，宿存；花瓣 5 枚；雄蕊 20 枚或更多；子房略下位，2～5 室，每室有 2 胚珠。梨果，小，肉質。

毛瓣石楠 特有種

屬名　石楠屬
學名　*Photinia lasiopetala* Hayata

常綠小喬木。葉革質，倒披針狀長橢圓形或橢圓形，長 8～15 公分，寬 2～4 公分，先端鈍、銳尖至漸尖，基部楔形，鋸齒緣。繖房花序，頂生，長 8 公分；花瓣倒卵形，基部被毛；花柱 2。果實成熟時紅色或黃色。

　　特有種，分布於台灣中部之中海拔山區，不常見。

果實成熟時
紅色或黃色

花瓣倒卵形，邊緣有毛，
基部被毛；花柱 2。

葉革質，倒披針狀長橢圓形或橢圓形。

常綠小喬木，花序大型。

玉山假沙梨(夏皮楠)

屬名　石楠屬
學名　*Photinia niitakayamensis* Hayata

常綠中喬木。葉常聚生於枝端，紙質，長橢圓形至披針形，長 5 ～ 10 公分，寬 2 ～ 2.5 公分，先端銳尖或漸尖，基部鈍，兩面光滑無毛，全緣。花序短圓錐狀，萼裂片三角形，花瓣圓形，花柱五裂，子房 5 室。果實成熟時紅色。

　　產於越南至華西，分布於台灣海拔 1,500 ～ 2,500 公尺山區，常見於林緣或次生林中。

圓錐花序

果實成熟時紅色

葉常聚生於枝端，長橢圓形至披針形，先端銳尖或漸尖。

石楠

屬名　石楠屬
學名　*Photinia serrulata* Lindl. fo. *serrulata*

落葉喬木。葉革質，倒卵形至長橢圓形，長 9 ～ 15 公分，寬 3 ～ 4.5 公分，先端銳尖或漸尖，基部圓或鈍，細鋸齒緣。聚繖花序繖房狀，頂生；花瓣圓形，無毛。果實球形，直徑約 5 公釐，成熟時紅色。

　　產於中國南部及菲律賓；台灣分布於全島低至高海拔地區。

花瓣圓形，無毛。

葉具細鋸齒緣

落葉喬木，花期春季。

頂生圓錐花序

台東石楠(樹杞葉石楠) 特有種

屬名　石楠屬

學名　*Photinia serrulata* Lindl. fo. *ardisiifolia* (Hayata) H.L. Li

落葉灌木。葉狹倒卵形或倒披針形，長6～7公分，寬2～3公分，先端鈍，基部漸狹，近全緣。繖房花序，頂生，花序及花梗被絨毛；萼片5枚，下半部與子房合生，宿存；花瓣5枚；雄蕊20枚以上；花柱2～4。梨果球形，直徑約6公釐，肉質，成熟時紅色。

　　特有型，分布於台灣東南部之低海拔山區。

花瓣5，雄蕊20以上，花柱2～4。

梨果，成熟時紅色。

木質藤本

繖房花序頂生，花白色。

太魯閣石楠(虎皮楠葉石楠) 特有種

屬名　石楠屬

學名　*Photinia serrulata* Lindl. fo. *daphniphylloides* (Hayata) H.L. Li

常綠小喬木。葉橢圓形至倒卵狀長橢圓形，較石楠（見第345頁）為寬，長8～14公分，寬4～6公分，先端鈍至銳尖，基部楔形、圓形或截形，近全緣或細鋸齒緣。

　　特有型，產於太魯閣山區。

花瓣5，白色，花柱2。

葉近全緣

主要分布於太魯閣山區

未熟果，果實長橢圓形。

翻白草屬 POTENTILLA

常 為多年生草本。掌狀或羽狀複葉，基生或互生，多被白色絨毛或絹毛。花單生或成聚繖花序，常兩性；萼片 5 枚，與 5 枚副萼片互生；花瓣 5 枚，黃色（台灣的種類）、白色或暗紫色；雄蕊約 20 枚；心皮多數。瘦果，小而多，集生成聚合果。

小花金梅

屬名	翻白草屬
學名	*Potentilla amurensis* Maxim.

小草本，莖匍匐，密被粗毛。一回羽狀複葉，下半部小葉大多為 2 ～ 3 對，上半部開花枝之小葉為三出葉，頂小葉鋸齒緣。花單生於葉腋，或呈頂生之聚繖花序；花 5 數，具花萼與副花萼，花瓣甚小，黃色，雄蕊多數（20），心皮多數。瘦果，集生成聚合果。

產於東北亞，台灣多見於全島空曠地或水田之荒廢地。

瘦果，多而小，集生成球狀之聚合果。

上半部開花枝之葉為三出複葉

花 5 數，具花萼與副花萼，花瓣甚小，黃色。

植株基部為一回羽狀複葉。

委陵菜

屬名	翻白草屬
學名	*Potentilla chinensis* Ser.

多年生草本，植株較本屬其它種為大，超過 15 公分。羽狀複葉，具 11 ～ 23 枚小葉，小葉深裂幾達中脈。聚繖花序，頂生，梗長 0.5 ～ 1 公分；萼片三角狀卵形，副萼線狀披針形；花瓣黃色，寬倒卵形，先端微凹。

分布於中國中部及北部、日本及韓國，金門亦產。近數十年來未有人在台灣見過其植株，標本皆採於日治時期，來自花蓮、台東、新竹及苗栗。

花黃色

小葉深裂幾達中脈

翻白草

屬名　翻白草屬
學名　*Potentilla discolor* Bunge

多年生草本。葉多為基生，具5～7，稀9枚小葉，莖生葉則常具3枚小葉，小葉粗鋸齒緣，上表面暗綠色，下表面密被白色綿毛。聚繖花序，花疏生；花徑1～2公分，花瓣黃色，倒卵形，先端微凹或圓鈍。

　　產於中國北部、日本及韓國；台灣分布於北部近海之低海拔空曠地或山丘上，不常見。

花黃色，徑1～2公分，花瓣倒卵形，先端微凹或圓鈍。

多為基生葉，具5～7，稀9枚小葉，莖生葉常為三出複葉，小葉粗鋸齒緣。

玉山金梅

屬名　翻白草屬
學名　*Potentilla leuconota* D. Don

多年生宿根性小草本，全株密被白色絹毛，直立或斜上升。根生葉叢生，奇數羽狀複葉，小葉19～29枚，倒卵形，長1～2公分，先端鈍，細銳鋸齒緣，上表面被柔毛，下表面密生白色絹毛，幾無柄。繖形花序，長7～12公分，花7～9朵；萼片5枚，卵形，先端尖，被柔毛；花瓣黃色，闊倒卵形，長6～8公釐，先端鈍圓；雄蕊20枚；花梗長1～2公分。瘦果細小，密被絲狀毛茸。

　　產於中國；台灣分布於高海拔之空曠地或林緣。

花7～9朵成繖形花序

高山翻白草 特有種

屬名　翻白草屬
學名　*Potentilla matsumurae* Th. Wolf. var. *pilosa* Koidz.

多年生草本。三出複葉，基生，小葉倒卵形或長橢圓形，兩面被直刺毛，葉緣呈尖銳的粗鋸齒狀；葉柄長 2 ～ 2.5 公分，被絨毛。花單生，鮮黃豔麗；萼片 5 枚，與 5 枚副萼片互生，三角形，長 4 ～ 6 公釐，先端銳尖；花瓣闊卵形，長 8 ～ 12 公釐，寬 6 ～ 8 公釐；雄蕊多數，心皮多數，花柱早落；花梗細長，被粗毛。瘦果，褐色。

　　特有變種，原種產於日本及韓國。本變種為台灣特有，通常分布於高海拔山區，喜生於裸露岩原或岩屑地上。

花瓣 5 枚，鮮黃豔麗。

副萼片 5
萼片 5

三出複葉，基生。

日本翻白草

屬名　翻白草屬
學名　*Potentilla nipponica* Th. Wolf.

多年生草本。羽狀複葉，基生者可達 23 枚小葉，莖生者具 5 ～ 9 或 3 枚小葉；小葉長橢圓形或卵狀長橢圓形，先端銳尖，粗鋸齒緣，上表面被毛狀物，下表面密生白絨毛。疏聚繖花序；花萼五裂，裂片卵形，長 5 ～ 6 公分，寬 4 公分；花瓣黃色，寬倒卵形，先端凹；花梗具白絨毛。

　　產於日本；台灣分布於北部及東部低海拔地區之沙石地，稀有。

花瓣黃色，寬倒卵形，先端凹。

小葉長橢圓形或卵狀長橢圓形，先端銳尖，粗鋸齒緣。

羽狀複葉，葉背密生白色絨毛。

雪山翻白草 特有種

屬名　翻白草屬
學名　*Potentilla tugitakensis* Masam.

多年生草本。奇數羽狀複葉，小葉 20～30 對，倒卵形或長橢圓形，長 9～11 公釐，寬 4～6 公釐，鋸齒緣，上表面有毛茸，下表面被長綿毛；葉柄長 2～2.5 公分，密被絨毛。花單生或 3～5 朵成總狀花序，花莖細長，被粗毛；花萼裂片 5 枚，先端銳尖，長 4～6 公釐；花瓣 5 枚，鮮黃豔麗，闊卵形，長 8～12 公釐，寬 6～8 公釐；雄蕊多數，心皮多數。瘦果，褐色。

　　特有種，分布於台灣之高海拔山區。

花單生或 3～5 朵成總狀花序

奇數羽狀複葉，小葉 20～30 對。

生長於高海拔岩屑地；雪山山頂之生育地。

老葉兒樹屬 POURTHIAEA

落葉性木本植物。單葉，互生，鋸齒緣。繖房或聚繖花序，頂生，花軸具疣狀突起（結果時）。花兩性，萼宿存，花瓣 5 枚，雄蕊 20 枚或更多，花柱 2～4，基部合生。梨果。

台灣老葉兒樹

屬名　老葉兒樹屬
學名　*Pourthiaea beauverdiana* (Schneid.) Hatusima var. *notabilis* (Rehd. & Wils.) Hatusima

落葉喬木。葉革質，長橢圓形至倒卵形，長 8～14 公分，寬 2.5～4.5 公分，鋸齒緣，上表面光滑，下表面被長柔毛，葉柄長 1～1.5 公分。聚繖花序，頂生，長 2.5～3.5 公分。果實成熟時紅色，直徑 6～8 公釐。

　　產於中國南部；台灣分布於中、北部海拔約 1,000 公尺之山區。

葉上表面光滑，下表面被長柔毛。

花柱 2

葉革質，長橢圓形至倒卵形，鋸齒緣。

聚繖花序，頂生。

台灣石楠 特有種

屬名　老葉兒樹屬
學名　*Pourthiaea lucida* Decaisne

落葉小喬木。葉紙質，倒卵形或倒卵狀長橢圓形，長 6～11 公分，寬 2～3.5 公分，尖頭銳基，細鋸齒緣，但近基部全緣，下表面光滑無毛或近光滑，葉柄長 6～8 公釐。繖房狀聚繖花序，頂生，被絨毛；萼片廣三角形，花瓣倒卵形，雄蕊 15～20 枚，花柱 3。果梨形，成熟時紅黑色或紅色，直徑 1 公分。

　　特有種，分布於台灣全島低海拔森林。

果梨形

葉紙質，倒卵形或倒卵狀長橢圓形，細鋸齒緣。

頂生繖房狀聚繖花序，花瓣倒卵形，雄蕊 15～20，花柱 3。

小葉石楠

屬名　老葉兒樹屬
學名　*Pourthiaea villosa* (Thunb. *ex* Murray) Decne. var. *parvifolia* (Pritz.) Iketani & Ohashi

落葉小喬木。葉橢圓形或倒卵形，長 2～4 公分，寬 1～2 公分，細鋸齒緣，葉柄長 1～2 公釐。繖房花序，頂生，密被白色長柔毛或光滑無毛；雄蕊約 20 枚，花柱 3。往昔將萼片與花梗光滑無毛者稱為清水石楠（*P. chingshuiensis* T. Shimizu），本書根據張坤城博士之分類處理，將清水石楠視為小葉石楠之同物異名。

　　產於中國南部；台灣分布於低、中海拔之森林中。

雄蕊約 20 枚

頂生繖房花序，雄蕊約 20，花柱 3。

花梗具毛茸

昔稱清水石楠者，萼片及花梗皆光滑。

葉橢圓形或倒卵形，細鋸齒緣。

假皂莢屬 PRINSEPIA

灌木，小枝於葉腋有刺。單葉，互生，常叢生。總狀花序，花 1～4 朵；萼筒宿存，裂片 5；花瓣 5 枚，著生萼筒上；雄蕊多數，成數束於花瓣上；花柱著生於子房近基部。核果，歪斜。

假皂莢(扁核木) 特有種

屬名　假皂莢屬

學名　*Prinsepia scandens* Hayata

常綠攀緣性灌木或小喬木，小枝略成之字形伸展，於葉腋有長刺。單葉，互生；葉厚革質，卵狀披針形，長 3.5～5.5 公分，漸尖頭，光滑無毛。花單生或成疏花之短總狀花序；花萼裂片 5；花瓣 5 枚，著生萼筒上；雄蕊多數，成數束於花瓣上。果實成熟時紫黑色，萼筒宿存。

特有種，分布於台灣中、高海拔森林中。

果成熟時紫黑色，萼筒宿存。

花瓣 5，白色，著生萼筒上；雄蕊多數。

葉腋有長刺

梅屬 PRUNUS

落葉，稀常綠之木本植物。單葉，互生，葉柄常具 2 腺體。花單生，或多朵簇生成繖房或總狀花序；萼筒五裂；花瓣 5 枚，著生萼筒上，與萼裂片互生；雄蕊多數，著生於萼筒口四周；心皮 1，柱頭 1，頂生。核果，肉質。

布氏稠李 (高山小白櫻)

屬名　梅屬
學名　*Prunus buergeriana* Miq.

落葉喬木。葉倒卵形至長橢圓形，長 4～10 公分，寬 2.5～5 公分，先端漸尖，細銳鋸齒緣，下表面中脈被綿毛。總狀花序，被毛，基部無葉片，花白色。核果成熟時紅紫色。近似台灣稠李（見第 354 頁），但本種花序基部無葉片，可以區別。

　　產於日本及韓國；台灣分布於中、北部之中海拔山區。

與台灣稠李區別在於本種的花序基部無葉片。（張坤城攝）

葉倒卵形至長橢圓形，先端漸尖，細銳鋸齒緣。

山櫻花 (緋寒櫻)

屬名　梅屬
學名　*Prunus campanulata* Maxim.

落葉喬木，全株殆無毛。葉倒卵形至長橢圓狀橢圓形，長 4～12 公分，先端漸尖，細重鋸齒緣，葉背中肋被綿毛。花單生或數朵簇生，下垂，鐘狀漏斗形，花萼與花瓣均呈緋紅色，雄蕊 20～30 枚，花柱與子房無毛。核果，廣卵形，成熟時紅色，直徑 6～7 公釐。

　　產於中國中、南部及琉球；台灣分布於全島低、中海拔之闊葉林中。

果序，核果廣卵形，成熟時紅色，徑 6～7 公釐。

花下垂，鐘狀漏斗形，雄蕊 20～30。花萼與花瓣均呈緋紅色。

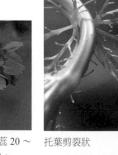

托葉剪裂狀

花開時，新葉尚未開芽。

葉倒卵形至長橢圓狀橢圓形，先端漸尖，細重鋸齒緣，光滑無毛。

葉近基部有腺點

蘭嶼野櫻花（腺葉野櫻桃）

屬名　梅屬
學名　*Prunus marsupialis* Kalkman

常綠喬木，小枝略被毛。葉革質，卵狀橢圓形，長 12 ～ 16 公分，寬 6 ～ 10 公分，先端漸尖，基部有凹陷腺體，下表面脈上被毛。總狀花序，單生或數個簇生，密被褐毛；花白色，萼片與花瓣大小相似。果實球形，直徑 2 ～ 4 公分。

　　產於菲律賓；台灣僅分布於蘭嶼。

果球形，徑 2 ～ 4 公分。

葉革質，卵狀橢圓形。

台灣稠李（塔山櫻）

屬名　梅屬
學名　*Prunus obtusata* Koehne

落葉喬木。葉厚紙質，長橢圓形至卵狀長橢圓形，長 8 ～ 10 公分，寬 3 ～ 4 公分，先端短漸尖，基部圓或淺心形，具 2 腺點，細鋸齒緣，光滑無毛。總狀花序，頂生，有毛或光滑，花序基部有葉子，花白色。核果橢圓形，長約 7 公釐，基部具宿存花萼。

　　產於中國四川、湖北及西藏；台灣分布於中、北部之中海拔山區。

雄蕊多數，著生於萼筒口周圍；柱頭 1。

花序基部有葉子

葉基具 2 腺點

總狀花序，頂生。

葉厚紙質，邊緣細鋸齒狀。

黑星櫻（墨點櫻桃）

屬名　梅屬
學名　*Prunus phaeosticta* (Hance) Maxim. var. *phaeosticta*

常綠喬木，全株無毛。葉近革質，長橢圓狀卵形至長橢圓狀披針形，先端尾狀漸尖，全緣或鋸齒緣，下表面具黑色腺點，富杏仁味。總狀花序，腋生；花瓣圓形，具緣毛。果實球形。

　　產於中國及印度；台灣分布於全島低、中海拔森林中。

花序總狀，花瓣圓形，柱頭1。

葉背具腺點

葉長橢圓形，全緣；果實球形。

花序基部有葉子

冬青葉桃仁 特有種

屬名　梅屬
學名　*Prunus phaeosticta* (Hance) Maxim. var. *ilicifolia* Yamamoto & Kamikoti

葉橢圓形，果實球形。與黑星櫻（見本頁）之區別在於本種葉為鋸齒緣，葉背黑點近無。《台灣維管束植物簡誌》中的圓果刺葉桂櫻（*P. spinulosa* Sieb. & Zucc. var. *globose* Lu & Pan），經模式標本及原始文獻考證後，應為冬青葉桃仁之誤植。

　　分布於梨山、環山及武陵農場一帶之中高海拔森林，模式標本採自宜蘭基力亭至米摩登。

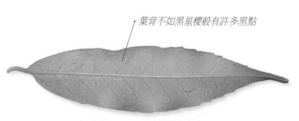

葉背不如黑星櫻般有許多黑點

花白色

葉橢圓形，鋸齒緣。

核果，圓形。

毛柱郁李（庭梅、高嶺梅、花、台灣郁李）特有種

屬名 梅屬

學名 *Prunus pogonostyla* Maxim.

低矮灌木至灌木，高 50 ～ 150 公分。葉於花後生或與花同時開放。葉長橢圓形，長 2 ～ 4 公分，先端短漸尖，基部楔形至闊楔形，細鋸齒緣，上表面深綠色，幾無毛，下表面淡綠色，無毛至略被毛。花單生或雙生，花徑約 2 公分；花萼筒鐘形，萼片狹三角形；花瓣粉紅色或白色；雄蕊 25 ～ 30 枚，雌蕊基部具稀疏柔毛；花梗長約 1 公分，略被毛。核果，球形至扁球形，直徑約 1.2 公分，成熟時鮮紅色。

　　產於苗栗丘陵與大肚台地。

　　根據作者在一原生地觀察發現，花柱基部有疏毛與光滑兩型。而在分類處理上，毛柱郁李與郁李（*P. japonica* Thunb.）的差別，就在於花柱基部是否有毛。因此作者目前無法判別是否兩種共域生長，或為種間連續變異，在此先處理為毛柱郁李。

花瓣粉紅色者

花柱基部無毛者

花柱基部有毛者

花瓣白色者

產於苗栗丘陵與大肚台地之開闊處

核果，球形至扁球形，成熟時鮮紅色。

刺葉桂櫻

屬名　梅屬
學名　*Prunus spinulosa* Sieb. & Zucc.

常綠喬木。葉革質，長橢圓形或狹倒卵形，長
5 ～ 8 公分，寬 1.5 ～ 3 公分，先端銳尖，銳
鋸齒緣或全緣，光滑無毛。總狀花序，長 5 ～
8 公分；萼裂片卵形，細齒緣；花瓣白色，圓
形，細齒緣。果實橢圓形。
　　分布於台灣北部低海拔森林。

花瓣 5 枚白色，
偶 6 枚。

果橢圓形

為常綠喬木

總狀花序

霧社山櫻花 特有種

屬名　梅屬
學名　*Prunus taiwaniana* Hayata

落葉喬木。葉膜質，長橢圓狀卵形，長 3 ～ 6 公分，先端突尖狀漸尖，細鋸齒
緣，下表面脈上密被毛，托葉線狀披針形。花數朵簇生，白色；花梗與花萼被毛；
花瓣 5 枚，長橢圓形，長 8 公釐，先端二裂；花柱下方具少數鬚毛，子房卵形，
無毛。果實廣橢圓形。
　　特有種，分布於台灣中、北部之中海拔山區。

花梗及花萼被毛

花數朵簇生枝上

花盛開之大樹

阿里山櫻花 特有種

屬名 梅屬
學名 *Prunus transarisanensis* Hayata

落葉小喬木或灌木。葉膜質，卵狀長橢圓形，側脈 6 ～ 7 對，弓形，先端尾狀漸尖，銳細鋸齒，下表面側脈被毛。花 2 ～ 3 朵簇生，淡粉紅色，萼片帶紅色。

　　特有種，分布於阿里山、梨山及思源埡口一帶之中海拔山區。

　　《台灣植物誌》（*Flora of Taiwan*）中有一名為太平山櫻花（*Prunus matuurae* Sasaki）者，其特徵為花白色，花梗及花萼光滑無毛，花瓣先端凹，在此處理為阿里山櫻花之異名；這一型除了太平山外，在思源埡口附近亦可見之。

果實不大

葉膜質，卵狀長橢圓形，側脈 6 ～ 7 對。

花 2 ～ 3 朵簇生，淡粉紅色，萼片帶紅色。

花梗基部的苞片，先端齒裂。

葉柄上部具 2 腺體

老樹著花繁茂

稱太平山櫻花者，花白色，花梗及花萼光滑，花瓣先端凹。

黃土樹（大葉桂櫻）

屬名　梅屬
學名　*Prunus zippeliana* Miq.

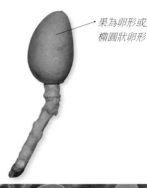

果為卵形或長橢圓狀卵形

常綠喬木，樹皮常具黃土色斑塊。葉薄革質，長橢圓狀卵形，長 10 ～ 20 公分，寬 4 ～ 7 公分，先端銳尖，基部有 1 對腺體，光滑無毛，鋸齒緣。花多朵成總狀花序，白色，略被毛；花瓣闊圓形，長 3 ～ 4 公釐，先端圓鈍；雄蕊多數，花絲基部闊且連生；雌蕊無毛，花柱長 3 ～ 3.5 公釐，硬質。果實卵形或長橢圓狀卵形，長 1 ～ 1.2 公分，徑 3 ～ 3.5 公釐。

　　產於中國、琉球及日本南部；台灣分布於中、北部之中海拔森林。

果為卵形或長橢圓狀卵形

葉鋸齒緣

花序腋生

火刺木屬 PYRACANTHA

常綠灌木，枝多具刺。單葉，互生。花頂生，成簇生狀之圓錐花序或複繖房花序，萼裂片 5，花瓣 5 枚，雄蕊 15 ～ 20 枚，心皮 2 ～ 5，花柱 2 ～ 5。梨果，頂端具宿存花萼。

　　台灣有 1 種。

台東火刺木（台灣火刺木） 特有種

屬名　火刺木屬
學名　*Pyracantha koidzumii* (Hayata) Rehder

梨果扁球形，成熟時橘紅色。

枝多具刺。小枝上之葉 3 ～ 5 枚叢生，葉長橢圓形至倒卵形，長 3 ～ 4.5 公分，寬 0.7 ～ 1.2 公分，先端凹但具小突尖頭，基部楔形，全緣。繖房花序；萼筒鐘狀，外面密被柔毛，萼片三角形；花瓣近圓形或廣卵形，長 3.5 ～ 4 公釐，寬 3 ～ 4 公釐，先端微凹，基部有稀疏柔毛；雄蕊 20 枚，花絲長 2 ～ 3 公釐；花柱 5，離生，與雄蕊等長，子房外被柔毛；花梗長 5 ～ 11 公釐，被稀疏柔毛。梨果扁球形，直徑 6 ～ 8 公釐，成熟時橘紅色，萼片宿存。

　　特有種，分布於台灣東部近海岸河床之灌叢。

台灣特有種，分布於東部近海岸之灌叢中。

葉先端凹但具小突尖頭，全緣。

梨屬 PYRUS

半 常綠或落葉喬木或灌木，枝有時具刺。單葉，互生，芽時內捲。繖形狀之繖房花序；花白色，稀紅色；萼五裂；花瓣5枚；雄蕊20～30枚，花藥常紅色；子房下位，3～5室，花柱2～5。梨果，肉質。

台灣有2種。

豆梨

屬名	梨屬
學名	*Pyrus calleryana* Decne.

果表面具淡色皮孔

常綠喬木，高可達3～5公尺。葉3～4枚聚生於小枝頂端，革質，卵形或橢圓形，長4～8公分，寬3～6公分，細鋸齒緣，葉柄長2～6公分。繖房花序，花6～12朵；花瓣白色，近圓形，先端凹；雄蕊約20枚，柱頭2～3枚；花梗長2～3公分。果實較小，直徑約1公分，具淡色皮孔。

產於越南、中國及日本；台灣分布於北、中部海拔500～1,000公尺之叢林。金門及馬祖亦產。

葉3～4枚聚生於小枝頂端，革質，卵形或橢圓形。

花柱2～3枚

果實較小，直徑約1公分。

台灣野梨 **特有種**

屬名	梨屬
學名	*Pyrus taiwanensis* Iketani & Ohashi

果表面密生皮孔

落葉或半常綠喬木。葉於長枝上互生，於短枝上成3～4枚叢生，肉質或近革質，卵形或闊卵形，細鋸齒緣或圓齒狀細鋸齒緣；葉柄長1～2公分，光滑無毛。繖形狀之繖房花序，花白色，花藥紅色，花柱3～5枚。果實圓球形，直徑較大，2～3公分。

特有種，分布於台灣中部海拔500～1,500公尺之叢林。

花藥紅色

花柱5枚

結果期枝植株，果直徑可達2～3公分。

繖形狀之繖房花序，花白色。

石斑木屬 RHAPHIOLEPIS

常綠小喬木或灌木。單葉，互生，厚革質。花序總狀、圓錐狀或繖房狀；萼筒與子房合生，裂片 5；花瓣 5 枚，白色或粉紅色，有柄；雄蕊 15 ～ 20 枚；子房下位，花柱 2。梨果，近球形。

台灣有 2 種，其中 1 種又分為 3 變種。

刻脈石斑木 特有種

屬名	石斑木屬
學名	*Rhaphiolepis impressivena* Masamune

灌木。葉厚，小，長 1.5 ～ 3 公分，葉形變化大，鋸齒明顯，上表面葉脈凹陷，紋路顯著。花序粗壯，經常密被絨毛。

特有種，目前紀錄以台灣東部中海拔之石灰岩地形為主。

葉較石斑木小

上表面葉脈凹陷，紋路顯著。

恆春石斑木 特有種

屬名	石斑木屬
學名	*Rhaphiolepis indica* (L.) Lindl. *ex* Ker var. *hiiranensis* (Kanehira) H.L. Li

常綠灌木或小喬木。葉倒卵形至長橢圓狀倒卵形，長約 4.5 公分，寬 1.5 ～ 2 公分，先端小尖凸或鈍圓，粗鋸齒緣，但近基部全緣，光滑無毛。圓錐狀聚繖花序，頂生，疏被毛；萼筒鐘形，疏被軟毛，萼裂片三角狀卵形；花瓣白色，倒卵形；花柱 2。果實球形，直徑 5 ～ 8 公釐。

特有變種，分布於台灣南部自恆春半島至台東之灌叢中。

花白色，花柱 2，雄蕊約 15。

花序梗殆光滑，與石斑木之花序密被鏽色絨毛有所不同。

結果期之植株，果成熟時黑紫色，小粒。

石斑木（田代氏石斑木）

屬名	石斑木屬
學名	haphiolepis indica (L.) Lindl. ex Ker var. tashiroi Hayata ex Matsum. & Hayata

常綠灌木或小喬木。葉長橢圓或橢圓形，長 5 ～ 7 公分，寬 1.5 ～ 2 公分，先端銳尖，粗鋸齒緣，但近基部全緣，光滑無毛。圓錐花序，頂生，密被鏽色絨毛；苞片線狀披針形，長 6 ～ 8 公釐；花萼呈筒形，五裂，裂片披針形，被長緣毛；花瓣長菱形，長約 9 公釐；雄蕊多數；花柱二裂。梨果，球形，直徑約 5 公釐，成熟時黑色。

產於中國及印度；台灣分布於中、北部之低海拔地區。

花瓣白泛紅暈

圓錐花序，頂生，密被鏽色絨毛。

結果期，果為球形之梨果。

厚葉石斑木

屬名	石斑木屬
學名	Rhaphiolepis indica (L.) Lindl. ex Ker var. umbellata (Thunb. ex Murray) Ohashi

葉叢生枝頂，橢圓形或倒卵形，長 4 ～ 9 公分，寬 2.5 ～ 3 公分，幼時密被鏽色絨毛，成熟時光滑無毛，全緣或微鋸齒緣，葉背脈紋清晰。花序被褐色絨毛；花萼筒鐘形，五裂，裂片長橢圓形，被毛；花白色，5 瓣，長約 2 公分，花瓣先端不整齊凹裂；雄蕊多數，長短不一，花初開時花絲白色，之後轉為紫紅色；雌蕊與花萼筒合生，柱頭二至三岔，子房下位。

產於日本南部、琉球及小笠原群島；台灣分布於北部近海岸地區及蘭嶼。

未熟果

葉橢圓至倒卵形，質厚。

花序被毛

薔薇屬 ROSA

直立或攀緣灌木,具刺。奇數羽狀複葉,互生,小葉鋸齒緣,托葉部分與葉柄合生。花單生或成繖房或圓錐花序,頂生於小枝上,花兩性,萼五裂,花瓣 5 枚,雄蕊多數,數輪,心皮多數,花柱分離或連合。瘦果,多數,有毛,包於肥大之萼筒內。

琉球野薔薇

屬名	薔薇屬
學名	*Rosa bracteata* Wendl.

全株有毛茸及雙生鉤刺。小葉 5 ～ 9 枚,橢圓形或倒卵形,長1.5 ～ 2.5 公分,寬 0.8 ～ 1.5 公分。花單生或 2 ～ 3 朵,花徑 5 ～9 公分;萼筒外面密被絨毛及腺毛,下方有數枚苞片;花瓣白色,倒卵形,長 2 ～ 2.5 公分,先端凹;花柱僅略凸出花盤,且與花盤緊貼在一起,從外觀無法觀察到花柱。果實球形,直徑約 2 公分,密被毛,成熟時橘色或紅色。

　　產於琉球;台灣分布於淡水關渡、林口、新竹、苗栗、花蓮及台東之沿海地區或墓地、荒野。金門及馬祖亦產。

花柱僅凸出花盤,且與花盤緊貼在一起,從外觀無法觀察到花柱的部分。

花單生或 2 ～ 3 朵,花徑 5 ～ 9 公分,白色。

可見於開闊之丘陵地上

果球形,徑約 2 公分,密被毛;小葉 5 ～ 9 枚。

萼筒外面密被絨毛及腺毛,下方有數枚苞片。

小果薔薇（山木香）

屬名　薔薇屬
學名　*Rosa cymosa* Tratt.

莖疏生倒刺。小葉常5（稀3）枚，橢圓形，長3.5～6公分，寬2～2.8公分，葉背及中肋被毛；托葉線形，與葉柄分離。繖房花序，花多數，花徑約2公分；萼裂片尾狀漸尖，兩面被毛；花瓣白色，倒卵形。果實球形，光滑無毛。

　　近年來的紀錄皆在台灣中部之低海拔地區，稀有。金門亦產。

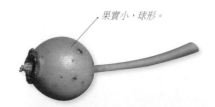
果實小，球形。

花瓣5，雄蕊多數，花徑約2公分。

一回羽狀複葉，小葉通常5枚。

托葉線形，與葉柄分離。

花多數，成繖房花序。

廣東薔薇

屬名　薔薇屬
學名　*Rosa kwangtungensis* T.T. Yu & H.T. Tsai

莖疏生倒刺及毛狀物。小葉 5 ～ 7（偶 9）枚，橢圓形或長橢圓形，長 0.5 ～ 5 公分，寬 0.5 ～ 2 公分，先端圓鈍至銳尖，葉背、葉軸及葉脈被柔毛；托葉大部分合生於葉柄上，邊緣鋸齒狀或流蘇狀。繖房花序，花多數，花徑 1.5 ～ 3 公分；萼片下表面被腺毛；花瓣白色，倒卵形。果實球形，直徑 6 ～ 8 公釐，成熟時紅色。

　　產於中國；台灣分布於西部低海拔之荒野。

花白色，徑 1.5 ～ 3 公分。

花多數，成繖房花序。

果球形，6 ～ 8 公釐，成熟時紅色。

葉背具柔毛

萼片下表面被腺毛

金櫻子

屬名　薔薇屬
學名　*Rosa laevigata* Michx.

莖疏生倒刺。小葉常 3（稀 5）枚，橢圓形或卵形，長 3 ～ 6 公分。花單生，花徑 6 ～ 8 公分，白色；萼筒及花梗密生倒刺，萼裂片下表面具倒刺。果實梨形，密被倒刺。

　　產於中國及日本；台灣分布於台北及南投低海拔之荒野，稀有。

花單生，徑 6 ～ 8 公分，白色。

果梨形，密被倒刺。

常綠攀緣灌木

萼筒及梗密生倒刺，萼裂片下表面具倒刺。

玉山野薔薇 特有種

屬名	薔薇屬
學名	*Rosa morrisonensis* Hayata

小灌木，莖密生成對之刺，刺長
1～3公分。小葉7～13枚，
卵形或長橢圓形，長6～12公
釐，寬5～8公釐，先端平截。
單花頂生，白色，花瓣及萼片均
4枚，花萼先端長漸尖，兩面被
毛，邊緣有腺毛。果實倒卵形。
　　特有種，分布於台灣高海拔
山區。

花瓣4枚

小葉7～13，卵形或長橢圓形。

太魯閣薔薇(小金櫻) 特有種

屬名	薔薇屬
學名	*Rosa pricei* Hayata

莖疏生倒刺。小葉常7枚，卵形至長橢圓形，長0.5～4公分，寬0.5～
2公分；托葉大部分合生於葉柄上，不規則鋸齒緣。花單生，或3～6
朵成聚繖花序；萼筒外有細剛毛；花瓣白色或有紅暈，倒卵形，基部楔
形；花柱有毛；花梗長2～2.5公分。果實球形。
　　特有種，分布於台灣中海拔地區。

花柱有毛

小葉常7，卵形至長橢圓形；花偶有粉紅色暈染。

托葉大部分合生於葉柄上，不規則鋸齒緣。

山薔薇

屬名 薔薇屬
學名 *Rosa sambucina* Koidz.

莖疏生短刺。小葉常5枚，長橢圓形至長橢圓狀倒卵形，長4～8公分，寬2～3公分；托葉全緣，邊緣具腺毛。繖房花序，頂生，花數朵，花徑2～3公分；萼片下表面密被絨毛，花瓣5枚，白色，先端凹；花柱合生成蕊柱。果實卵球形，光滑無毛。

產於中國及日本；台灣分布於全島中、高海拔山區。

花瓣5；萼片下表面密被絨毛。

果卵球形，外表光滑無毛。

本種的葉子是台灣產本屬中最大的

高山薔薇

屬名　薔薇屬
學名　*Rosa transmorrisonensis* Hayata

花瓣先端凹

攀緣灌木，莖具成對或散生之刺。小葉 5 ～ 7 枚，稀 3 枚，橢圓或長橢圓形，長 0.4 ～ 2.5 公分；托葉大部分與葉柄合生，邊緣撕裂狀。花單生、成對或 3 ～ 5 朵成聚繖花序，花徑 1.8 ～ 2.5 公分；萼片上表面被絨毛及腺毛，下表面被毛，邊緣剪裂狀；花柱近光滑。

　　產於菲律賓；台灣分布於高海拔之開闊地。

果序

托葉大部分與葉柄合生，邊緣撕裂狀。

花柱近光滑

小葉 5 ～ 7，稀 3，橢圓或長橢圓形。

萼片表面被毛，邊緣剪裂狀。

懸鉤子屬 RUBUS

直立、攀緣或匍匐灌木或亞灌木。單葉或複葉,托葉與葉柄離生或於基部合生。花單生或成簇生、繖房或圓錐花序,腋生或頂生;萼片 5 枚,花瓣 5 枚,雄蕊多數,心皮多數,離生。聚合果(集生果),由數枚或多枚小核果集生在圓錐形果托上而成。本屬在台灣野外,初步研究尚存有 6 種的雜交種(黃俊溢私人通訊),由於資料尚未完備,在此暫不列入。

羽萼懸鉤子 (粗葉懸鉤子、新店懸鉤子、玉里懸鉤子)

屬名 懸鉤子屬
學名 *Rubus alceifolius* Poir.

單葉,闊卵形至圓形,長 7 ～ 20 公分,寬 6 ～ 18 公分,五至七淺裂,規則鋸齒緣,下表面密被灰白色絨毛狀長柔毛;托葉長橢圓形至圓形,深掌裂或羽裂,裂片線形。花序總狀,或具分枝;萼片卵形或卵狀披針形,密生毛茸,五裂;雄蕊多數。聚合果球形,直徑 1 ～ 2 公分,成熟時鮮紅色,可食。本種的托葉深羽裂,裂片線形為最主要的辨認特徵。

產於中國、緬甸、寮國、柬埔寨、越南、馬來西亞及爪哇等;台灣分布於北、中部之低海拔地區。

雄蕊多數

萼片密生毛茸

單葉,闊卵形至圓形,五至七淺裂,規則鋸齒緣。

托葉深羽裂,裂片線形為本種最主要的辨識特徵。

聚合果,徑 1 ～ 2 公分,成熟時呈鮮紅色。

寒莓

屬名 懸鉤子屬
學名 *Rubus buergeri* Miq.

匍匐或直立亞灌木,密被毛,節上生根;具疏刺,刺長約 1 公釐。單葉,圓形,直徑 4 ～ 15 公分,齒緣,常三至五淺裂,下表面密被粗硬毛;托葉線狀長橢圓形,深剪裂。緊密之總狀花序;萼片卵狀披針形,先端裂;花瓣白色,倒卵形,長 7 ～ 8 公釐,先端圓鈍。聚合果球形,成熟時紅色。

產於中國、日本及韓國;台灣分布於全島海拔 400 ～ 2,000 公尺山區。

花瓣白色,倒卵形,先端圓鈍。

標本照

聚合果球形,成熟時紅色。

葉下表面密被粗硬毛

紅狹葉懸鉤子（栲葉懸鉤子） 特有種

屬名　懸鉤子屬
學名　*Rubus cardotii* Koidz.

莖成之字形彎曲，光滑無毛，具刺疏，刺長 3 ～ 4 公釐。小葉 5 ～ 7 枚，長橢圓狀披針形或披針形，不規則鋸齒或重鋸齒緣，兩面無毛，托葉線形或線狀披針形。花 1 ～ 2 朵，花徑 2.5 ～ 5 公分，萼外疏被無柄之褐色腺體。本種的辨識特徵為其莖及葉光滑或近無毛，葉長橢圓狀披針形。

　　特有種，分布於全台海拔 100 ～ 2,800 公尺山區。

花 1 ～ 2 朵，花徑 2.5 ～ 5 公分。

小葉 5 ～ 7 枚

本種的辨識特徵為其莖及葉光滑或近無毛，葉長橢圓狀披針形。

變葉懸鉤子（毛萼懸鉤子）

屬名　懸鉤子屬
學名　*Rubus corchorifolius* L. f.

莖幼時被毛；具刺疏，刺長達 5 公釐。單葉，長橢圓狀卵形，長 4 ～ 12 公分，寬 3 ～ 9 公分，不裂至三深裂，僅脈上被毛，鋸齒或重鋸齒緣；托葉線狀披針形，長約 5 公釐。花常單生，萼片三角狀卵形，外被白毛。聚合果卵形。辨識特徵為萼片外被白毛。

　　產於日本、韓國、中南半島及中國；台灣分布於全島低海拔地區。

花常單生

單葉，長橢圓狀卵形，不裂至三深裂。

辨識特徵為萼片外被白毛

台灣懸鈎子

屬名　懸鈎子屬
學名　*Rubus formosensis* Ktze.

莖幼時密被絨毛；刺無，或小而少。單葉，
闊卵形或圓形，長 5 ～ 15 公分，寬 5 ～
14 公分，三至五淺裂，不規則鋸齒緣，下
表面被灰白色或黃褐色絨毛；托葉長橢圓
形，先端全緣至條裂。總狀花序，腋生或
頂生；萼片三角形至卵形，外面密被綿毛。
聚合果球形或闊卵形，成熟時紅色。

　　產於中國華南；台灣分布於低、中海
拔之乾燥地或岩石地。

聚合果球形或闊卵形，成熟時紅色。

托葉長橢圓形，先端全緣至條裂。

葉下表面被灰白色或黃褐色絨毛

單葉，闊卵形或圓形，三至五淺裂，不規則鋸齒緣。

橀葉懸鈎子(蘭嶼橀葉懸鈎子)

屬名　懸鈎子屬
學名　*Rubus fraxinifolius* Poir.

莖暗紅色，被粉；刺疏，長約 5 公釐。小葉 5 ～ 9 枚，長 5 ～ 10 公分，寬 1.5 ～ 3.5
公分，細鋸齒緣，兩面光滑，僅下表面脈上略被毛，托葉線形。圓錐花序，頂生；
萼片卵狀披針形，外面常有無柄腺體。聚合果橢圓形。辨識特徵為其小葉通常 7 ～
9 枚，有一甚大的圓錐花序。

　　產於爪哇、婆羅洲、菲律賓、蘇拉威西島、
摩鹿加群島、新幾內亞及索羅門群島；台灣分
布於全島低中海拔地區。

花五瓣，此朵雄蕊部分
瓣化為額外的小花瓣。

圓錐花序頂生，大型。

辨識特徵為小葉通常 7 ～ 9 枚

刺懸鉤子 特有種

屬名　懸鉤子屬
學名　*Rubus hirsutopungens* Hayata

灌木，莖有時被腺毛，刺長 2 ～ 5 公釐。小葉 5 ～ 9（11）枚，重鋸齒緣，兩面被刺毛；托葉線形，長 2 ～ 7 公釐，有緣毛。花單生，粉紅色，萼片外面被剛毛狀腺毛。

　　特有種，分布於台灣高海拔山區。

花單生，粉紅色。

萼片外面被剛毛狀腺毛

灌木，莖有時被腺毛，刺長 2 ～ 5 公釐。

小葉重鋸齒緣

裂葉懸鉤子（卑南懸鉤子）

屬名　懸鉤子屬
學名　*Rubus howii* Merr.

莖攀緣，密被絨毛及鉤刺。單葉，長橢圓狀披針形，先端漸尖，基部心形，兩邊在近基部有一至二寬卵狀不明顯分裂，鋸齒緣，下表面被絨毛；葉柄長 1 ～ 2 公分，被絨毛；托葉半至深剪裂。總狀花序，花 3 ～ 5 朵，白色，雄蕊下半被毛。台灣的本類群之形態與真正的裂葉懸鉤子有許多不同，可能為一新種。

　　台灣僅發現於花蓮及台東海拔 800 ～ 1,500 公尺之林道邊緣。

葉基心形，兩邊在近基部有一至二寬卵狀不明顯分裂。

白絨懸鈎子(白毛懸鈎子)

屬名　懸鈎子屬
學名　*Rubus incanus* Sasaki *ex* T.S. Liu & T.Y. Yang

葉背密被銀白色絨毛

枝初有細柔毛，漸變光滑，刺疏生。小葉3～7枚，近菱形，鋸齒或重鋸齒緣，下部全緣，下表面被銀白色綿毛。總狀花序，花粉紅色；萼片三角狀卵形，密被綿毛。聚合果球形，直徑0.8～1.2公分，成熟時紅色。本種與裏白懸鈎子（見第375頁）相近，但本種的葉子大多為5～7枚，而後者則以3枚為主。

　　產於亞洲地區，包括喀什米爾、尼泊爾、錫金、阿薩姆邦、泰國、緬甸、越南、印度、中國東南部、斯里蘭卡及馬來西亞；台灣分布於中、高海拔地區。

聚合果球形，成熟時紅色；萼片三角狀卵形，密被綿毛。

花粉紅色

本種的小葉大多為5～7枚

紅花懸鈎子(李棟山懸鈎子)

屬名　懸鈎子屬
學名　*Rubus inopertus* (Focke *ex* Diels) Focke

莖光滑或略被毛；刺少，長達3公釐。小葉9～11枚，卵形至卵狀披針形，長3～8公分，寬1.5～4公分，重鋸齒緣，下表面僅脈上被毛，托葉線形。花簇生或成繖形花序，粉紅色，萼裂片三角狀卵形。聚合果球形。

　　產於中國及越南；台灣分布於中、北部之中海拔地區。

聚合果球形，簇生。

小葉9～11，卵形至卵狀披針形。

花粉紅色

高粱泡

屬名　懸鉤子屬
學名　*Rubus lambertianus* Ser. *ex* DC. var. *lambertianus*

落葉灌木，莖有鉤刺。單葉，卵形至卵狀長橢圓形，長 6 ～ 12 公分，寬 3 ～ 8 公分，略三至五淺裂，齒緣，下表面密被黃褐色或白色柔毛；托葉披針形，剪裂。圓錐花序，頂生；萼片三角狀卵形，外面被綿毛及長毛。聚合果球形，成熟時紅橘色。

　　產於中國南部及日本；台灣分布於中海拔之灌叢。

花半張開

葉下表面脈上密被柔毛

聚合果球形，熟時紅橘色。

單葉，卵形至卵狀長橢圓形。

尾葉懸鉤子（鱗萼懸鉤子） 特有種

屬名　懸鉤子屬
學名　*Rubus lambertianus* Ser. *ex* DC. var. *morii* (Hayata) S.S. Ying

莖近光滑；刺常疏，長 1 ～ 2 公釐。單葉，闊卵形，先端長尾狀，不裂或三至五淺裂，下表面光滑；托葉橢圓狀披針形，羽裂。圓錐花序，頂生；萼片三角狀披針形，先端偶裂。聚合果球形，成熟時紅橘色。

　　特有變種，分布於台灣中、北部及東部中高海拔山區。

果序，聚合果球形，熟時紅橘色。

葉先端長尾狀

葉背光滑無毛

萼片三角狀披針形，先端偶裂。

細葉懸鉤子（霧社懸鉤子） 特有種

屬名 懸鉤子屬
學名 *Rubus linearifoliolus* Hayata

莖被黏性腺體，不被毛，刺疏。小葉 7 ～ 11 枚，重鋸齒緣，兩面近光滑；托葉線形，長約 5 公釐。花 1 ～ 2 朵，腋生或頂生，花徑 3 ～ 5 公分；萼筒外面光滑無毛，萼片長三角形，外面被腺體。與紅狹葉懸鉤子（見第 370 頁）及虎婆刺（見第 380 頁）相似，差別在於本種莖被有黏性腺體，小葉 7 ～ 11（花枝小葉 5）枚。

　　特有種，分布於台灣中部之中高海拔地區。

花徑 3 ～ 5 公分

萼片長三角形，外面被腺體。

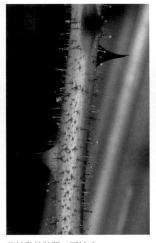
莖被黏性腺體，不被毛。

與紅狹葉懸鉤子及虎婆刺相似，差別在於本種莖被有黏性腺體，小葉 7 ～ 11（花枝小葉 5）枚。

柳氏懸鉤子（宜蘭懸鉤子） 特有種

屬名 懸鉤子屬
學名 *Rubus liuii* Yuen P. Yang & S.Y. Lu

常綠蔓性灌木。單葉，橢圓狀披針形，長 7 ～ 10 公分，寬 2 ～ 2.5 公分，疏鋸齒緣，下表面密被黃褐色絨毛，托葉線形至線狀披針形。總狀花序，花 4 ～ 15 朵；萼片披針形，外表具褐色絨毛；花瓣粉紅色，早落。

　　特有種，分布於台灣中、北、東部之中海拔山區。

萼片外表被褐色絨毛

單葉，橢圓狀披針形，疏鋸齒緣，下表面密被黃褐色絨毛。

花瓣粉紅色

果序

裏白懸鉤子

屬名	懸鉤子屬
學名	*Rubus mesogaeus* Focke *ex* Diels

莖幼時被毛；刺疏，長達 4 公釐。小葉 3 枚，鋸齒或重鋸齒緣，下表面被白色絨毛，托葉線形至線狀披針形。聚繖花序，花 4 ～ 15 朵，粉色，萼片披針形。聚合果球形，成熟時紫黑色或紅色。本種與白絨懸鉤子（見第 373 頁）相近，但本種的小葉大多為 3 枚，而後者則以 5 ～ 7 枚為主。

　　產於中國及日本；台灣分布於中部中海拔山區。

小葉 3 枚

本種與白絨懸鉤子相近，但本種的小葉大多為 3 枚，而後者則以 5 ～ 7 枚為主。　　果成熟時紅色　　聚合果亦有紫黑色者

裂緣苞懸鉤子

屬名	懸鉤子屬
學名	*Rubus moluccanus* L.

莖幼時密被毛；刺疏，長不及 1 公釐。單葉，卵形至卵狀長橢圓形，三或五淺裂，不規則圓齒緣，下表面密被黃褐色絨毛；托葉羽狀深裂，密被毛。短總狀花序，腋生；萼筒密被綿毛，萼片三角狀卵形。

　　產於澳洲、紐西蘭及印度；台灣分布於蘭嶼，僅發現於紅頭山近山頂之灌叢中，稀有。

葉三或五淺裂，下表面密被黃褐色絨毛。

僅發現於蘭嶼紅頭山近山頂之灌叢中，稀有。　　托葉羽狀深裂，密生毛。（郭明裕攝）

大同灰葉懸鉤子

屬名 懸鉤子屬
學名 *Rubus nagasawanus* Koidz. var. *nagasawanus*

蔓性灌木，小枝有紅色長腺毛及伏毛、疏刺。葉闊卵形，深五裂，上表面沿脈稍有粗毛，下表面具灰黃色絨毛；托葉葉緣撕裂，被腺毛、軟毛及刺。聚繖狀圓錐花序，頂生，被紅色腺毛及絨毛；萼片三角狀卵形，外被灰色絨毛及稀腺毛；花瓣倒卵形至匙狀圓形，白色。聚合果球形，成熟時紫黑色。與灰葉懸鉤子（見下頁）之差別在於本種的枝條密生刺及腺毛。

產於東南亞；分布於台灣東北角之低海拔地區。

花白色

聚合果球形，熟時紫黑色。

葉深五裂

與灰葉懸鉤子之差別在於本種的枝條密生刺及腺毛。

聚繖狀圓錐花序，頂生。

灰葉懸鉤子 特有種

屬名 懸鉤子屬
學名 *Rubus nagasawanus* Koidz. var. *arachnoideus* (Y.C. Liu & F.Y. Lu) S.S. Ying

莖密被灰色伏毛狀絨毛，刺疏或無刺。單葉，卵形至闊卵形，長 5 ～ 7 公分，寬 4 ～ 6 公分，三至五裂，不規則齒緣，下表面密被灰色伏毛狀絨毛；托葉長 4 ～ 6 公釐，剪裂。圓錐花序；萼片三角狀卵形，外面被白色伏毛狀柔毛。聚合果球形，成熟時由紅轉紫黑色。

特有變種，分布於台灣東部低海拔地區。

萼片三角狀卵形，外面被白色伏毛狀柔毛。

托葉邊緣剪裂狀；與大同灰葉懸鉤子之差別在於本種的枝條無刺及腺毛。

單葉，卵形至闊卵形，三至五裂，不規則齒緣。

聚合果球形，熟時由紅轉紫黑色。

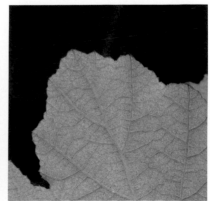
葉下表面密被灰色伏毛狀絨毛

紅泡刺藤

屬名 懸鉤子屬
學名 *Rubus niveus* Thunb.

小葉常 7 ～ 9 枚，背面被白色絨毛。

攀緣灌木，高 1 ～ 2 公尺。小葉常 7 ～ 9 枚，稀 5 或 11 枚，花枝的小葉常為 5 枚，橢圓形、卵狀橢圓形或菱狀橢圓形，頂小葉卵形或橢圓形，僅稍長於側生者，長 1.8 ～ 3 公分，寬 0.7 ～ 2.2 公分，上表面無毛，下表面密被白色絨毛，頂小葉有時二至三裂。繖形狀繖房花序，花序梗及花梗被絨毛狀柔毛；花萼外面密被絨毛，萼片三角狀卵形或三角狀披針形，長 5 ～ 6 公釐，先端急尖或突尖；花瓣近圓形或寬卵形，粉紅色，短於萼片，長約 3.5 公釐，寬約 3 公釐；花絲長約 4 公釐；雌蕊多數，子房及花柱基部密被灰白色絨毛；花梗長 0.5 ～ 1 公分。聚合果半球形，直徑 8 ～ 12 公釐，成熟時深紅色，密被灰白色絨毛。

產於東南亞、印度至中國；台灣目前僅見於南橫利稻之公路旁。

聚合果半球形

繖房花序或短圓錐狀花序，花半張，不全展開。

攀緣灌木

小楤葉懸鉤子 特有種

屬名 懸鉤子屬
學名 *Rubus parviaraliifolius* Hayata

莖被細毛；刺稀疏，長約 3 公釐。小葉大多 5 枚，有時在花枝小葉為 3 枚，不規則重鋸齒緣，下表面密被灰色長柔毛，托葉長近 1 公分。總狀或圓錐花序，頂生，花粉紅色；萼片長橢圓狀三角形，被軟毛及腺狀剛毛。聚合果球形。

特有種，分布於台灣全島中高海拔山區。

頂生總狀或圓錐花序，花粉紅色。

小葉大多為 5 枚，有時在花枝小葉為 3 枚。

紅梅消

屬名	懸鉤子屬
學名	*Rubus parvifolius* L.

莖被毛,刺多或少。小葉3~5枚,倒卵形至菱形,常三淺裂,不規則齒緣,下表面密被白絨毛,托葉長達1.5公分。總狀或繖房花序;萼片先端突漸尖,下表面有許多的毛狀物及短刺;花瓣粉紅色,直立,不全開展。聚合果球形,成熟時紅橘色。

產於日本、韓國及中國;台灣分布於全島低海拔地區。

花半開展

聚合果球形,熟時紅橘色。

小葉3~5,倒卵形至菱形,常三淺裂。

萼片先端突漸尖,下表面有許多的毛狀物及短刺。

葉下表面密被白絨毛

小梣葉懸鉤子 特有種

屬名	懸鉤子屬
學名	*Rubus* × *parvifraxinifolius* Hayata

小葉3~7,偶9枚,重鋸齒緣,頂小葉橢圓形;托葉線形或絲狀,附生於葉柄基部。花少,一至數朵成頂生之繖房花序,白色,花徑1~2公分。本種為雜交種,植株同時雜帶有刺莓(見第383頁)的黃色腺點、細葉懸鉤子(見第374頁)的紅色腺點。

特有種,分布於台灣海拔1,000~3,000公尺山區。

小葉3~7,偶9枚,重鋸齒緣。

刺萼寒梅

屬名　懸鉤子屬
學名　*Rubus pectinellus* Maxim.

匍匐性亞灌木,莖於節上生根,被毛;刺相當密,長達 2 公釐。單葉,圓形或腎形,常三淺裂,細齒緣,兩面被疏柔毛;托葉近扇形,剪裂,裂片線形。花常單生,偶 2～3 朵,花徑可達 2.5 公分;萼片卵形至卵狀披針形,先端尾狀,具毛及刺,邊緣齒狀。

　　產於中國、日本至菲律賓;台灣分布於全島中海拔地區。

萼片卵形至卵狀披針形,先端尾狀,具毛和刺,邊緣齒狀。

單葉,圓或腎形,常三淺裂,細齒緣,兩面被疏柔毛。

玉山懸鉤子 特有種

屬名　懸鉤子屬
學名　*Rubus pentalobus* Hayata

匍匐狀小灌木,刺少而小,節上生根。單葉,圓形,直徑 3～6 公分,三或五淺裂,不規則圓齒緣,下表面密被灰白絨毛,托葉先端深裂。花單生或數朵成總狀花序,萼片闊卵形。聚合果球形,成熟時黃色。

　　特有種,分布於台灣全島中高海拔地區。

花常單生

聚合果球形,成熟時黃色。

單葉,圓形,三或五淺裂。

匍匐狀小灌木,刺少而小,節上生根。

虎婆刺（薄瓣懸鉤子）特有種

屬名　懸鉤子屬
學名　*Rubus piptopetalus* Hayata *ex* Koidz

莖密被長腺毛、短柔毛及紅刺；刺疏，長 4 公釐。小葉 3 ～ 5（幼莖可達 10）枚，卵狀長橢圓形至披針形，先端漸狹，重鋸齒緣，兩面被展開狀軟毛，托葉線形至線狀披針形。花單朵至數朵頂生，花徑 2.5 ～ 5 公分；萼片三角狀長橢圓形，先端長尾狀。聚合果卵形至球形。本種是一變異甚大的複合種，主要特徵為莖及萼片密被紅色長腺毛或短柔毛。

　　特有種，台灣分布於全島低海拔地區。

萼片三角狀長橢圓形，先端長尾狀。

花單至數朵頂生，花徑 2.5 ～ 5 公分。

本種是一變異甚大的複合種，主特徵為莖及萼片密被紅色長腺毛或短柔毛。

聚合果成熟時紅色

梨葉懸鉤子（太平山懸鉤子）

屬名　懸鉤子屬
學名　*Rubus pyrifolius* J.E. Smith

蔓性灌木；莖幼時密被毛，毛漸脫落；刺少。單葉，長橢圓狀披針形至卵形，鋸齒狀圓齒緣，下表面近光滑，僅脈上有毛；托葉線狀披針形，先端三至五裂。圓錐花序，頂生；萼片三角形至卵形；花瓣白綠色，先端齒裂。一至三小果成聚合果，成熟時紅色。

　　產於中國、寮國、越南、泰國、蘇門答臘、蘇拉威西島及菲律賓；台灣分布於低中海拔之闊葉林中。

花柱先端紅色

一至三小果集生成聚合果

花瓣白綠色，先端齒裂。

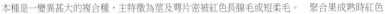

單葉，長橢圓狀披針形至卵形。

常成群出現在林道邊緣

胡氏懸鉤子

屬名 懸鉤子屬
學名 *Rubus reflexus* Ker var. *hui* (Diels *ex* H.H. Hu) F.P. Metcalf

莖密被褐色絨毛，刺長約 1 公釐。單葉，闊卵形，長 10～17 公分，寬 7～11 公分，五裂，鋸齒緣，下表面密被金褐色絨毛；托葉倒卵形，深裂。總狀花序或數朵花在葉腋生；萼片三角形至卵形，先端剪裂，外被褐色長毛。

　　產於中國；台灣分布於北部及南部海拔 300～1,200 公尺山區。

托葉倒卵形，深裂。

萼片三角形至卵形，先端剪裂，外被褐色長毛。

單葉，闊卵形，5 裂，下表面密被金褐色絨毛。

高山懸鉤子

屬名　懸鉤子屬
學名　*Rubus rolfei* Vidal

莖長而匍匐，節上生根，幼時密被鏽色毛狀物，刺少而小。單葉，寬卵形，長 6 ～ 12 公分，寬 5 ～ 10 公分，三或五淺裂，不規則圓齒緣，下表面密被鏽色絨毛；托葉長橢圓形至卵形，長可達 1.2 公分，前半部淺至深剪裂。花數朵成總狀花序，萼片寬卵形。聚合果球形。

　　產於菲律賓；台灣目前僅發現於塔塔加至排雲山莊及南橫埡口一帶海拔 2,600 ～ 3,300 公尺山區，稀有。

葉背棕褐色（黃俊溢攝）

花白色（黃俊溢攝）

有花苞之植株（黃俊溢攝）

植株（黃俊溢攝）

刺莓

屬名　懸鉤子屬
學名　*Rubus rosifolius* J.E. Smith

植株被無柄腺體，莖被細而展開之毛。小葉 5 ～ 7 枚，開花枝常為 3 枚，重鋸齒緣，下表面被展開之軟毛；托葉線形，長 4 ～ 8 公釐。花單生或數朵，花徑 2 ～ 3 公分；花萼被展開之毛及許多無柄腺體，萼片線狀三角形。聚合果卵形至橢圓形。本分類群變異甚大。

　　產於中國、印度、東南亞至日本；台灣分布於低至中海拔之林緣。

花單生或數朵

三出葉，頂小葉菱狀卵形。（郭明裕攝）

棕紅懸鉤子（玉里懸鉤子）

屬名　懸鉤子屬
學名　*Rubus rufus* Focke

莖密生刺與絨毛，刺細柔，長 4 公釐。單葉，闊心狀卵形，長 5 ～ 8 公分，五淺裂，不規則鋸齒緣，下表面被白色絨毛；托葉卵形至卵狀長橢圓形，羽裂或剪裂。花 3 ～ 6 朵成總狀花序；萼筒外面密被絨毛及刺毛，萼片長橢圓狀卵形，先端具 1 ～ 3 刺毛。

　　產於中國、越南及泰國；台灣僅分布於新竹觀霧、屏東霧台及花蓮玉里等山區，稀有。

花瓣白色

花 3 ～ 6 朵成總狀花序，萼筒外面密被絨毛及刺毛。

莖密生刺與絨毛，刺細柔。托葉邊緣羽裂或剪裂。

單葉，闊心狀卵形，5 淺裂，不規則鋸齒緣。

葉下表面被白色絨毛

紅腺懸鉤子

屬名　懸鉤子屬
學名　*Rubus sumatranus* Miq.

莖被許多長 5 公釐之紅色剛毛狀腺毛，亦被散生之短柔毛，刺長達 8 公釐。小葉 5 ～ 7 枚，鋸齒至重鋸齒緣，下表面被長柔毛及腺毛，托葉線形至線狀披針形。花萼被柔毛及腺狀剛毛，萼片狹三角形，花瓣長橢圓形。聚合果長橢圓形，宿存花萼在果熟時反捲。`

　　產於日本、印度、泰國、寮國、越南、中國南部、蘇門答臘、馬來西亞及爪哇；台灣分布於南投埔里、國姓、魚池、台中東勢及新社等地，不常見。

花萼被柔毛及腺狀剛毛，萼片狹三角形。（許天銓攝）

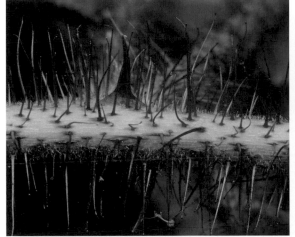

莖被許多長 5 公釐之紅色剛毛狀腺毛（許天銓攝）

聚合果長橢圓形（許天銓攝）

花瓣長橢圓形（許天銓攝）

小葉 5 ～ 7 枚，鋸齒至重鋸齒緣。（許天銓攝）

斯氏懸鉤子

屬名	懸鉤子屬
學名	*Rubus swinhoei* Hance var. *swinhoei*

莖幼時被捲毛狀絨毛，刺少至多，長 1 ～ 3 公釐。單葉，長橢圓狀披針形至卵形，不規則重鋸齒緣至鋸齒緣，下表面近光滑或被灰色絨毛；托葉卵狀長橢圓形至披針形，先端全緣或鋸齒緣。花單生或 3 ～ 7 朵成纖形花序，花梗被長腺毛，萼片三角狀卵形，外被絨毛及長腺毛。

　　產於中國南部；台灣分布於北、中部之低中海拔山區。

花白色

花梗被長腺毛，花萼外被絨毛及長腺毛。

單葉，長橢圓狀披針形至卵形。

桑葉懸鉤子 特有種

屬名	懸鉤子屬
學名	*Rubus swinhoei* Hance var. *kawakamii* (Hayata) S.C. Liu

莖幼時被絨毛，刺疏。單葉，長橢圓形至長橢圓狀卵形，長 6 ～ 12 公分，寬 2.5 ～ 5 公分，不規則鋸齒緣，下表面脈上略被短柔毛；托葉長橢圓形，長達 1 公分，全緣或數齒緣。總狀花序，頂生；萼片三角狀卵形，先端具尖頭，外面被短柄之腺體，花梗及萼片被毛，無刺。聚合果圓形。

　　特有變種，分布於台灣中海拔山區。

萼片外面被短柄之腺體，花梗及萼片被毛，無刺。

單葉，長橢圓形至長橢圓狀卵形。

刺花懸鉤子（刺萼懸鉤子、台東懸鉤子）

屬名　懸鉤子屬

學名　*Rubus taitoensis* Hayata

莖被毛，具疏生刺。單葉，闊卵形，長 5 ～ 6 公分，不裂或三淺裂或三深裂，齒狀鋸齒緣，下表面灰色，被短毛；托葉線形，長 5 ～ 7 公釐。花單生或 2 ～ 3 朵，萼片三角狀披針形，先端長刺狀，表面具刺。聚合果球形，成熟時橘紅色。

　　特有種，分布於台灣中海拔山區。

萼片三角狀披針形，先端長刺狀。

花萼下表面具刺

莖被毛與稀疏的刺

葉下表面灰色，被短毛。

單葉，闊卵形。

單葉，長橢圓形至長橢圓狀卵形。

台灣莓 特有種

屬名	懸鉤子屬
學名	*Rubus taiwanicolus* Koidz. & Ohwi

矮小亞灌木，高僅至 10 公分。小葉 9 ～ 15 枚，鋸齒緣，下表面光滑，僅
脈上略被刺毛；托葉線狀披針形，長達 1 公分。花單生或 1 對，萼片卵狀三
角形。聚合果近球形，成熟時紅色。

特有種，分布於台灣中高海拔山區。

花單生或 1 對

矮小，高僅至 10 公分；小葉 9 ～ 15 枚。

聚合果近球形，成熟時紅色。

粗毛懸鉤子 (高砂 懸鉤子)

屬名	懸鉤子屬
學名	*Rubus tephrodes* Hance var. *setosissimus* Hand.-Nazz.

全株密被粗腺毛及鉤刺。單葉，圓形或卵形，長 5 ～
7 公分，不規則齒緣，下表面密被灰色伏毛；托葉線
狀披針形，剪裂至羽裂，被刺毛及剛腺毛。大型圓錐
花序，萼片外表具粗腺毛。

產於中國華中至華西；台灣東部之低中海拔地區
較多。

葉下表面密被灰色伏毛

花白色

果序，大型圓錐狀。

全株密被粗腺毛及鉤刺

單葉，圓形或卵形，不規則齒緣。

苦懸鉤子

屬名　懸鉤子屬
學名　*Rubus trianthus* Focke

落葉性攀緣灌木，莖暗紫色；散生鉤刺，長5公釐。單葉，卵形至卵狀長橢圓形，不裂至三深裂，不規則鋸齒或重鋸齒緣，兩面光滑無毛，下表面常灰色或白色；托葉線狀披針形，長5～10公釐。花數朵成總狀花序；萼片三角狀卵形至披針形，外面無毛。

　　產於中國；台灣分布於中、高海拔之路旁或伐木跡地。

單葉，卵形至卵狀長橢圓形，不裂至三深裂，兩面光滑；萼片無毛。

東南懸鉤子（周毛懸鉤子）

屬名　懸鉤子屬
學名　*Rubus tsangorum* Hand.-Mazz.

常綠蔓性小灌木，莖及葉柄密被紅褐色長腺毛和淡黃色長柔毛。單葉，心形至闊心形，先端漸尖，基部心形，掌狀三至五淺裂，邊緣有尖鋸齒，兩面被柔毛及腺毛；托葉羽狀深裂，裂片線形。短總狀花序，腋生，花5～12朵，白色，萼片外表密生紅腺毛。聚合果扁球形，直徑約1公分，成熟時暗紅色。本種的主要辨識特徵為其全株密被紅色長腺毛。

　　產於中國；分布於台灣北部低海拔之路旁或灌叢。

萼片外表密生紅腺毛

單葉，心形至闊心形，掌狀三至五淺裂。

托葉羽狀深裂，裂片線形。本種的主要特徵為其全株密被紅色的長腺毛。

鬼懸鉤子

屬名	懸鉤子屬
學名	*Rubus wallichianus* Wight & Arnott

蔓性灌木，莖被短毛及許多展開長達 7 公釐之紅色剛毛，刺少。小葉 3 枚，齒狀突尖緣，下表面略帶灰色並在脈上被短毛。繖形花序，花 4 ～ 8 朵；萼片三角狀卵形，先端突尖，兩面被絨毛。聚合果成熟時黃橘色。

產於中國、喜馬拉雅山區、澳洲及菲律賓；台灣分布於全島低中海拔地區。

果熟黃橘色

莖被許多展開長達 7 公釐之紅色剛毛

果序，繖形而短小。

小葉 3 枚

地榆屬 SANGUISORBA

直立草本。羽狀複葉，小葉鋸齒緣，托葉部分與葉柄合生。花緊密排列成穗狀，花兩性，4 數，花盤近球形而於上端縮小，萼片花瓣狀，花瓣缺，雄蕊 4 枚，2 強，心皮 1 ～ 2。瘦果，包被於增大呈四角形之花盤內。

台灣地榆

屬名	地榆屬
學名	*Sanguisorba officinalis* L. var. *longifolia* (Bertol.) T.T. Yu & C. L. Li

直立草本。羽狀複葉，基生葉具 5 ～ 15 枚小葉，莖生葉具 3 枚小葉，托葉長約 1 公分。花緊密排列成穗狀，花序紅紫色；花兩性，4 數，花盤近球形而於上端縮小，萼片花瓣狀，花瓣缺，雄蕊 4 枚。

產於中國、印度、蒙古、韓國及西伯利亞；台灣分布於桃園楊梅台地，稀有。

台灣僅分布於桃園楊梅台地，極稀有。

羽狀複葉，基生葉具 5 ～ 15 枚小葉。

花緊密排列成穗狀；萼片花瓣狀，4 枚；雄蕊 4 枚。

五蕊莓屬 SIBBALDIA

草本。僅具基生葉，三出複葉，托葉與葉柄合生。花成近繖房花序，兩性，萼片5枚，與副萼片互生，花瓣5枚，雄蕊5枚，心皮5～10。瘦果5～10枚。

五蕊莓

屬名	五蕊莓屬
學名	*Sibbaldia procumbens* L.

草本。僅具基生葉，三出複葉，小葉楔形至倒卵形，長1～2公分，寬5～6公釐，先端平截，具3齒，兩面密被直毛，托葉與葉柄合生。花成近繖房花序，兩性；萼片5枚，與副萼片互生；花瓣5枚，黃色；雄蕊5枚。瘦果5～10枚。

　　產於歐洲、北美洲、日本及韓國；台灣分布於高海拔山區。

花瓣5枚，黃色。　　　　三出複葉，被長毛。

花楸屬 SORBUS

落葉小喬木。羽狀複葉，互生；小葉無柄，銳鋸齒緣；托葉早落。繖房花序，頂生；萼筒被長柔毛，五裂，裂片三角形；花瓣5枚，白色；雄蕊20枚；心皮2～5，離生，下位或半下位，花柱3～5。梨果，呈漿果狀，花萼宿存。

巒大花楸 特有種

屬名	花楸屬
學名	*Sorbus randaiensis* (Hayata) Koidz.

落葉小喬木。羽狀複葉，小葉15～21枚，長橢圓狀披針形，基部圓或鈍，歪斜，銳鋸齒緣。大型繖房花序，頂生；萼筒被長柔毛，五裂，裂片三角形；花瓣5枚，白色；雄蕊20枚；心皮2～5，離生，下位或半下位，花柱3～5。梨果，球形，花萼宿存。

　　特有種，分布於台灣中高海拔山區。

大型繖房花序，頂生，花白色。

雄蕊約20，花柱3～5。

羽狀複葉，小葉15～21，鋸齒緣。

梨果，球形，花萼宿存。

落葉小喬木

繡線菊屬 SPIRAEA

落葉灌木。單葉,圓齒緣或鋸齒緣,無托葉。花兩性,成聚繖、繖形、繖房或圓錐花序;萼五裂,花盤肉質,與萼筒合生;花瓣 5 枚,白色;雄蕊多數,著生於萼筒上緣;心皮 5 或多數。蓇葖果,5 或多數。

台灣繡線菊 特有種

屬名	繡線菊屬
學名	*Spiraea formosana* Hayata

小枝密被毛。葉卵形,長 4 ～ 8 公分,寬 2 ～ 3 公分,重鋸齒緣,下表面被短毛,脈上最明顯,葉柄被毛。聚繖狀繖房花序,頂生;雄蕊多數,花藥粉紅色。

特有種,分布於台灣高海拔山區。

小枝密被毛

雄蕊尚未展開前呈蜷縮狀

頂生聚繖狀繖房花序,雄蕊多數,花藥粉紅色。

葉下表面被短毛,脈上最明顯。

葉卵形,重鋸齒緣。

假繡線菊 特有種

屬名 繡線菊屬
學名 *Spiraea hayatana* H.L. Li

小枝微被毛。葉長卵形,長 2 ～ 3.5 公分,寬 1 ～ 1.8 公分,銳重鋸齒緣,兩面光滑無毛;葉柄具翼,被短毛。聚繖花序,頂生;萼五裂,外表被毛;花瓣5 枚,白色;雄蕊多數。蓇葖果 5。
　　特有種,分布於中部高海拔山區。

果序,果為蓇葖果。

花序,花瓣 5,白色。

葉長卵形,銳重鋸齒緣。

葉兩面光滑無毛

玉山繡線菊 特有種

屬名 繡線菊屬
學名 *Spiraea morrisonicola* Hayata

全株光滑無毛。葉長 1 ～ 2 公分,寬 8 ～ 12 公釐,上半部細齒緣,下半部全緣。繖房花序,頂生;花紅色或粉紅白。蓇葖果 5。本種與假繡線菊(見本頁)常混淆,惟本種植株及葉較小,仍有所區別。
　　特有種,分布於台灣高海拔山區。

葉光滑無毛

葉在本屬中較小,長 1 ～ 2 公分,寬 8 ～ 12 公釐。

結果之植株,可見蓇葖果。

笑靨花

屬名　繡線菊屬
學名　*Spiraea prunifolia* Sieb. & Zucc. var. *pseudoprunifolia* (Hayata) H.L. Li

小灌木，高可超過1公尺餘；小枝具稜，被毛或近光滑。葉長2～5公分，寬7～15公釐，下表面密被毛，細鋸齒緣。繖形花序，無柄；花瓣5枚，雄蕊約20枚，心皮5，花柱5。

　　產於中國東部；台灣分布於中海拔山區。

花瓣5，心皮5，花柱5，雄蕊約20。

葉細鋸齒緣

花開時如雪覆枝

枝條上生眾多繖形花序

太魯閣繡線菊 特有種

屬名　繡線菊屬
學名　*Spiraea tarokoensis* Hayata

小枝具稜，被毛。葉長約2.5公分，寬約2公分，圓齒狀鋸齒緣，下表面略於脈上被毛。繖形狀總狀花序，頂生；花瓣5枚，先端凹，雄蕊約20枚，花柱5。

　　特有種，分布於台灣東部石灰岩地區。

葉長約2.5公分，寬約2公分，圓齒狀鋸齒緣。

台灣特有種，分布於東部石灰岩山區。

花瓣5，先端凹，花柱5，雄蕊約20。

塔塔加繡線菊 特有種

屬名	繡線菊屬
學名	*Spiraea tatakaensis* I.S. Chen

落葉灌木,幼枝有柔毛。單葉,互生;葉革質,倒披針形至橢圓形或倒卵形,長 1.7 ～ 2.8 公分,寬 0.7 ～ 1.4 公分,前半部有 2 ～ 4 圓齒緣,後半部全緣,兩面均被柔毛。繖房花序,花 10 ～ 15 朵;花瓣 5 枚,花柱 5,粉紅白色。

稀有特有種,生於塔塔加及東埔附近山區。

花 10 ～ 15 朵成繖房花序,花瓣 5,花柱 5。

葉子前半部有 2 ～ 4 圓齒緣

冠蕊木屬 STEPHANANDRA

落葉灌木。單葉,互生,不規則銳裂狀鋸齒緣,托葉葉狀。花兩性,成總狀或圓錐花序;萼筒五裂;花瓣 5 枚;雄蕊 10 ～ 20 枚,一輪;心皮 1,被長柔毛。蓇葖果。

冠蕊木

屬名	冠蕊木屬
學名	*Stephanandra incisa* (Thunb. *ex* Murray) Zabel

落葉灌木,小枝被毛。單葉,卵形或三角狀卵形,不規則銳裂狀鋸齒緣或三深裂,先端尾狀銳尖,兩面被毛,托葉披針形。花黃色。蓇葖果。

產於日本及韓國;台灣分布於東部中海拔地區,不常見。

蓇葖果

落葉灌木,葉秋季凋黃。

單葉,卵形或三角狀卵形。

中名索引

學名索引